革新機能材料の開発と応用展開
―粘土鉱物,ナノシート,メソ孔シリカと有機系層状材料を利用して―

Developments and Applications of Innovative Functional Materials
―Utilizing Clays, Nanosheets Mesoporous Silica and Organic Layer Materials―

《普及版／Popular Edition》

監修 笹井 亮,高木克彦

シーエムシー出版

発刊にあたって

　粘土鉱物に代表される層状化合物は古くて新しい材料である。応用範囲は多岐に渡り，土木関係では治水工事のチキソトロピー性を利用した止水材料として，もの作り関係では鋳物用鋳型成形剤として，さらには医薬品関係で胃液などの緩衝剤として利用されている。また，最近のナノサイエンス・テクノロジーへの展開としても，粘土を単層剥離したナノシートが，光電材料用の結晶薄膜のシーズなど微細加工利用法が報告され，もの作りの新材料として注目されている。

　粘土鉱物が本来持つ様々な有機・無機イオン種を取り込む性質を利用すれば，ゲスト有機種とホスト層状物質を適切に組み合わせて立体規則的複合体を形成出来る。この手法で，複合体中に配向制御された有機物質の光化学反応性を制御可能である。例えば，配向化学種を光励起させれば，層間でコンフォメーション制御された分子内反応，あるいは層間に取りこまれた第3成分との分子間反応で位置選択的や立体選択的を引き起こす事が出来る。

　粘土層間にインターカレートした有機分子の単分子反応，2分子反応，高分子化反応など典型的な反応例を検討した結果から，吸着分子の配向構造が一義的に決まるリジッドなものでなく，ルーズに配向制御された状態にあることが明らかになり，固体結晶光化学のようなトポケミカル的に厳しい制約を伴った反応系とは異なった層間に柔構造のゲスト分子集合体を形成する新しいホスト材料を提供する。

　その他粘土鉱物の類縁体として，原子や原子団ユニットが単層で無限に平面に広がったナノシートがある。これは，もともと積層構造であった層状化合物を単層薄膜に剥離することにより合成出来る。このようにして合成したナノシートは，再積層化に用いれば，ナノオーダーの基礎材料と考えられ，また，薄膜状の種結晶としてその上に結晶成長させれば極めて高導電性の透明薄膜が合成できることが知られており，各種のタッチパネル式の電子デバイスへの応用へも有力である。

　このような展開を抱きながら本書は，「低次元ナノ空間」と「無機-有機複合」，二つのキーワードに関して最新の研究動向を念頭に置いて，まとめたものである。この冊子がこの種の革新的材料分野で研究を進めている研究者の方々だけでなく，これからこのような分野に飛び込み新たな成果を上げようとされている方々の一助となることを祈る次第である。

　　平成24年4月吉日

　　　　　　　　　　　　　　　　　　　　神奈川科学技術アカデミー　専務理事
　　　　　　　　　　　　　　　　　　　　　　　　　　　　　　　　高木克彦

普及版の刊行にあたって

本書は2012年に『革新機能材料の開発と応用展開 ―粘土鉱物,ナノシート,メソ孔シリカと有機系層状材料を利用して―』として刊行されました。普及版の刊行にあたり,内容は当時のままであり加筆・訂正などの手は加えておりませんので,ご了承ください。

2019年1月

シーエムシー出版　編集部

執筆者一覧（執筆順）

笹井 亮	島根大学 総合理工学部 物質科学科 准教授
高木 克彦	㈶神奈川科学技術アカデミー 専務理事
中戸 晃之	九州工業大学 大学院工学研究院 教授
鈴木 康孝	グラスゴー大学 化学部 Postdoctoral fellow
川俣 純	山口大学 大学院医学系研究科 教授
由井 樹人	東京工業大学 大学院理工学研究科 化学専攻 特任准教授
石田 洋平	首都大学東京 大学院都市環境科学研究科 分子応用化学域 博士後期課程；日本学術振興会 特別研究員 DC1
高木 慎介	首都大学東京 大学院都市環境科学研究科 分子応用化学域 准教授；㈲科学技術振興機構 さきがけ
志知 哲也	東海旅客鉄道㈱ 総合技術本部 技術開発部
勝又 健一	東京工業大学 応用セラミックス研究所 材料融合システム部門 助教
加藤 誠	㈱豊田中央研究所 有機材料・バイオ研究部 塗料研究室 室長
張 国臻	JSR㈱ 精密加工センター 精密加工研究所
伊藤 敏雄	㈲産業技術総合研究所 先進製造プロセス研究部門 研究員
佐藤 久子	愛媛大学 大学院理工学研究科 理学系 教授
内藤 翔太	早稲田大学 大学院創造理工学研究科
小川 誠	早稲田大学 大学院創造理工学研究科 教授，教育学部 教授
岡田 友彦	信州大学 工学部 物質工学科 助教
童 志偉	Department of Chemical Engineering Huaihai Institute of Technology
錦織 広昌	信州大学 工学部 環境機能工学科 准教授
宇佐美 久尚	信州大学 繊維学部 化学・材料系 材料化学工学課程 准教授
土屋 和芳	東京工業大学 大学院理工学研究科 化学専攻 博士研究員
大谷 修	オムロン㈱ エレクトロニック＆メカニカルコンポーネンツビジネスカンパニー エンジニアリングセンタ リレー技術グループ 主事
亀山 達矢	名古屋大学 大学院工学研究科 結晶材料工学専攻；日本学術振興会 特別研究員
鳥本 司	名古屋大学 大学院工学研究科 結晶材料工学専攻 教授

執筆者の所属表記は，2012年当時のものを使用しております。

目 次

総　論 …………… 笹井　亮，高木克彦 … 1

【第Ⅰ編　ナノシート材料】

第1章　無機ナノシート分散体の液晶形成および光特性　　中戸晃之

1　はじめに …………………………… 7
2　異方性粒子コロイドとしての無機ナノ
　　シート分散体 ……………………… 8
　2.1　異方性粒子コロイドと無機ナノシ
　　　ート ……………………………… 8
　2.2　液晶相転移理論 ………………… 9
　2.3　異方性粒子コロイド液晶の実在系
　　　…………………………………… 10
3　ナノシート分散体の液晶形成 …… 10
　3.1　液晶性を示すナノシート分散体 … 10
　3.2　ナノシート液晶の形成―ニオブ酸
　　　ナノシート分散体を例として …… 11
　3.3　ナノシート液晶のバリエーション
　　　…………………………………… 13
4　ナノシート液晶の構造とその制御 …… 16
　4.1　ナノシート液晶の構造 ………… 16
　4.2　外場によるナノシートの配向制御
　　　…………………………………… 17
　4.3　相分離による階層構造の形成 …… 19
5　半導体ナノシート液晶の光機能 …… 20
　5.1　光触媒反応 …………………… 20
　5.2　貴金属の担持と光反応 ………… 21
　5.3　相分離型ナノシート液晶による光
　　　エネルギー変換 ………………… 21
6　おわりに ………………………… 22

第2章　無機ナノシートを利用した非線形光学分子の配向制御と機能向上　　鈴木康孝，川俣　純

1　はじめに ………………………… 27
2　非線形光学効果 ………………… 27
3　無機ナノシート層間へのインターカレ
　　ーションによる非線形光学分子の配向
　　制御 ……………………………… 29
　3.1　非対称な層構造をもつ無機ナノシ
　　　ートの利用 …………………… 29
　3.2　MPS_3ナノシートの利用 ……… 30
4　無機ナノシート－有機化合物ハイブリ
　　ッド薄膜 ………………………… 30
　4.1　粘土LB法 …………………… 30
　4.2　多層ハイブリッド膜の *in situ* 合成
　　　…………………………………… 32
5　無機ナノシート－有機化合物ハイブリ

I

ッドによるバルクサイズ非線形光学材
　　　料………………………………………… 33

6　おわりに………………………………… 34

第3章　無機ナノシート積層空間を利用した光エネルギーの化学エネルギーへの変換　　由井樹人，高木克彦

1　はじめに………………………………… 37
2　無機層状化合物とナノシート………… 38
3　粘土鉱物を用いた光－化学エネルギー
　　変換系…………………………………… 39
4　エネルギー移動反応…………………… 39
5　電子移動反応…………………………… 41
6　LMOSを用いた光－化学エネルギー変
　　換系……………………………………… 41
7　おわりに………………………………… 43

第4章　無機ナノシートの表面構造を利用した分子配列制御 ―人工光合成系構築を目指して―　　石田洋平，高木慎介

1　はじめに………………………………… 46
2　ナノシート型ホスト材料としての粘土
　　鉱物の特徴……………………………… 46
3　粘土鉱物-色素複合体の特徴 ………… 48
4　粘土鉱物-色素複合体におけるサイズ
　　マッチング則…………………………… 48
5　粘土鉱物-色素複合体における色素分
　　子の集合構造制御……………………… 49
6　粘土鉱物-色素複合体における光エネ
　　ルギー移動反応………………………… 51
7　人工光合成系の構築に向けて………… 54

第5章　無機ナノシートを利用したセルフクリーニングガラスの開発　　志知哲也，勝又健一

1　はじめに………………………………… 56
2　開発の背景……………………………… 56
3　窓ガラスの鱗状痕形成………………… 57
4　車両用光触媒コーティングガラス…… 58
5　チタニアナノシート光触媒…………… 58
6　ニオビアナノシート光触媒…………… 61
7　おわりに………………………………… 64

【第Ⅱ編　ハイブリッド材料】

第6章　ポリマークレイナノコンポジット材料の合成と特性　　加藤　誠

1　はじめに………………………………… 67
2　ポリマークレイナノコンポジット…… 68

3	ポリマークレイナノコンポジットの作製方法……………………………………… 70	4.1	力学物性………………………… 75
		4.2	ガスバリア特性………………… 75
3.1	層間重合法…………………… 70	4.3	難燃性…………………………… 77
3.2	ポリマーインターカレーション法 ……………………………………… 72	4.4	流動特性………………………… 77
		4.5	電気絶縁性……………………… 78
3.3	共通溶媒法…………………… 74	4.6	摺動特性………………………… 78
4	ポリマークレイナノコンポジットの特性………………………………………… 75	5	まとめ…………………………………… 79

第7章　有機－無機層状化合物ハイブリッド複合体の合成とその応用　　張　国臻

1	はじめに………………………………… 81		ブリッド複合体………………………… 84
2	有機－無機層状化合物ハイブリッド複合体の合成……………………………… 81	2.3	その他無機層状化合物への応用… 89
		3	有機－無機層状化合物ハイブリッド複合体開発最前線と将来展望……………… 90
2.1	PETと無機層状化合物複合化とその実用性………………………… 82	4	おわりに………………………………… 91
2.2	無機層状化合物の複合化及びハイ		

第8章　層状有機無機ハイブリッドによるガスセンサ　　伊藤敏雄

1	シックハウス対策のためのガスセンサ ……………………………………………… 93		スセンサの感度と選択性……………… 98
		4.1	センサ感度と層状有機/MoO$_3$ハイブリッドの形態……………………… 98
2	有機－層状無機ハイブリッドによるガスセンサのコンセプト………………… 93		
		4.2	ガス種選択性と層間有機物……… 101
3	層状MoO$_3$…………………………… 95	5	おわりに………………………………… 103
4	層状有機/MoO$_3$ハイブリッドによるガ		

第9章　錯体－層状無機ハイブリッドによる酸素センサー　　佐藤久子

1	はじめに………………………………… 105		よる気体センサー……………………… 108
2	Ir(III)錯体の発光機構………………… 106	5	Ir(III)錯体と粘土鉱物とのハイブリッドLB膜による酸素センサー………… 108
3	Ir(III)錯体と粘土鉱物とのハイブリッド化によるセンサー……………………… 106		
		6	まとめ…………………………………… 110
4	Ir(III)錯体のLangmuir-Blodgett膜に		

【第Ⅲ編　層状化合物材料】

第10章　層状無機化合物の形態　　内藤翔太, 小川　誠

1　緒言……………………………… 113
2　層状複水酸化物の合成………… 114
　2.1　共沈法……………………… 114
　2.2　均一沈殿法………………… 117
2.3　出発物質の工夫……………… 117
2.4　固相反応……………………… 119
2.5　反応場の利用………………… 119
3　まとめと今後の展開…………… 120

第11章　層状無機化合物を用いた分子認識　　小川　誠, 岡田友彦

1　はじめに………………………… 122
2　層状物質による分子認識……… 122
3　層状物質からのハイブリッドによる分
　　子認識………………………… 124
　3.1　有機修飾…………………… 124
　3.2　分子認識の外部刺激応答… 127
4　センサー………………………… 128
　4.1　粘土修飾電極による電気化学的検
　　　出…………………………… 129
　4.2　光学的検出………………… 129
5　おわりに………………………… 136

第12章　層状無機化合物空間を利用した環境浄化材料の作製とその特性評価　　笹井　亮

1　はじめに………………………… 139
2　酸化物－多孔質物質複合系…… 140
3　チタニア架橋粘土の吸着除去能の向上
　　……………………………… 140
4　可視光照射により駆動できる吸着・除
　　去材料の創製………………… 143
5　おわりに………………………… 148

第13章　有機－層状無機複合型高輝度発光固体による分子検知　　笹井　亮

1　はじめに………………………… 152
2　イオン交換性層状無機化合物をホスト
　　とした有機分子吸着材料…… 153
3　イオン交換性層状無機化合物をホスト
　　とした有機分子検知材料…… 154
4　粘土／ローダミン系色素／アルキルト
リメチルアンモニウムハイブリッドに
よる分子検知…………………… 155
5　チタン酸ナノシート／ローダミン系色
素／アルキルトリメチルアンモニウム
ハイブリッドによる分子検知… 156
6　層状複水酸化物／フルオロセイン／ア

ルキル硫酸塩ハイブリッドによる分子検知…………………………… 159
7　おわりに………………………………… 161

【第Ⅳ編　複合化材料】

第14章　新規機能性有機-無機複合体の合成と評価　　童　志偉

1　はじめに…………………………………… 163
2　無機層状材料の特性…………………… 163
　2.1　層状複水酸化物（LDH）……… 163
　2.2　層状金属酸化物半導体（LMOS）… 164
3　ポルフィリン分子の光化学…………… 165
　3.1　ポルフィリン類………………… 165
　3.2　ポルフィリン類の光化学特性… 165
4　LDH層状複水酸化物とのMnTSPPインターカレーションとその酸化触媒作用……………………………………………… 166
　4.1　MnTSPP/LDH層状複水酸化物複合体の合成………………………… 166
　4.2　MnTSPP/LDHの酸化触媒機能… 167
5　CoTMPyP-Nb_6O_{17}ナノコンポジット複合体の合成とその機能…………… 168
　5.1　CoTMPyP-Nb_6O_{17}の合成……… 168
　5.2　ナノコンポジットの性質……… 169
6　おわりに………………………………… 170

第15章　有機-無機複合フォトクロミック材料の作製と反応制御　　錦織広昌

1　はじめに…………………………………… 172
2　粘土鉱物との複合化…………………… 173
3　ゾル-ゲル法によるシリカとの複合化…………………………………………… 175
4　金属錯体形成を利用したフォトクロミック反応………………………………… 177
5　まとめ…………………………………… 180

第16章　有機-無機複合LB法による金属酸化物薄膜の作製と光機能　　宇佐美久尚

1　有機-無機複合Langmuir-Blodgett膜の製膜原理………………………………… 184
2　オキソ酸クラスター有機両親媒性分子の複合LB膜……………………………… 185
3　微粒子との複合LB膜………………… 186
4　無機層状化合物との複合LB膜……… 187
5　前駆分子または前駆体イオンとの複合LB膜……………………………………… 188

第17章　層状酸化物半導体複合体の光機能　　由井樹人，土屋和芳，高木克彦

1　はじめに……………………………… 192
2　LMOS-色素複合体の電子移動 ……… 193
3　LMOS-色素の光反応 ………………… 194
4　LMOS-色素複合積層体 ……………… 196
5　おわりに……………………………… 200

【第Ⅴ編　材料のプロセス化と微細加工】

第18章　自己組織化膜中の有機化合物とその分子集合体構造変化
　　　　　　　　　　　　　　　　　　大谷　修

1　はじめに……………………………… 203
2　有機分子の光化学反応……………… 203
3　ジオクタデシルジメチルアンモニウム
　　－桂皮酸イオン対の光異性化反応と自
　　己組織化膜構造の関係…………… 204
　3.1　光反応性……………………… 205
　3.2　X線回折 ……………………… 205
　3.3　電子密度分布………………… 206
　3.4　光反応性と分子集合構造との関係
　　………………………………… 206
4　長鎖アルキルスチルバゾリウムの光化
　　学反応性と自己組織化膜構造との関係
　　―光学部材への応用―……………… 208
　4.1　光化学反応と構造変化との関係… 208
　4.2　光可逆環化反応……………… 211
　4.3　SEM観察 …………………… 211
　4.4　蛍光顕微鏡…………………… 211
5　おわりに……………………………… 212

第19章　化学的手法による量子ドットの組織化とその積層構造に依存する光機能　　亀山達矢，鳥本　司

1　はじめに……………………………… 214
2　量子ドットの集積化………………… 215
3　積層された量子ドット間の相互作用… 217
4　バインダーの機能化………………… 219
5　量子ドットの今後の課題…………… 221
6　おわりに……………………………… 222

第20章　ミクロ導光路を備えた水質浄化システムの開発　　宇佐美久尚

1　光化学反応に適した新規反応装置の開
　　発……………………………………… 224
2　光化学反応の特徴と光化学反応器の要
　　件……………………………………… 225
3　光化学反応器の種類と入射光の浸透距
　　離……………………………………… 226
4　マイクロチャネル光反応器………… 227
5　マイクロチャネル反応器を利用した光
　　化学反応例…………………………… 228
6　マイクロチャネル反応器のスケールア

ップ戦略―マイクロ導光路の導入…… 229	応器………………………………… 230
7　光ファイバーを用いる導光型光触媒反	8　ビーズ導光型リアクター……………… 232

総　論

笹井　亮[*1], 高木克彦[*2]

　有機物と無機物は本来，均一混合出来ないものである。有機化合物は，C，H，O，N，S原子などの非金属元素を基本要素として分子骨格を形成しており，思いのままの分子構造を設計・合成出来る。従って，電子・磁気材料や光科学材料としての機能性を賦与する分子設計が精緻に可能である。しかし，設計通り合成に成功した化合物は液体か固体結晶であり，そのままで機能発現するデバイスを設計することは出来ない。一方，無機材料は本来，金属元素を基本要素として3次元的に連結した結晶構造を取っているため，剛直な骨格となり機械的強度を持つが，思いのままに立体的構造を設計するのは困難である。

　これら有機・無機材料個々の物理的・化学的特性を生かし，複合化により機能材料を開発する研究は，ここ20年来極めて注目され，広範囲かつ奥行きを持って革新的に展開されている。それら複合化の駆動力は，典型的には静電的相互作用であるが，共有結合や配位結合によるものもある。このように有機化合物を受け入れるホストとして無機材料には，古くから知られる各種ゼオライト類の他，粘土鉱物を代表とする層状化合物群，それに近年開発されたメソポーラス化合物が挙げられる。すでに2005年に，黒田一幸氏，佐々木高義氏監修により『無機ナノシートの科学と応用』（シーエムシー出版）が刊行され，無機層状化合物とその剥離したナノシートの特性や応用法が詳細に明らかにされた。本書では，主として各種層状化合物やそのナノシートあるいは多孔性シリカを有機材料と複合化することで得られる機能を概説する。

【第Ⅰ編　ナノシート材料】

　第1章では，層状無機材料を単層剥離したナノシートの物性に関して，コロイド特性を解説する。ナノシート分散体では，層状結晶の積層性はないが，互いに無関係かつ無秩序には存在していない。ナノシート間には弱い相互作用が働き，緩やかな構造を形成している。すなわち，コロイドの流動性（柔らかさ）と構造秩序とを持つ無機ソフトマターであり，液晶（ナノシート液晶と呼ぶ）形成が可能である。本章では，ナノシート分散体の柔軟性，階層性，非エルゴード性などの構造特性が記述される。

　第2章では，取り込まれるゲスト分子種自体が反転対称性となり，非線形光学効果が発現しな

[*1] Ryo Sasai　島根大学　総合理工学部　物質科学科　准教授
[*2] Katsuhiko Takagi　㈶神奈川科学技術アカデミー　専務理事

い場合でも，層状化合物との複合化によりゲスト分子種の集合構造を制御し，非線形光学効果が発現する事がある。この複合体形成のため無機ナノシートと有機化合物ハイブリッド薄膜の製作とその非線形光学効果を記述している。

　第3章では，層状化合物自体は反応に寄与しないが，アルミノシリケートなど無機系元素で構成される剛直な骨格の間に固定された光増感剤やエネルギー・電子の受容体や伝達剤光照射により生じる電子・エネルギー移動について記述する。特に，粘土層間にカチオン性ポルフィリン（MTMPyP^{4+}, M = H$_2$, Zn）をインターカレートする場合，有機色素を非会合状態かつ高密度に配列させることがエネルギー・電子移動効率を向上させるのに必須である。Takagi, Inoue らは，ポルフィリン分子内の正電荷間距離と粘土表面の負電荷間距離が一致させることにより初めて達成し，この効果を"Size-Matching Rule"と命名した。二種のポルフィリン誘導体（m-TMPyP，p-TPMPyP）と，水中でナノシート化した合成粘土との複合体中でのエネルギー移動効率が見積もられ，m-TMPyP から p-TPMPyP へのエネルギー移動はほぼ定量的に起こることを見出している。定量的なエネルギー移動には，二種の色素同士が分離状態を保ち，かつ会合体形成をしていないことが重要であり，粘土表面を利用した光エネルギー捕集系の構築が期待される。また，稲垣らは，ジフェニル部位を内壁に持つメソポーラスシリカは，光照射により励起したジフェニル部位からメソ孔内の Re 錯体への定量的エネルギー移動を認めている。これは，丁度，植物の光合成系で反応中心クロロフィルの周りに沢山のアンテナクロロフィルが取り巻いており，やはり光吸収により励起したアンテナクロロフィルが反応中心クロロフィルに定量的に励起エネルギー移動を起こす事が知られており，その挙動がメソポーラスシリカ系で興味深く構築される事が記述される。

　なお，ナノシートを隔てて増感剤と電子受容体が吸着されているとき，ナノシート層に平行にエネルギー移動が起こるが，その場合，面に垂直な移動が可能かどうかについて検討した所，厚さ5Åのアルミノマグネシア骨格を貫通して容易にエネルギー移動している。

　第4章では，上述した"Size-Matching Rule"の原理と選択的光エネルギー移動過程の利用について記述している。色素－粘土鉱物複合体は，二成分系やさらに数種の色素を追加した多成分系に展開すれば太陽光－可視光－全域を吸収する光化学系，人工光捕集系への展開が期待される。

　第5章では，光触媒材料へのナノシート応用を紹介する。新幹線をはじめとする鉄道車両やバスなどの大型車両で問題となっている窓ガラスの汚れは一般に鱗状痕として一旦固着すると薬液洗浄など通常の方法では除去が困難である。窓ガラスの汚れ取りにチタニア光触媒が提案されていたが，通常の光触媒コーティングでは耐摩耗性が低く，長時間の経過で剥離してしまう。そこで層状チタン酸塩を単層剥離してナノシート化してからガラス基板上に塗布・焼成することにより，光触媒の特徴であるセルフクリーニング効果が現われ表面の有機成分の汚れを落とす他，表面硬度が高く，傷が付きにくくすることが可能となった。このようにチタニアナノシートのガラス表面への焼き付けは汚れ防止に優れた性能を示したが，基板ガラスのナトリウム成分がチタニ

総論

ア薄膜に混入して性能劣化が起こる課題があった。そこで，これを避けるためにチタニアナノシートをニオビア（Nb_2O_5）ナノシートに変えて検討したところ，窓ガラスの汚れ防止に効果的であることが明らかとなった。これらの点を詳細に記述する。

その他，以下の各章として取り上げてはいないが，ナノシートの利用法として，結晶鋳型として利用された例は興味深い。すなわち，単層剥離で得られるナノシートは極めて高い単結晶構造を持ち，結晶成長種結晶として使われた場合，高純度の結晶成長を引き起こす。この手法は，LEDや太陽電池などに利用可能な透明薄膜電極の製作法として極めて興味深い[1]。換言すれば，これらデバイスの透明電極に要求される光電特性は，可視光に透明で，且つ低いシート抵抗値を持つことにある。長谷川，中尾らは，$Ca_2Nb_3O_{10}$を剥離したナノシートをガラス基板上に種シート結晶として展開し，Nbを6mole％ドープしたチタニア原料をスパッタリングする事により，z軸方向に配向した高結晶性の$TiO_{.94}NbO_{.06}O_2$フィルムを構築している。また，種結晶となるナノシートがガラス基板面積の10％であってもアモルファスNbドープしたチタニア薄膜を堆積した後，600℃でアニーリングすることにより，X線回折により（001）配向した薄膜透明電極が構築された。これらの薄膜は可視光領域で70-80％の光透過性を持ち，$4×10^{-4}\Omega cm$程度のITO電極に匹敵する導電膜を与えた。この結果は，ナノシートが単に，有機無機複合体のBuilding Blockとして利用される以外に結晶工学に新たな道筋を提供した点で有意義である。

【第Ⅱ編 ハイブリッド材料】

第8章では，有機無機ハイブリッド材料のガスセンサーとしての利用を紹介する。ホストの無機材料とゲスト化合物には多種多様の有機材料が組み合わせのうち，LDHのようなアニオン性層状化合物にpoly（o-anisidine），半導体のMoO_3複合化の例を示す。このガスセンサーは，VOCガスを高感度かつ選択的に検知することが出来，特にアルデヒド系のガスに対してppbオーダーという高感度検出が可能である。一方，アセトンやベンゼンのような芳香族類は検出できない。本項では，ターゲットガスの分極率，無機層状ホストの層間距離，有機材料の溶解パラメータ等による検知特性を取りまとめる。

第9章では，環境分析，医療分析あるいはロケットの噴射ガス分析などの航空宇宙分野などへの応用のために研究がされている酸素センサーへの応用を記述する。一般に気体センサーには，高量子収率，長寿命，高選択性，高感度，時間応答性が求められる。また，センサーデバイスとして用いるためには，固体上に固定され，機械的強度も必要である。発光性金属錯体Ir（Ⅲ）錯体の励起3重項からは高効率な発光が起こる。このりん光発光は酸素により消光効果されるので，酸素によるりん光消光を効率よく起こすため，粘土層間にインターカレーションIr（Ⅲ）錯体を広く分散させることが求められる。実際にはナノメータースケールの厚さのハイブリッドLB膜がより有効な酸素センサーになることを紹介する。

第6章と第7章では，ポリマークレイナノコンポジット材料の合成と特性について記述する。ガラス繊維やタルクなどを複合化した強化プラスチックはよく知られているが，単層剥離した層状化合物をプラスチックに複合化するとそのフィラーがナノオーダーであり，従来の強化プラスチックとは物性が格段に改善される。複合体の物性として，ガスバリヤー性も大きく向上するなど新規構造材料として捉えるべきかもしれない。この詳細を記述する。

【第Ⅲ編　層状化合物材料】

　第10章では，層状結晶の形態設計について，例として層状複水酸化物（LDH）を取り上げ，その合成法と実現する結晶形態を記述する。従来，LDH以外にも層状結晶は様々な合成法で検討され，粉体合成技術が幅広く展開されている。その技術進歩に基づく粒子集積技術についても解説する。

　第11章と第13章では，層状無機化合物を用いた分子認識に関して議論する。検出する分子種としては無機イオンから有機種まで広範にカバーしている。特に分子認識機能の応用として，有機－層状無機複合型高輝度発光固体を用いる分子認識によるセンサーを記述する。イオン交換性層状無機化合物と両親媒性分子を複合化した層間化合物の層間には両親媒性分子による強い疎水場が形成され，非極性又は低極性分子など様々な媒体（気相や液相）中に存在する分子を吸着・除去する。また，半導体表面を修飾し分子選択性を付与するとセンサー感度が下がる場合が多いが，伊藤らは半導体として還元処理によりイオン交換性を付与した層状モリブデン酸ナトリウムを用い，その層間にポリアニリン誘導体を複合化することにより，アルデヒド類が吸着した場合にのみ大きな抵抗変化を示す材料の創製に成功している。

　第12章では，有害有機化合物の吸着と分解を同時に実現できる材料として様々な酸化物ピラー化粘土の開発について述べる。さらに，本章で検討されたチタニア架橋粘土は，高い吸着能，高い光触媒活性と繰り返し使用に対する高い耐久性を示したが，短波長の紫外線照射下でしか材料としては利用できない点が課題である。そこで，可視光照射下での浄化能を有する材料の創製のために，代表的な取り組みがチタニアの酸素の一部を窒素に置換した窒素ドープチタニアを用いる手法を提案している。この系では，窒素ドープによりチタニアの吸収端が400 nm付近まで広がり，可視光照射下でも光触媒能を示すようになる。さらに，三酸化タングステン（ライム色の結晶）やフェライト（褐色）などとの複合化による可視光活性化についても触れる。

【第Ⅳ編　複合化材料】

　第14章では，光活性有機及び無機化合物の光化学反応の光学用分子デバイスへの応用研究開発について記述する。そのうち，特に本章では，層状複水酸化物及び層状金属酸化物半導体をホスト材料とし，種々のゲスト化合物を作用し，新規機能有機－無機複合体の合成及び得られた生

成物の評価を議論する。

　第15章では，無機層状ホストにフォトクロミック分子を吸着・複合化させた，ホスト・ゲストフォトクロミック材料について記述する。粘土層間やゾル－ゲルマトリックス中でのフォトクロミック分子の光異性化および金属とのキレート錯体形成反応は，反応空間の大きさ，親水性および金属により束縛された立体的環境に強く依存する特徴を示す。無機ホスト空間を利用することにより，疎水場や金属の配位状態を制御し，可逆的フォトクロミズムの特徴を持たせている。

　固体マトリックス中のゲスト分子の可逆反応制御を用いれば，光メモリ機能や光スイッチングデバイス実現に応用出来る。さらに，光反応により分子の蛍光性を制御する発光性クロミズムは，ゲスト分子の構造変化をマトリックスの屈折率あるいは磁性変化に利用出来る。ゲスト分子の反応を決める因子を物理的化学的にみた様々な視点から議論する。

　第16章では，層状，オキソ酸クラスター，ナノ粒子など構造を持つ無機材料と各種有機イオン種との有機－無機複合LB法無機半導体集積膜の作製方法を例証し，その光機能性の可能性について概説する。

　第17章では，表面が負電荷を帯びた結晶性の酸化物半導体シートが積層した特徴を持つチタン酸やニオブ酸塩などの層状酸化物半導体（LMOS）を紹介する。これらの酸化物半導体シートは厚みが1nm以下で二次元的に数百nm^2もの広い平面を持ち，TiO_2に類似した半導体光触媒特性を示す。例えば，DomenらはLMOSの一種である$K_4Nb_6O_{17}$にニッケル微粒子を担持させ紫外光照射すると，水の分解に伴い水素と酸素が化学量論的に生成することを報告している。また一般にLMOSは，酸化物ナノシートの負電荷を補償する層間アルカリ金属イオンを含んでいるが，適切な色素カチオン種と置換でき，色素のLMOS複合体を得ることができる。LMOS－色素複合体の特徴は，ナノサイズの交互積層構造のため平面的に大きく広がった層状空間に色素が存在するが，その配向構造は酸化物シートの高い規則性を反映するため，バルク酸化物半導体－色素複合体とは異なった物理・化学的特性を示す。本章では，LMOSと色素からなる複合体の持つ特異な光化機能について概説する。

【第V編　材料のプロセス化と微細加工】

　第18章では，ミセル，ラメラ，ベシクルなど両親媒性化合物は，水溶液中で疎水基と親水基のバランスにより様々な層状集合構造をした自己組織化膜を作る。このような有機層間に取りこまれた有機イオン種は，光照射によりその構造に応じた化学反応を受け，層状組織自体の構造変化が観察される。本章では，組織化膜中の有機化合物とその分子集合体構造変化を記述する。

　第19章では，高効率太陽電池の設計を目指した新規量子ドット型太陽電池を記述する。本作製法は，アニオン性無機層状物質（LDH）を剥離したLDHナノシートと，CdSナノ粒子を交互吸着法により透明導電膜電極上に積層する。ここで粒径の異なるCdS粒子を積層して，エネルギーギャップ（EG）勾配を持つように工夫している。光照射により発生する電流値は量子ドッ

トの積層順序に依存し，電極近傍に大きい粒子を積層した膜では，その逆にした膜に比べると約2倍となる。これは，電極に向かってエネルギーギャップが小さくなるように粒子を積層すれば，光電荷分離が向上し，変換効率（η）の向上が期待される。本手法による量子ドット型太陽電池の特性と課題を議論する。

　第20章では，従来，反応基質と固体触媒のような固液界面を含む不均一光化学反応系を効率よく進行させることのできるミクロ導波路を利用した水質浄化システムの開発を例にとって解説する。ここで紹介されている多孔質ガラスの導光路を備えた反応器は，本書で紹介されたナノスケールの反応場を利用した光化学反応に加えて，不斉中心を一気に導入できる光［2＋2］や光［4＋4］付加反応，光転移反応，光異性化反応等，医農薬や香料の中間体合成や，飲料水の殺菌，廃水の中間処理，そして太陽エネルギー－化学エネルギー転換のための光化学反応器等への応用展開が期待される。

文　　　献

1) 黒田一幸，佐々木高義監修，新素材シリーズ「無機ナノシートの科学と応用」，シーエムシー出版（2005）
2) (a) N. Yamada, T. Shibata, K. Taira, Y. Hirose, S. Nakao, N. L. H. Hoang, T. Hitosugi, T. Shimada, T. Sasaki and T. Hasegawa, *Applied Physics Express*, **4**, 045801（2011）；(b) 平健治，廣瀬靖，中尾祥一郎，小暮敏博，柴田竜雄，佐々木高義，長谷川哲也，第58回応用物理学関係連合講演会　講演予稿集，24a-BS-a，神奈川工科大学（2011）

【第Ⅰ編　ナノシート材料】

第1章　無機ナノシート分散体の液晶形成および光特性

中戸晃之*

1　はじめに

　本稿では，無機ナノシートのコロイドとしての側面を解説する。層状結晶の剥離は，一般に溶液中で行われる。したがって，剥離ナノシートは，まずコロイド分散体として得られる。以下では，このコロイドをナノシート分散体と呼ぶ。ナノシート分散体があってこそ，本書の各章で解説されているようなさまざまなナノシートの応用展開が可能になる。にもかかわらず，ナノシート分散体それ自身に関する研究は少ない。

　ナノシート分散体では，層状結晶の積層性は失われている。ゆえに，層状結晶，層間化合物，さらにはナノシートの再積層体などとは，無機層の存在状態が大きく異なる。しかし，分散体中のナノシートは，互いに無関係かつ無秩序に存在しているのではない。溶媒に分散したナノシートの間には弱い相互作用が働き，その結果，系内には緩やかな構造が形成されている。したがってナノシート分散体は，コロイドの流動性（柔らかさ）と構造秩序とをあわせもち，無機ソフトマターとして振る舞う。ソフトマターとして振る舞うことによって現れる性質の代表が，液晶の形成である。以下では，ナノシート分散体が形成する液晶をナノシート液晶と呼ぶことにする。ナノシート液晶は，層状結晶から得られる従来型の材料とはまったく異なる構造体であり，ゆえにそれらとは物性を大きく異にする新しい機能材料へと展開させられるはずである。

　我々は，世界的に研究例がほとんどない中で，無機ナノシート分散体の研究に取り組んできた。特に，ナノシート分散体の液晶相転移の基本的な特徴を明らかにし，液晶の構造制御をいくつか実現してきた。また，半導体光触媒活性をもつ層状結晶のナノシート液晶では，ナノシートの光励起を起点とする光化学反応を起こすことができ，系がソフトマターとして振る舞うことを利用して反応を制御できることも示してきた。以下では，無機ナノシート液晶の形成，構造，外場による配向制御，さらには母体化合物（無機結晶）の性質に起因して発現する光特性を，我々の研究を中心に，最近急速に研究が立ち上がりつつあるグラフェン系などの話題も交えながら紹介する。

---

*　Teruyuki Nakato　九州工業大学　大学院工学研究院　教授

2　異方性粒子コロイドとしての無機ナノシート分散体

2.1　異方性粒子コロイドと無機ナノシート

　無機ナノシート分散体は，コロイド科学の見地からは，異方性粒子のコロイドの一員と位置づけられる。異方性粒子は1次元状のロッドと2次元状のディスクとに大別される。ディスク状粒子としてのナノシートの特徴は，多くの場合に厚さが単分散なこと，他のディスク状粒子とくらべて異方性が大きいことである。ナノシートは層状結晶を単位層に剥離させた粒子なので，その厚さは1 nmくらいであるのに対し，シート面（長手）方向の大きさは10 μm以上に及ぶ場合がある。層間イオンの水和のような明確な化学的原理によって層状結晶を剥離させられる場合には，結晶は単層にまで剥離し，得られるナノシートの厚さは均一になる。

　粒子の異方性は，粒子のアスペクト比によって規定される。アスペクト比は，ロッド状粒子に対しては，粒子を円柱と考えたときの直径 D と長さ L の比，ディスク状粒子では，粒子を円板に見立てたときの直径 D と厚さ L の比で与えられる。以下では，アスペクト比として D/L を用いる[1]。ディスク状粒子ではこの値が大きいほど異方性も大きい。

　アスペクト比は粒子の排除体積と関係している。排除体積は，1個の粒子がもつ実効的な体積で，粒子自身の体積と粒子周囲の他の粒子が入り込めない領域の体積とを合わせたものである。直径 D の球形粒子（アスペクト比1）と，直径 D，長さ（厚さ）L のロッド状もしくはディスク状粒子の排除体積 b はそれぞれ

$$\text{球形粒子：}b = \frac{2}{3}\pi D^3 \tag{1}$$

$$\text{ロッド・ディスク状粒子：}b = \frac{1}{4}\pi D\left[L^2 + \frac{1}{2}(\pi+3)DL + \frac{1}{4}\pi D^2\right] \tag{2}$$

であり，排除体積と実体積 v_p の比は，

$$\text{球状粒子：}\frac{b}{v_\mathrm{p}} = 4 \tag{3}$$

$$\text{ロッド状粒子：}\frac{b}{v_\mathrm{p}} = \frac{L}{D} \quad (\text{ただし } L \gg D) \tag{4}$$

$$\text{ディスク状粒子：}\frac{b}{v_\mathrm{p}} = \frac{\pi D}{4L} \quad (\text{ただし } D \gg L) \tag{5}$$

となる[2]。つまり，異方性粒子の排除体積はアスペクト比 D/L に依存し，ディスク状粒子ではその値に比例して大きくなる。

　異方性粒子の大きな排除体積は，強い粒子間相互作用を誘起し，コロイドの性質に影響する。一例としてコロイドの粘性がある。固体粒子のコロイドを流れの場におくと，粒子が流体の流れ

に摂動を与え，均一溶液とくらべて粘性が増大する．異方性粒子のコロイドでは，流れによる粒子の配向と粒子の回転ブラウン運動による配向の乱れとによって，球形粒子のコロイドよりも粘性が大きくなる．

2.2 液晶相転移理論[2~4]

異方性粒子コロイドの液晶相転移の基礎理論は，1949年にOnsagerによって確立された．この理論は，粒子の剛体ポテンシャルのみが作用する熱平衡状態（回転と並進によるエントロピーの和が最大となる条件）での排除体積効果から，液晶相転移を説明する．液晶相としては，ネマチック相（粒子の配向秩序はあるが位置秩序はない相）が想定されている．相は，等方相から等方相-ネマチック相2相共存を経て，完全なネマチック相へと転移する．

先に述べたように，異方性粒子は大きな排除体積をもつ．初期状態として，粒子濃度が十分に低いコロイドを考えると，ここでは粒子は自由回転しており，その配向は無秩序である．つまり等方相を形成している．しかし，粒子濃度を増加させてゆくと，個々の粒子の自由回転に必要な排除体積の総計が系全体の体積に近づくにつれて，並進運動が困難になる．これは，配向エントロピーを大きくしようとして並進エントロピーが減少する状況を意味する．このとき，粒子に配向秩序をもたせると，配向エントロピーは減少するが，排除体積も低下するので並進エントロピーは増大する．その結果，異方性粒子が高濃度で存在するとき，粒子が配向した状態すなわち液晶相の方が，等方相よりも系全体のエントロピーが大きくなって安定化される．以上の様子を模式的に図1に示す．

Onsagerは，配向エントロピーと並進エントロピーの和が最大となるような配向分布を解析し，等方相からネマチック液晶相への相転移濃度（体積分率）φを次のように決定した．

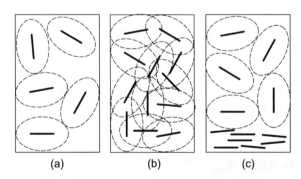

図1　異方性粒子コロイドの液晶相形成の模式図
粒子（棒で表記）濃度が低いと粒子は自由に運動して無秩序な配向をしているが (a)，粒子濃度が高くなると各粒子の排除体積（棒の周囲の点線）が十分に確保されないためエントロピーを損失する (b)．このとき，一部の粒子が規則的な配向をとると，系全体のエントロピーが最大化され，熱力学的に安定な状態になる (c)．

等方相から等方-ネマチック二相共存への相転移： $\phi_\mathrm{I} = 3.3\left(\dfrac{\nu_\mathrm{p}}{b}\right) = 3.3\left(\dfrac{4L}{\pi D}\right)$ (2)

等方-ネマチック二相共存からネマチック相への相転移： $\phi_\mathrm{LC} = 4.5\left(\dfrac{\nu_\mathrm{p}}{b}\right) = 4.5\left(\dfrac{4L}{\pi D}\right)$ (3)

これらの式から，粒子のアスペクト比すなわち異方性が大きいほど，相転移濃度も低くなることが分かる。Onsager 理論は，異方性粒子コロイドの液晶相転移の基本的な枠組みを与える理論で，理論の改良や計算機シミュレーションも多数提出されている。

2.3 異方性粒子コロイド液晶の実在系

異方性粒子コロイドの液晶の実験研究は，理論研究とくらべて遅れている。実験系はロッド状粒子の系とディスク状粒子の系とに大別され，Onsager 理論が確立される前に，ロッド状粒子の V_2O_5[5] やタバコモザイクウィルス[6]，ディスク状粒子のベントナイト（粘土の一種）[7] の分散体が，それぞれ液晶性を示すことが報告された。ベントナイトの系はナノシート液晶の最古の例でもある。しかし，Onsager 理論が確立されてからは，研究はむしろ停滞していた。

異方性粒子コロイドの液晶が再び脚光を浴びたのは，1985 年に Kajiwara らがイモゴライト（管状の粒子形態をもつ粘土鉱物で，ロッド状粒子に分類される）のコロイドの液晶を報告してからである[8,9]。その後，ロッド状粒子分散体を中心に研究が進展し，ベーマイト（AlOOH）[10] やゲータイト（α-FeOOH）[11] などの分散体の液晶が開拓されてきた。最近になって，貴金属（Au など）[12] や半導体（CdSe など）のナノロッド[13]，あるいはカーボンナノチューブ[14] など，機能材料への展開が期待される異方性粒子のコロイドの液晶形成が報告されるようになってきた。

ロッド状粒子と比べてディスク状粒子のコロイドの研究は相対的に少なく，ギブサイト（Al(OH)$_3$）[15] や Ni(OH)$_2$[16] などいくつかの水酸化物粒子のコロイドのほかは，本稿で紹介するナノシート分散体（グラフェン分散体を含む）のみである。したがって，無機ナノシート分散体は，液晶相転移を示すディスク状粒子のコロイドの数少ない実在系であり，その中でも粒子の異方性が著しく大きい系と位置づけられる。

3 ナノシート分散体の液晶形成

3.1 液晶性を示すナノシート分散体

これまでに多くの種類の無機ナノシートが合成されているが，分散体の液晶相が明確に同定された例は層状リン酸 $H_3Sb_3P_2O_{14}$[17]，層状ニオブ・チタン酸（$K_4Nb_6O_{17}$[18,19]，HNb_3O_8[20]，$HTiNbO_5$[20]，$H_{1.07}Ti_{1.73}O_4$[21]，$HCa_2Nb_3O_{10}$[22]），層状粘土鉱物（ノントロナイト[23,24]，フルオロヘクトライト[25]，フッ素四ケイ素雲母[25]，バイデライト[26]）の酸化物ナノシート，そして酸化

第1章　無機ナノシート分散体の液晶形成および光特性

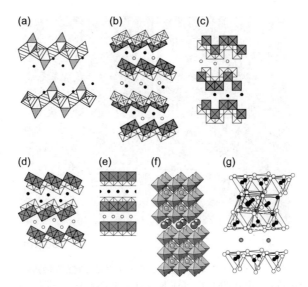

図2　剥離によってナノシート液晶を形成する層状酸化物の構造
(a) $H_3Sb_3P_2O_{14}$, (b) $K_4Nb_6O_{17}$, (c) KNb_3O_8, (d) $KTiNbO_5$, (e) $Cs_{1.07}Ti_{1.73}O_4$, (f) $KCa_2Nb_3O_{10}$, (g) スメクタイト粘土（バイデライト，ノントロナイト，フルオロヘクトライト，四ケイ素フッ素雲母）。

グラフェン[27〜32]のみである。このうち，酸化物ナノシートを提供する層状化合物の結晶構造を図2に示す。このほか，いくつかの層状水酸化物の非剥離粒子のコロイドで，液晶形成が調べられている[33, 34]。また，V_2O_5のコロイドは，層状結晶 $V_2O_5 \cdot nH_2O$ の前駆体で，粒子はリボン状の形態をしているが，相挙動や構造解析の結果からロッド状粒子の分散体に分類されている[35]。以下では，我々が主として研究している六ニオブ酸 $K_4Nb_6O_{17}$ の系を中心に，層状結晶の剥離によって得られるナノシート分散体に焦点を絞り，その液晶形成を説明する。

3.2　ナノシート液晶の形成—ニオブ酸ナノシート分散体を例として[18〜20]

層状六ニオブ酸 $K_4Nb_6O_{17}$（図2b）は，負電荷を持つニオブ酸化物の層が積層し，層間にイオン交換性の K^+ を有する層状結晶で，水を分解する半導体光触媒としても知られている。この物質は，プロピルアンモニウムイオンを作用させるか，またはいったん酸処理してからテトラブチルアンモニウムイオンを作用させることで，水中で剥離させられる。その結果，水を溶媒（分散媒）とするナノシート分散体が得られる。

無機ナノシート分散体の液晶相転移では，ナノシートの粒径が重要なパラメータとなる。剥離後のナノシートは，母結晶の結晶子サイズを反映した粒径分布をもつ。$K_4Nb_6O_{17}$ では，cmサイズの単結晶を剥離して得たナノシートの平均粒径は $10\,\mu m$ 近くになる。この大粒径ナノシートの分散体を超音波処理すると，ナノシートの平均粒径を小さくできる。また，超音波処理時間を変えることで粒径を制御できる。結晶は単位層まで剥離しているので，ナノシートの厚さは一

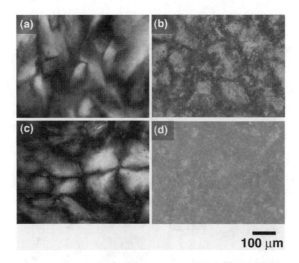

図3 いくつかのニオブ酸ナノシート液晶の偏光顕微鏡像
(a) HNb_3O_8, (b) $HTiNbO_5$, (c) $K_4Nb_6O_{17}$ を剥離させて得られるナノシート液晶と, (d) $HTiNbO_5$ から得られる等方相のナノシート分散体。ナノシート体積分率 ϕ は (a)−(c) 0.8 vol%, (d) 0.4 vol%。
Reproduced by permission of The Royal Society of Chemistry from ref. 20.

定であり, 粒径の違いはそのままアスペクト比に反映されると考えてよい。

　液晶相の発現は, 一般の液晶と同様, まずは偏光顕微鏡による観察で確認する。図3にいくつかのニオブ酸ナノシート液晶の偏光顕微鏡像を示す。いずれの試料でも, 液晶の複屈折に起因する光学組織が観察される。この組織の形状はシュリーレンである。試験管に入れた試料をクロスニコル下で目視観察することでも, 干渉色から液晶相の存在を確認できる。

　液晶相転移は, 液晶相の発現とナノシート濃度（体積分率 ϕ）との関係から定量的に評価できる。液晶相と等方相の2相を含む試料をガラスキャピラリーに入れ, クロスニコル下で観察すると, 数時間のうちに複屈折を示す液晶相（下相）と暗視野の等方相（上相）とに分離する。この相分離は, 液晶相の密度が等方相にくらべて高いことに起因する。このときの下相と上相の体積比を測定し, 試料全体に占める液晶相の分率をナノシート体積分率 ϕ の関数として表したものが図4である。ある体積分率（ϕ_I）以下では液晶相が存在しないが, それ以上では液晶相が現れ, 等方相と共存する。さらにナノシートの体積分率が増加し, ϕ_{LC} を超えると, 試料全体が液晶相となる。また, 平均粒径 D の異なる分散体の結果の比較から, D が大きいほど液晶相転移濃度 ϕ_I, ϕ_{LC} は低下していることがわかる。これらは, Onsager 理論から予想されるとおりの相転移挙動である。

　図5は, 図4から得た相転移濃度をナノシートのアスペクト比 D/L の関数として示したもので, 本系の相図に相当する。他のディスク状粒子やナノシートの分散体で報告された相転移濃度のいくつかと Onsager 理論の数値解析によって得られた相転移濃度の理論値[36,37]も, 合わせて示してある。相転移濃度は D/L の増加にともなって低下し, 理論値（図中の実線と点線）と

第1章　無機ナノシート分散体の液晶形成および光特性

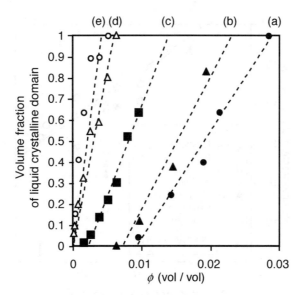

図4　ニオブ酸（$K_4Nb_6O_{17}$）ナノシート分散体中のナノシート濃度 ϕ（体積分率）と分散体全体に占める液晶相の割合（体積分率）との関係
ナノシート平均粒径（a）0.15，（b）0.38，（c）1.9，（d）6.2，（e）7.8 mm。
Reprinted with permission from ref. 19. Copyright 2004 American Chemical Society.

もおおむね一致している。ナノシートの特徴は D/L が大きいことで，これを反映して液晶相が低濃度領域から安定化されることがはっきりとわかる。

六ニオブ酸 $K_4Nb_6O_{17}$ と類縁の層状ニオブ酸および層状チタン酸である HNb_3O_8，$HTiNbO_5$，$H_{1.07}Ti_{1.73}O_4$ から得られたナノシート分散体についても，液晶の形成が報告されている[20, 21]。ごく最近，ペロブスカイト型ニオブ酸 $HCa_2Nb_3O_{10}$ のナノシート液晶も報告された[22]。これらの層状酸化物は，構造と物性（剥離の反応性や光触媒活性）の両面で互いに類似しており，液晶相転移挙動も本質的に同じである。ただし，相転移濃度は物質によって少しずつ異なっている。

3.3　ナノシート液晶のバリエーション
3.3.1　粘土鉱物

スメクタイト族粘土鉱物は，水に分散するだけで単層に剥離し，安定なナノシート分散体となる。粘土ナノシート液晶の研究は，ベントナイトのコロイドが複屈折を示すと述べた1938年の Langmuir の論文[7]まで遡ることができる。しかし粘土ナノシート分散体は，一般に数 wt.% の濃度で流動性を失い物理ゲルへと転移する。ゲル化の起こる濃度は，期待される液晶相転移濃度よりも低い。そのためもあってか，その後長い間研究が行われなかったが，1996年に天然ベントナイトと合成ヘクトライトのコロイドで複屈折を示すゲル相が見いだされ，これが液晶相であると報告された[38]。その相図（図6）は，液晶相への転移に先だってゾル-ゲル転移が起こり，

革新機能材料の開発と応用展開

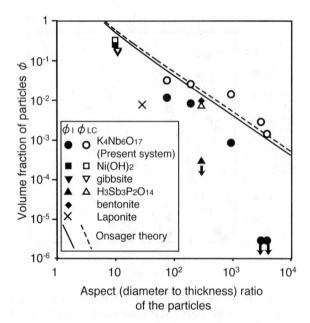

図5 ニオブ酸ナノシート分散体の相図

ニオブ酸ナノシートおよび種々の板状粒子コロイドの相転移濃度と粒子のアスペクト比との関係を示し，ϕ_Iは等方相から等方－液晶二相混合への，ϕ_{LC}は等方－液晶二相混合から完全な液晶相への転移濃度を，それぞれ表す．実線と点線は，Onsager理論の数値解から求められたϕ_Iとϕ_{LC}．下向き矢印は，相転移濃度が正確には求まっていないがプロットの濃度よりは低いことを示す．
Reprinted with permission from ref. 19. Copyright 2004 American Chemical Society.

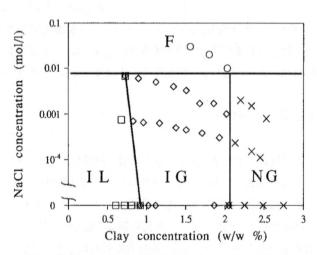

図6 合成ヘクトライト（ラポナイト）のコロイドの相図
I，IG，NG，Fは，それぞれ等方ゾル相，等方ゲル相，ネマチックゲル相，沈降相を表す．
Reprinted with permission from ref. 38. Copyright 1996 American Chemical Society.

第1章　無機ナノシート分散体の液晶形成および光特性

次いでゲル状態で等方相からネマチック相への転移が起こることを提起している。けれども，ゲル化した分散体では，試料調製時のズリによる粒子配向が緩和しないため，複屈折が見えてもそれが液晶相の形成という自発的な現象によるものかの判定が難しく，液晶相転移が確立されたとは言い切れなかった。

　しかし最近になって，明確な液晶相転移を示す粘土ナノシート分散体が見いだされた。その一つであるノントロナイトの分散体の相図を図7に示す[23, 24, 39]。電解質濃度（縦軸）が低ければ，濃度の増加とともに等方相から二相共存，液晶相（ネマチック相）へと転移する，Onsager理論にしたがう挙動が読み取れる。ただし，濃度がさらに高くなるとゲル化が起こるため，流動性のある液晶相が得られる濃度範囲は狭い。その後に報告されたバイデライトの分散体も同様である[26]。これに対して，Miyamotoらは最近，トピー工業製のフルオロヘクトライトおよびフッ素四ケイ素雲母から調製した大粒径粘土ナノシートの分散体が，非常に広い濃度範囲で，ゲル化せずに液晶性を示すことを見いだしている[25]。この系では，ニオブ酸ナノシートと同程度（μmレベル）のサイズのナノシートが得られており，相挙動や光学組織もニオブ酸ナノシート液晶と類似している。

3.3.2　層状リン酸

　層状リン酸 $H_3Sb_3P_2O_{14}$ の液晶は，ナノシート分散体の液晶相転移が初めて明確に同定された系で，2001年にNature誌に発表された[17]。ナノシートの粒径は300 nm程度である。相挙動が

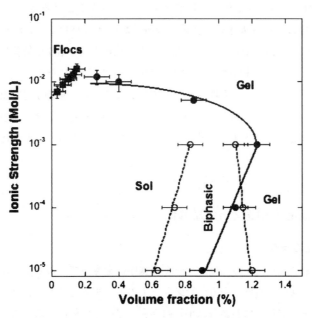

図7　Na型ノントロナイトのコロイドの相図
Reprinted with permission from ref. 24. Copyright 2008 American Chemical Society.

Onsager 理論にしたがい，液晶相が低濃度で安定化されるという，ナノシート液晶の基本的な特徴は，この系で確立された。

3.3.3 グラフェン

グラフェンはグラファイト状炭素の単原子層である。その厚さは約 0.4 nm で，ここまで述べてきた酸化物ナノシートよりも薄い。グラフェンの作り方はいろいろあるが，濃硫酸中，過マンガン酸カリウムなどで処理する方法（Hummers 法やその変法）によってグラファイトを酸化し，得られた酸化グラファイトを水中で剥離させ，次いでヒドラジンなどで還元する方法が現在もっとも一般的である[40, 41]。疎水性のグラファイトを酸化するときに親水性の官能基がグラファイト層にグラフトされ，次いでそれらの官能基が水和して，酸化されたグラファイト層が水中で剥離する。このようにしてできた酸化グラファイトの単層は，酸化グラフェン（GO）と呼ばれ，水を溶媒とするナノシート分散体として得られる。GO を還元するとグラフェンが再生するが，欠陥を多く含むため還元型酸化グラフェン（RGO）と呼ばれることが多い。RGO は適当な有機溶媒中で分散体を形成する。

2004 年のグラフェンの"発見"と 2010 年のノーベル賞受賞とによって，GO や RGO の研究爆発が起こった。その中でこれらの物質のコロイド分散体も注目され，その液晶形成が研究されるようになった。液晶性の最初の論文が 2010 年に発表されてから[27]，研究は急速に進展している。

グラフェン系のナノシート液晶の研究のほとんどは，GO の水分散体で行われている。Hummers 法で得られる GO は 1 μm 程度の粒径をもっていることが多く[28, 29, 31]，したがってシートのアスペクト比はかなり大きい[42]。粒径の多分散性とあわせて，これまでに述べてきた酸化物ナノシートとほぼ同様の形状をもつ。このことを反映して，GO 分散体は安定な液晶相を特徴とする相挙動を示す。液晶相転移はおおむね Onsager 理論にしたがう。クロスニコル下で複屈折による干渉色が観察され，偏光顕微鏡観察ではシュリーレン組織が見られる。これらの相挙動や光学的性質は，ニオブ酸や粘土などのナノシート液晶と同様である。粒径が 10-30 μm の大粒径 GO シートを調製することもでき[30, 32]，その分散体は粒径から予想される非常に安定な液晶相挙動を示す。

4 ナノシート液晶の構造とその制御

4.1 ナノシート液晶の構造

ナノシートが液晶を形成しているとは，シートが秩序性をもって分散していることであり，秩序には配向秩序と位置秩序がある。一方，ナノシートの形状を考えると，秩序性をもって分散している状態とは，シートが互いにおおむね平行に存在している状態になる。このとき，ナノシートの重心位置に規則性がない，つまり個々のシートは似たような方向を向いているがシートどうしの間に長距離の秩序がないと，配向秩序はあるが位置秩序がない状態になる。このような構造

第1章　無機ナノシート分散体の液晶形成および光特性

の液晶相はネマチック相である。これに対して，ナノシートの重心位置に規則性がある場合は，ナノシート相互の間隔に一定の周期性が現れる。シートが一定の周期性をもって配向するとはラメラ相を形成することであり，その周期性はラメラの底面間隔によって表される。いずれの相でもナノシートは"ラメラ的に"配置しているが，重心位置の規則性で区別する。

このようなナノシート液晶の構造は，X線や中性子の小角散乱を用いて解析することができる。ネマチック相では少数のブロードな散乱ピークが現れるが，ラメラ相では多数の高次散乱を伴う鋭いピークがみられる。ネマチック相を形成しているナノシート液晶の代表は粘土の液晶で[24, 26, 43, 44]，GOの液晶[29~32]もネマチック相に帰属されている[45]。これに対してラメラ相は，層状リン酸のナノシート液晶で初めて同定された[17]。この液晶は，小角散乱で多数の高次ピークを示し，試料には構造色が見られることから，規則性の高いラメラ構造が形成されていると推定される。底面間隔は最大で225 nmに達する。これまでに報告されたナノシート分散体の液晶で，100 nmを超える底面間隔が観察されているのは本系のみである。また最近，粒径（アスペクト比）の大きな粘土やペロブスカイト型ニオブ酸のナノシート液晶も，ラメラ構造を形成することが明らかにされている[22, 25]。

我々は，日本原子力研究開発機構のグループと共同で，小角散乱によるニオブ酸ナノシート液晶の構造解析を行った[46]。それによると，液晶相の種類はナノシートの粒径に依存し，粒径が小さい（sub-μmレベル）とラメラ相に帰属される規則的な散乱を示すが，粒径が大きい（>1μm）とネマチック相になる。散乱ピークの位置から求めた底面間隔はネマチック相もラメラ相も同様の値であったことから，基本的な構造モチーフは同じであるが，ナノシート重心位置のゆらぎが異なるため，相の種類としては異なってくるらしい。また，ラメラ相の底面間隔がナノシート濃度の-1乗に比例したことから，シートは溶媒中で1次元膨潤していると推定されるが，面間隔の値は溶媒中に均一に膨潤すると仮定したときの理論値より小さい。このことから，液晶が濃度ゆらぎをもっていることがわかる。つまり，系内にナノシートリッチな部分とナノシートの希薄な（あるいは溶媒の）部分とが存在し，前者が液晶性の発現を担っている。

より大きなレベル，たとえば液晶ドメインの構造に関する情報が，超小角領域の散乱から得られている[47]。ニオブ酸ナノシート液晶の$q < 0.1 nm^{-1}$の領域の散乱では，q^{-3}のべき乗則が観察されることから，ナノシートが空間で不均一に分布するフラクタル構造の存在が示唆される。また，散乱曲線がq^{-3}則にしたがう範囲から，フラクタル構造が成り立つ長さ範囲はおおよそ200 nmから5 μmと求められる。底面間隔や濃度ゆらぎの情報とあわせて，ニオブ酸ナノシート液晶中では，ナノシートが数十nm程度の面間隔で並んで配向して液晶ドメインを形成し（これが濃度ゆらぎによるナノシートリッチ部分に対応する），このドメインが集まってsub-μmから数μmに至る自己相似的な階層構造を形成していると推定される。そのモデルを図8に示す。

4.2　外場によるナノシートの配向制御

一般的な有機サーモトロピック液晶と同様に，無機ナノシート液晶も，電場などの外場によっ

てその配向を制御できる。これは，液晶配向する粒子の異方的な形状と，それに起因する物性（誘電率，磁化率など）の異方性にもとづく性質である。ナノシート液晶の配向制御の研究はまだ少ないが，液晶の応用にとって重要な技術なので，これから研究が進んでゆくと思われる。

我々は，ニオブ酸ナノシート液晶の配向制御として，電場による制御を検討した[48]。交流電場の印加下で，ナノシートは，シート表面と電場とが平行になるように配向した。その様子を図9に示す。電場印加前は，ナノシートはセル基板に平行な方向に配向しており，基板の法線方向からセルを偏光顕微鏡で観察しても複屈折は見えない。しかし，電場をセル基板の法線方向から印加すると，明瞭な複屈折が観察されるようになる。分子が配向する一般的な有機サーモトロピック液晶とくらべて，配向粒子（ナノシート）のサイズが大きい（μm レベル）ことを反映して，応答速度は低い。ナノシート濃度が高い試料では，電場印加を停止した後に配向が保持され

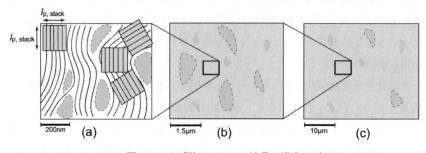

図8 ニオブ酸ナノシート液晶の構造モデル
ナノシートリッチな液晶ドメインとナノシート希薄なドメインとからなり，異なる階層（a）-（c）間で自己相似的な構造を形成している。
Reprinted with permission of the International Union of Crystallography from ref. 47.

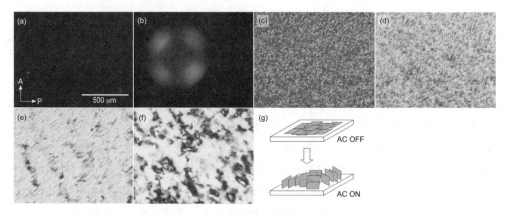

図9 ニオブ酸ナノシート液晶へ電場を印加したときの偏光顕微鏡写真と配向変化の模式図
（a）（b）電場印加前の液晶（ナノシート濃度 18 g L^{-1}，(b) はコノスコープ像），(c)-(f) 電場印加後の液晶（ナノシート濃度 (c) 2.5, (d) 5, (e) 10, (f) 20 g L^{-1}），(g) 電場印加にともなうナノシート配向の変化の模式図。
Reprinted with permission from ref. 48. Copyright 2011 American Chemical Society.

第1章 無機ナノシート分散体の液晶形成および光特性

るメモリー効果も見られた。液晶相を形成していない分散体中では，電場によるナノシートの配向変化はほとんど起こらない（明瞭な複屈折が出現しない）ことから，この電場応答には，ナノシートの液晶秩序が寄与していることが裏付けられた。このほか，いくつかの粘土ナノシート液晶で，電場による配向変化が報告されている[26,49]。

電場以外の外場として，磁場による配向制御が報告されている。磁性元素を含むナノシートであれば，磁場による配向は比較的容易で，実際，鉄を含む粘土であるノントロナイトのナノシート液晶で，磁場によるマクロ配向ドメインが得られている[23]。反磁性のナノシートでも，強磁場を用いれば配向を制御できる。$H_3Sb_3P_2O_{14}$ やバイデライトのナノシート液晶で実例がある[17,26]。液晶ゲル相に帰属されているフルオロヘクトライトの分散体でも，強磁場による配向が報告されている[50]。また，GO のナノシート液晶も，磁場によって配向を制御できる[28]。

4.3 相分離による階層構造の形成

無機ナノシート液晶に他の粒子を加えて多成分化することで，液晶に階層的な構造を導入できる。これは，液晶の構造や機能を制御するための学術基盤としても重要である。一般に，2種類以上の形態や大きさの異なる粒子からなるコロイドは，1種類の粒子からなる系よりも複雑な相挙動を示す。これは形状の異なる粒子間での相分離に起因し，その結果，多数の液晶相が形成されたりする。計算機シミュレーションによる相図の予測がいくつも行われており[51~53]，対応する実験系も報告されている[54,55]。

我々は，ニオブ酸ナノシートと粘土ナノシートとを混合させた液晶性の分散体で，2種類のナノシートの相分離を観察した[56]。以下，この系を相分離型ナノシート液晶と呼ぶことにする。試料は見かけ上は均一で液晶性を示し，マクロな相分離は見られない。しかし，小角散乱測定からは，ラメラ構造をとるニオブ酸ナノシートの液晶相が粘土の添加によって圧縮され，底面間隔が減少する様子が観察されている（図10)[57]。これらの結果は，2種類のナノシートが小さなスケールでは相分離してそれぞれがミクロドメインを形成していること，および分散体の液晶性はニオブ酸ナノシートが担っていることを示す。

ニオブ酸ナノシート分散体以外の系でも，粘土ナノシートと Fe_2O_3 球状粒子の混合分散体で，ミクロスケールでの相分離が確認されている[58]。GO ナノシートとマンガン酸ナノロッドの混合系でも，2種類の異方性粒子間での相分離が報告されている[59]。しかし，二種類の粒子間に静電相互作用や疎水性相互作用による引力が働く場合は，相分離が起こらずに，複合ナノ粒子が形成されたり[60]，一方の粒子がもう一方の粒子の近傍にいて分散を助ける場合[61]もある。

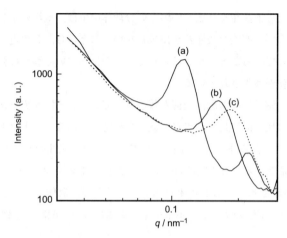

図10 ニオブ酸ナノシート液晶，およびニオブ酸と粘土からな相分離型ナノシート液晶の小角中性子散乱プロファイル
(a) ニオブ酸ナノシート液晶，(b) (c) 相分離型ナノシート液晶（粘土濃度 (b) 10 g L^{-1}，(c) 17.5 g L^{-1}）。ニオブ酸濃度はいずれも 62 g L^{-1}。
Reprinted with permission from ref. 57. Copyright 2009 American Chemical Society.

5 半導体ナノシート液晶の光機能

5.1 光触媒反応

層状ニオブ・チタン酸は半導体光触媒として知られ，主に水の分解に対する光触媒作用が長年にわたって研究されてきた[62]。ナノシートの利用も以前から行われており[63]，それは，層状結晶の剥離によって表面積を増大させ，活性を向上させようという考え方にもとづいている。ただし，これらの物質のナノシート分散体をそのまま光触媒として利用しようとすると，剥離剤の残存がネックになる。ニオブ・チタン酸ナノシートは負電荷を帯びているので，試料調製の際に加える剥離剤（主に有機アンモニウム）の一部が分散体中にナノシートの対カチオンとして残留し，反応に影響を与えるからである。しかし，いくつかのニオブ酸ナノシートの分散体で，光触媒反応が報告されている。その一例は，ペロブスカイト型ニオブ酸 $HCa_2Nb_3O_{10}$ のナノシート分散体による，水からの光触媒的水素発生である[64]。ここでは，剥離剤のテトラブチルアンモニウム（TBA）は，反応に関与しないと推定されている。一方，六ニオブ酸 $K_4Nb_6O_{17}$ のナノシート分散体による水の光分解では，剥離剤としてプロピルアンモニウムを用いると，剥離剤の関与によって水素発生が促進されるが，TBA を剥離剤に用いると反応への関与は起こらない，と結論されている[65]。

第1章　無機ナノシート分散体の液晶形成および光特性

5.2　貴金属の担持と光反応

半導体光触媒の研究では，貴金属微粒子の担持によって，活性向上や選択性の変化などを起こす試みが数多く行われている。最近，金や銀のナノ粒子を複合化すると，これらの金属ナノ粒子が可視光領域で示す表面プラズモン共鳴（SPR）を利用して，特異な光反応を誘起できることがわかってきた[66]。よって，ニオブ酸ナノシートについても，金や銀のナノ粒子との複合化による機能向上が期待される。

我々は，ニオブ酸ナノシートへ金および銀ナノ粒子を逐次的に析出させる検討を行った[67]。まず，アニオン性のニオブ酸ナノシートにカチオン性の金エチレンジアミン錯体を吸着させ，紫外光を照射すると，ナノシート分散体の吸収スペクトルに金ナノ粒子のSPRに帰属される520 nmのバンドが現れ，TEM像にも対応するナノ粒子の存在が確認された。これは，ニオブ酸ナノシートの光励起によって生じた伝導帯電子による金の還元析出で，半導体光触媒ではよく知られた反応である。次に，得られた金修飾ニオブ酸ナノシート分散体に銀イオンとクエン酸イオン（犠牲ドナー）を加えて可視光を照射すると，吸収スペクトルではSPRバンドの波長シフトと強度の増大が，TEM像にはコントラストの低い粒子の出現が，それぞれみられ，これらより銀ナノ粒子の析出を確認した。この可視光照射による反応は，ニオブ酸ナノシート上に存在する金ナノ粒子のSPR励起によって誘起される光触媒反応である。貴金属修飾によるナノシートの機能向上や，ナノシート上の貴金属粒子の反応を，液晶性などとどう結びつけてゆくかが今後の課題になる。

5.3　相分離型ナノシート液晶による光エネルギー変換

我々は，ニオブ酸と粘土からなる相分離型ナノシート液晶の階層構造を利用した光機能の発現に注目している。先に述べたように，この液晶では，ニオブ酸ナノシートと粘土ナノシートとが相分離して，空間分離されたミクロドメインを形成している。我々は，この相分離型ナノシート液晶へカチオン性色素などの有機種を導入すると，有機カチオンが粘土ナノシートに選択吸着することを見いだした[56]。この結果を利用すると，粘土ナノシートに選択吸着した機能性有機カチオンと，半導体光触媒活性をもつニオブ酸ナノシートという，異なる機能をもちかつ空間分離されたドメインを系内に構築することが可能になる。

我々は，これを光誘起電子移動のドナーとアクセプターに適用した[57, 68]。有機カチオンとして電子受容性のメチルビオロゲンジカチオン（MV^{2+}）を導入し，粘土に吸着させる。半導体光触媒であるニオブ酸ナノシートが紫外光を吸収して生成する励起電子は，MV^{2+}を還元してメチルビオロゲンラジカルカチオン（$MV^{+\bullet}$）へ変換する能力をもつ。よって，ニオブ酸ナノシートと粘土に吸着したMV^{2+}との空間分離は，光誘起電子移動のドナーとアクセプターの空間分離を意味する。反応の模式図を図11に示す。実際，MV^{2+}を加えた相分離型ナノシート液晶へ窒素雰囲気下で紫外光を照射すると，長寿命の$MV^{+\bullet}$が比較的高い収率で生成する。相分離構造がドナーとアクセプターの空間分離をもたらし，ゆえに逆電子移動が効果的に抑制され，安定な光誘

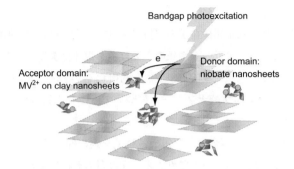

図11 電子アクセプターを加えた相分離型ナノシート液晶中での光誘起電子移動の模式図
Reprinted with permission from ref. 57. Copyright 2009 American Chemical Society.

起電荷分離を実現していると考えられる。さらに、本系の特徴として、$MV^{+•}$の収率と寿命とが粘土濃度に応じて大きく変化することが挙げられる。たとえば、MV^{2+}から$MV^{+•}$への転化率は5-70%の間で、$MV^{+•}$の寿命は10分から40時間の間で、それぞれ変えることができ、いずれも適度（低すぎず高すぎず）な粘土濃度の時に最大になる。これは、粘土の増粘効果にもとづくナノシートの流動性の変化と関係しているらしい。

一方、電子受容体MV^{2+}を添加しない場合は、ニオブ酸ナノシートの光励起によって生じた伝導帯電子は、ナノシート中のNb(V)種を還元してそのままシートに蓄積される[57, 69]。この反応も粘土濃度の影響を受ける。ニオブ酸ナノシートへの電子蓄積によって生成する低原子価Nb種の量と寿命は、電子受容体を加えた上記の系と同様に、適度な粘土濃度の時に最大となる。

光誘起電荷分離や光誘起電子蓄積は、人工光合成や光エネルギー蓄積などの鍵反応として重要だが、その制御は難しい。しかし、相分離型ナノシート液晶を用いると、反応の効率や生成物の寿命を広範に制御できる。系のソフトマター特性と無機粒子の物性をともに活用する機能発現の例であり、無機ナノシート分散体の応用展開の一つの方向性を示していると考えられる。

6 おわりに

ナノシート分散体は、つい最近まで「忘れられた物質系」だった。本稿で述べたように、異方性粒子コロイドの液晶相転移理論は20世紀前半に確立されていたし、何人もの研究者が層状結晶を剥離させたコロイドを実見してきたはずである。しかし、ナノシート分散体が現代科学の目に留まるには、2001年のNature論文まで待たなければならなかった。ナノシート分散体は、ソフトマターの属性をもつ"structured colloid"であり、一般の無機結晶が与える剛直な構造とは対照的な構造を提供する。ナノシート分散体の柔軟性、階層性、非エルゴード性（本稿では詳述しなかったが）といった構造特性は、生物のそれと共通する。畢竟するにナノシート分散体と

第1章 無機ナノシート分散体の液晶形成および光特性

は，剛直な無機結晶から得られる"生物的な"構造体である。

　これまでに，無機層状結晶を用いてさまざまなナノ材料が開発されてきた。これからも，さらに多様な試みが行われてゆくだろう。しかし，過去の研究は，「より精緻に」構造を組み立てることこそが「より進んだ」やり方で，それによって「初めて」「より高度な」機能を実現できる，という思想をあまりに天真爛漫に信じてきたのではないだろうか。もちろん，すべての要素の位置関係を厳格に規定するような，精密な構造設計の重要性は言うまでもない。しかし，ナノシート分散体のような曖昧さをもつ系は，精密さだけでは実現できない機能をもつ材料への展開が可能であると信じる。なぜなら，「曖昧さ」は「複雑な制御」に通じるからであり，それが生物という究極の機能材料の根本だからである。

謝辞

　本稿で紹介した研究成果の一部は，文部科学省科学研究費補助金新学術領域研究「融合マテリアル：分子制御による材料創成と機能開拓」により得たものです。また，宮元展義准教授（福岡工業大学），山口大輔博士（日本原子力研究開発機構），飯村靖文准教授（東京農工大学）をはじめとする共同研究者のみなさまに感謝申し上げます。

文　　献

1) 円柱のアスペクト比は通常 L/D で与えられ，これをディスクのアスペクト比として用いる場合もある。本稿では「アスペクト比が大きいと異方性も大きい」とした方が直観的見通しがよいと考え，D/L を用いる。
2) L. Onsager, *Ann. N. Y. Acad. Sci.*, **51**, 627 (1949)
3) G. J. Vroege, H. N. W. Lekkerkerker, *Rep. Prog. Phys.*, **55**, 1241 (1992)
4) 今井正幸, ソフトマターの秩序形成, シュプリンガー・ジャパン (2007)
5) V. H. Zocher, *Z. Anorg. Allg. Chem.*, **147**, 91 (1925)
6) F. C. Bawden, N. W. Pirie, J. D. Bernal, I. Fankuchen, *Nature*, **138**, 1051 (1936)
7) I. Langmuir, *J. Chem. Phys.*, **6**, 873 (1938)
8) K. Kajiwara, N. Donkai, Y. Fujiyoshi, Y. Hiraki, H. Urakawa, H. Inagaki, *Bull. Inst. Chem. Res., Kyoto Univ.*, **63**, 320 (1985)
9) K. Kajiwara, N. Donkai, Y. Hiragi, H. Inagaki, *Makromol. Chem.*, **187**, 2883 (1986)
10) M. P. B. van Bruggen, F. M. van der Kooij, H. N. W. Lekkerkerker, *J. Phys.: Condens. Matter*, (1996)
11) B. J. Lemaire, P. Davidson, J. Ferre, J. P. Jamet, P. Panine, I. Dozov, J. P. Jolivet, *Phys. Rev. Lett.*, **88**, No.125507 (2002)
12) N. R. Jana, L. A. Gearheart, S. O. Obare, C. J. Johnson, K. J. Edler, S. Mann, C. J. Murphy, *J. Mater. Chem.*, **12**, 2909 (2002)
13) L.-S. Li, J. Walda, L. Manna, A. P. Alivisatos, *Nano Lett.*, **2**, 557 (2002)

14) S. Badaire, C. Zakri, M. Maugey, A. Derré, J. N. Barisci, G. Wallace, P. Poulin, *Adv. Mater.*, **17**, 1673 (2005)
15) F. M. van der Kooij, H. N. W. Lekkerkerker, *J. Phys. Chem. B*, **102**, 7829 (1998)
16) A. B. D. Brown, C. Ferrero, T. Narayanan, A. R. Rennie, *Eur. Phys. J. B*, **11**, 481 (1999)
17) J.-C. P. Gabriel, F. Camerel, B. J. Lemaire, H. Desvaux, P. Davidson, P. Batail, *Nature*, **413**, 504 (2001)
18) N. Miyamoto, T. Nakato, *Adv. Mater.*, **14**, 1267 (2002)
19) N. Miyamoto, T. Nakato, *J. Phys. Chem. B*, **108**, 6152 (2004)
20) T. Nakato, N. Miyamoto, A. Harada, *Chem. Commun.*, 78 (2004)
21) T. Nakato, Y. Yamashita, K. Kuroda, *Thin Solid Films*, **495**, 24 (2006)
22) N. Miyamoto, S. Yamamoto, K. Shimasaki, K. Harada, Y. Yamauchi, *Chem. Asian J.*, **6**, 2936 (2011)
23) L. J. Michot, I. Bihannic, S. Maddi, S. S. Funari, C. Baravian, P. Levitz, P. Davidson, *Proc. Natl. Acad. Sci. USA*, **103**, 16101 (2006)
24) L. J. Michot, I. Bihannic, S. Maddi, C. Baravian, P. Levitz, P. Davidson, *Langmuir*, **24**, 3127 (2008)
25) N. Miyamoto, H. Iijima, H. Ohkubo, Y. Yamauchi, *Chem. Commun.*, **46**, 4166 (2010)
26) E. Paineau, K. Antonova, C. Baravian, I. Bihannic, P. Davidson, I. Dozov, M. Impéror-Clerc, P. Levitz, A. Madsen, F. Meneau, L. J. Michot, *J. Phys. Chem. B*, **113**, 15858 (2009)
27) N. Behabtu, J. R. Lomeda, M. J. Micah J. Green, A. L. Higginbotham, A. Sinitskii, D. V. Kosynkin, D. Tsentalovich, A. N. G. Parra-Vasquez, J. Schmidt, E. Kesselman, Y. Cohen, Y. Talmon, J. M. Tour, M. Pasquali, *Nat. Nanotechnol.*, **5**, 406 (2010)
28) J. E. Kim, T. H. Han, S. H. Lee, J. Y. Kim, C. W. Ahn, J. M. Yun, S. O. Kim, *Angew. Chem. Int. Ed.*, **50**, 3043 (2011)
29) Z. Xu, C. Gao, *ACS Nano*, **5**, 2908 (2011)
30) S. H. Aboutalebi, M. M. Gudarzi, Q. B. Zheng, J.-K. Kim, *Adv. Funct. Mater.*, **21**, 2978 (2011)
31) F. Guo, F. Kim, T. H. Han, V. B. Shenoy, J. Huang, R. H. Hurt, *ACS Nano*, **5**, 8019 (2011)
32) B. Dan, N. Behabtu, A. Martinez, J. S. Evans, D. V. Kosynkin, J. M. Tour, M. Pasquali, I. I. Smalyukh, *Soft Matter*, **7**, 11154 (2011)
33) S. Liu, J. Zhang, N. Wang, W. Liu, C. Zhang, D. Sun, *Chem. Mater.*, **15**, 3240 (2003)
34) M. C. D. Mourad, E. J. Devid, M. M. van Schooneveld, C. Vonk, H. N. W. Lekkerkerker, *J. Phys. Chem. B*, **112**, 10142 (2008)
35) P. Davidson, C. Bourgaux, L. Schoutteten, P. Sergot, C. Williams, J. Livage, *J. Phys. II France*, **5**, 1577 (1995)
36) P. A. Forsyth, S. Marcelja, D. J. Mitchell, *J. Chem. Soc., Faraday Trans. 2*, **73**, 84 (1977)
37) P. A. Forsyth, S. Marcelja, D. J. Mitchell, B. R. Ninham, *Adv. Colloid Interface Sci.*, **9**,

第 1 章　無機ナノシート分散体の液晶形成および光特性

37 (1978)
38) J.-C. P. Gabriel, C. Sanchez, P. Davidson, *J. Phys. Chem.*, **100**, 11139 (1996)
39) L. J. Michot, C. Baravian, I. Bihannic, S. Maddi, C. Moyne, J. F. L. Duval, P. Levitz, P. Davidson, *Langmuir*, **25**, 127 (2009)
40) 上野啓司, *J. Vac. Soc. Jpn.*, **53**, 73 (2010)
41) 松尾吉晃, 炭素, **245**, 200 (2010)
42) ただし, ニオブ酸や粘土鉱物と違って, 酸化グラファイトの層間には剥離を促すイオンが存在しない。そのため, 単層剥離は原理的に担保されない。実際, 単層の GO が得られているか疑問な論文も多い。
43) H. Hemmen, N. I. Ringdal, E. N. De Azevedo, M. Engelsberg, E. L. Hansen, Y. Méheust, J. O. Fossum, K. D. Knudsen, *Langmuir*, **25**, 12507 (2009)
44) N. I. Ringdal, D. M. Fonseca, E. L. Hansen, H. Hemmen, J. O. Fossum, *Phys. Rev. E*, **81**, #041702 (2010)
45) 論文ではネマチック相に帰属されているが, 掲載されている小角散乱データからラメラ相に帰属するのが正当と思われる系もある。
46) D. Yamaguchi, N. Miyamoto, T. Fujita, T. Nakato, S. Koizumi, N. Ohta, N. Yagi, T. Hashimoto, *Phys. Rev. E*, **85**, #011403 (2012)
47) D. Yamaguchi, N. Miyamoto, S. Koizumi, T. Nakato, T. Hashimoto, *J. Appl. Crystallogr.*, **40**, s101 (2007)
48) T. Nakato, K. Nakamura, Y. Shimada, Y. Shido, T. Houryu, Y. Iimura, H. Miyata, *J. Phys. Chem. C*, **115**, 8934 (2011)
49) 出島嘉也, 宮元展義, 奥村泰志, 菊池裕嗣, 日本化学会第 91 春季年会, 2D6-29 (2011)
50) E. N. de Azevedo, M. Engelsberg, J. O. Fossum, R. E. de Souza, *Langmuir*, **23**, 5100 (2007)
51) A. Stroobants, H. N. W. Lekkerkerker, *J. Phys. Chem.*, **88**, 3669 (1984)
52) P. Bolhuis, D. Frenkel, *J. Chem. Phys.*, **101**, 9869 (1994)
53) M. A. Bates, D. Frenkel, *Phys. Rev. E*, **62**, 5225 (2000)
54) M. Adams, Z. Dogic, S. L. Keller, S. Fraden, *Nature*, **393**, 349 (1998)
55) F. M. van der Kooij, H. N. W. Lekkerkerker, *Phys. Rev. Lett.*, **84**, 781 (2000)
56) N. Miyamoto, T. Nakato, *Langmuir*, **19**, 8057 (2003)
57) T. Nakato, Y. Yamada, N. Miyamoto, *J. Phys. Chem. B*, **113**, 1323 (2009)
58) F. Cousin, V. Cabuil, I. Grillo, P. Levitz, *Langmuir*, **24**, 11422 (2008)
59) Y. Li, Y. Wu, *J. Am. Chem. Soc.*, **131**, 5851 (2009)
60) F. Bei, X. Hou, S. L. Y. Chang, G. P. Simon, D. Li, *Chem. Eur. J.*, **17**, 5958 (2011)
61) C. Zhang, W. W. Tjiu, W. Fan, Z. Yang, S. Huang, T. Liu, *J. Mater. Chem.*, **21**, 18011 (2011)
62) A. Kudo, Y. Miseki, *Chem. Soc. Rev.*, **38**, 253 (2009)
63) R. Abe, K. Shinohara, A. Tanaka, M. Hara, J. N. Kondo, K. Domen, *Chem. Mater.*, **9**, 2179 (1997)
64) O. C. Compton, E. C. Carroll, J. Y. Kim, D. S. Larsen, F. E. Osterloh, *J. Phys. Chem. C*, **112**, 14589 (2007)

65) M. C. Sarahan, E. C. Carroll, M. Allen, D. S. Larsen, N. D. Browning, F. E. Osterloh, *J. Solid State Chem.*, **181**, 1681 (2008)
66) S. Linic, P. Christopher, D. B. Ingram, *Nat. Mater.*, **10**, 911 (2011)
67) T. Nakato, T. Kasai, *Mater. Lett.*, **65**, 3402 (2011)
68) N. Miyamoto, Y. Yamada, S. Koizumi, T. Nakato, *Angew. Chem. Int. Ed.*, **46**, 4123 (2007)
69) T. Nakato, Y. Yamada, M. Nakamura, A. Takahashi, *J. Colloid Interface Sci.*, **354**, 38 (2011)

第2章 無機ナノシートを利用した非線形光学分子の配向制御と機能向上

鈴木康孝*1, 川俣 純*2

1 はじめに

非線形光学効果を利用すると，光波を自在に制御できる。次世代コンピュータの有力候補である光コンピュータに不可欠な光トランジスタは，非線形光学効果による光波の制御により実現する。また，非線形光学効果による波長変換は，レーザー光が得難い波長でコヒーレント光を得るために広く用いられている手段である。たとえば，グリーンのレーザーポインタは，波長1064 nm のレーザー光を532 nm に変換することで動作している。さらに，光電場により生じる誘起分極の入射光強度に対する非線形性は，三次の非線形光学効果の1つである二光子吸収をもたらし，物質の空間選択的な励起を可能にする。この特徴を利用した三次元ミクロ光造形[1, 2]，多層光記録[3〜6]，三次元バイオイメージング[7〜9]，光線力学治療[10, 11] などは，今後の発展が大きく期待されている非線形光学の応用である。

非線形光学の次世代の応用を実現するためには，現在よりも飛躍的に効率の高い非線形光学材料が必要である。大きなπ電子系をもつ有機化合物は，光電場により生じる誘起分極が大きい。そのため，有機化合物の中には，非線形光学材料として現在実際に利用されている無機化合物に比べて，3桁以上大きい非線形光学定数を示す物質が数多く存在する[12]。しかし，非線形分極を有機化合物の集合体に効率よく生じさせるためには，個々の分子に誘起された非線形分極が相殺されないようにするための系の対称性の制御，すなわち分子配向の制御が必要である。

無機ナノシートは，配位結合や静電的引力相互作用により有機化合物とのハイブリッドを形成する。無機ナノシートの表面や層間という制限された空間を上手く活用すれば，有機化合物の配向を制御することが可能である。この特徴を利用し，個々の分子の光学的非線形性が最大限に活用できる集合体を，無機ナノシート／有機化合物ハイブリッドにより構築することを目指した研究が種々進められてきた。本章では，既に実用の域に近付きつつあるこれらの試みを概説する。

2 非線形光学効果

物質（バルク）に光が作用したとき，光電場 $E(\omega)$ によって物質に誘起される分極 $P(\omega)$ は，

---

*1 Yasutaka Suzuki グラスゴー大学 化学部 Postdoctoral fellow
*2 Jun Kawamata 山口大学 大学院医学系研究科 教授

$$P_i(\omega_\delta) = \varepsilon_0 [\Sigma \chi_{ij}(1)(-\omega_\delta; \omega_\alpha) E_j(\omega_\alpha)$$
$$+ \Sigma\Sigma \chi_{ijk}(2)(-\omega_\delta; \omega_\alpha, \omega_\beta) E_j(\omega_\alpha) E_k(\omega_\beta)$$
$$+ \Sigma\Sigma\Sigma \chi_{ijkl}(3)(-\omega_\delta; \omega_\alpha, \omega_\beta, \omega_\gamma) E_j(\omega_\alpha) E_k(\omega_\beta) E_l(\omega_\gamma) + \cdots] \quad (1)$$

と書ける。$\chi_{ijk}(2)(-\omega_\delta; \omega_\alpha, \omega_\beta)$, $\chi_{ijkl}(3)(-\omega_\delta; \omega_\alpha, \omega_\beta, \omega_\gamma)$ は, それぞれ二次, 三次の非線形光学定数である。これらの量は, 一次の電気感受率, $\chi_{ij}(1)(-\omega_\delta; \omega_\alpha)$ に比べて極めて小さい。そのため, 太陽光やランプからの光のような, 通常の光を光源に非線形光学効果が発現することはない。しかし, レーザー光のように $E(\omega)$ が極端に大きな光を物質に入射すると, $E(\omega)$ 同士の積に比例する第二項以下に起因する誘起分極は無視できなくなり, 非線形光学効果が発現する。

非線形光学効果を利用すれば, 光の波長を自由自在に変換することができる。例として, 二次の非線形光学効果において, $\omega_\alpha = \omega_\beta = \omega$ の場合を考える。最大振幅における光電場の強度を E_0 とおくと, 光電場 E は $E = E_0 \cos \omega t$ と書き表せる。これにより物質に生じる分極は,

$$P_i \propto \chi_{ijk}(2) E_0 \cos \omega t\, E_0 \cos \omega t = \chi_{ijk}(2) E_0^2 \cos^2 \omega t$$
$$= 1/2\, \chi_{ijk}(2) E_0^2 (1 + \cos 2\omega t) \quad (2)$$

と書ける。式 (2) は, 二次の非線形光学定数を介して, 振動数 ω の光波から振動数 2ω の分極が生じることを示している。この振動数 2ω の誘起分極を起源に, 入射した光の半分の波長の光が発生する現象を光第二高調波発生（SHG）と呼ぶ。$\omega_\alpha \neq \omega_\beta$, すなわち振動数の異なる2つの光波により非線形分極を生じさせると, $\omega_\alpha + \omega_\beta$ の振動数の和周波, または $\omega_\alpha - \omega_\beta$ の振動数の差周波を発生させることもできる。

二次の非線形光学定数は3階のテンソルであるから, 系が対称中心を持つと全てのテンソル成分が0となってしまう。そのため, 二次の非線形光学効果は対称中心を持たない系からのみ生じる。たとえ系が対称中心を持たなくても, 系が持つ対称性が高くなるにつれ, 個々の分子に誘起される非線形分極は相互に打ち消し合うようになり, 0となるテンソル成分が多くなる。二次の非線形光学定数が大きい材料を得るためには, 個々の分子がもつ光学的非線形性を最大限引き出せるように, 分子の配向を揃え, 入射する光の偏光方向を分子の配向と平行にすることが必要なのである。有機結晶の構造制御には未だ定石がないため, 有機結晶中の分子の配列を自在に制御することは事実上不可能と言っても過言ではない。一方, 無機ナノシートの層間という制限された空間に有機分子を取り込むと, 所望の分子配列を能動的に得ることが可能になる。

三次の非線形光学定数は, 4階, すなわち偶数階のテンソルであるため, 系が対称中心を持つ場合でも0とはならないテンソル成分がある。しかし, 三次の非線形光学応答が大きいバルク材料を得る上でも, 分子が持つ光学的非線形性を有効に活用できるよう, 二次の場合と同様に分子の配列を制御することには大きな意味がある。

第2章 無機ナノシートを利用した非線形光学分子の配向制御と機能向上

3 無機ナノシート層間へのインターカレーションによる非線形光学分子の配向制御

3.1 非対称な層構造をもつ無機ナノシートの利用

パラニトロアニリン（pNA）は，分子レベルでの二次の非線形光学定数は大きいものの，双極子モーメントを打ち消しあうように結晶化するため，単一化合物の結晶は二次の光学的非線形性を示さない。黒田らのグループは，非対称な層間環境をもつカオリナイトにpNAをインターカレートすることで，pNAが配向した材料を得ている[13]。図1にはカオリナイトの層間に取り込まれたpNAの配向のモデル図を示す。カオリナイトのヒドロキシル基とpNAとの間に生じる水素結合により，pNAが配向していると考えられている。

分子レベルでの二次の非線形光学定数が大きい有機化合物の多くは，ドナー基（D）とアクセプター基（A）をπ電子共役系の両末端にそれぞれ備えた，いわゆるD-π-A型の非対称的な分子構造をもつ[12]。非対称な層間環境をもつ無機ナノシートの層間で，そのような分子が自発的に配向することは必然とも言えよう。したがって，非対称な層間環境をもつ無機ナノシートの層間に分子をインターカレートする戦略は，今後有望な材料設計指針と考えられる。しかし，カオリナイトの層間にインターカレートできる分子には未だ限りがあるため，カオリナイトとのハイブリッド化により生み出された二次非線形光学材料は，現在のところこの一例に限られている。

他の例としては，鉛と亜リン酸からなるナノシート（[$Pb_3(RPO_3)_2X_2(H_2O)$]（X = Cl or Br））のRの部分に，非線形分極を示す発色団を導入する戦略が，Duらにより報告されている[14]。このナノシートは，非対称な層構造を取りやすい。このことに着目し，亜リン酸に直接結合した発色団を配向させている。報告されている例では，RとしてC_6H_5-SO_2-CH_2が導入されており，層間に存在するフェニルスルホニル基は図2に示すように概ねa軸に沿うように配向している。フェニルスルホニル基自体の分子レベルでの非線形性はそれほど高くないこともあり，このハイブリッド材料の非線形光学定数は，リン酸二水素カリウム（KDP）などの一般的な無機非線形光学結晶と同等と推定されている。分子内電荷移動が大きく非線形分極が大きい発色団を導入できれば，効率に優れた非線形光学材料が得られるだろう。

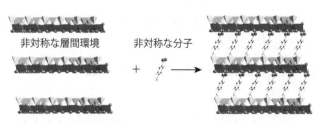

図1 非対称な層間環境をもつカオリナイトの層間に取り込まれた非対称な分子（パラニトロアニリン）の配列

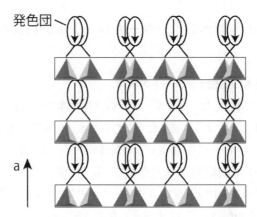

図2 鉛配位高分子ナノシートとフェニルスルホニル化合物とのハイブリッド材料中における発色団の配向のモデル図

3.2 MPS₃ナノシートの利用

分子レベルでの二次の光学的非線形性に優れた発色団として知られている 4-[2-(4-dimethylaminophenyl)-ethenyl]-1-methylpyridinium イオン（DAMS⁺）（図3）を，MPS₃（Mは二価の金属）で表される金属，リン，硫黄からなるナノシートにインターカレーションした系は，極めて大きな二次の非線形光学応答を示すことが，Clémentらのグループをはじめとするいくつかの研究グループによって報告されている[15〜23]。DAMS⁺のピリジニウム基の窒素原子は，金属との間に配位結合を作る。MPS₃自身は対称な構造をもつが，DAMS⁺がJ会合体を形成するようにインターカレートされると，DAMS⁺は，一方の側のナノシート中の金属にピリジニウム基を向けて配向し，強誘電体的な状態をとるという。層間におけるDAMS⁺の配置は未だ推定の域を出ておらず，今後の注意深い解析が待たれるが，MPS₃は低温で磁性を示すと言われているので，インターカレートされた有機物により系のパッキングが摂動を受ければ，強誘電体的な有機物の配置が発現しても不思議ではなかろう。

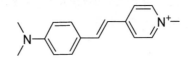

図3 DAMS⁺の構造式

4 無機ナノシート-有機化合物ハイブリッド薄膜

4.1 粘土LB法

ラングミュア-ブロジェット（LB）法[24]は，分子の配向が揃った系を構築する手法としてよく知られており，優れた二次の非線形光学特性を示すLB膜の開発を目指した研究が，数多く行

第2章 無機ナノシートを利用した非線形光学分子の配向制御と機能向上

われてきた[24, 25]。しかし，LB膜は準安定状態であるため，作製直後は膜中の分子が配向していても，分子の再配列により早いものでは数時間で配向が失われてしまうという問題がある[24]。

粘土LB法は，1994年に山岸[26]，遠藤[27]，Fendler[28] それぞれのグループから独立して発表された。単層剥離したスメクタイトの水分散液で満たしたLBトラフに，カチオン性の両親媒性有機化合物の揮発性溶媒溶液を展開すると，粘土層とカチオン性有機化合物とが静電的な引力によって複合化し，粘土単一層に裏打ちされた有機化合物の単分子膜，すなわち粘土LB膜が形成される（図4）。粘土LB膜中の有機化合物の配向は，粘土と有機化合物との間に作用する静電的な相互作用により，通常のLB膜と比べ大幅に安定である[29]。また，粘土以外の単層剥離するナノシートを用いても，同様の特徴をもつLB膜の作製が可能である[30]。この複合体膜は，一旦両親媒性分子による膜が形成された後，徐々に粘土層が吸着するのではなく，揮発性溶媒が蒸発するやいなやカチオン性化合物が水面付近に存在する粘土層に吸着することにより形成される[31]。したがって，水面近くに存在する粘土層の密度，すなわち下層水の粘土濃度と，水面の単位面積に展開する分子の数をパラメータに，粘土表面の単位面積に吸着する有機化合物の数を自在に制御できる[31]。

梅村らは，天然サポナイトと長鎖アルキル基を2本有する両親媒性のルテニウム(II)錯体からなる粘土LB膜を作製し，その非線形光学応答を調査している[32]。水平付着法により多層化を進めると，二次の非線形光学応答は，同じ配向をもった層が多層化されたときにみられる積層数に対する二乗依存性を示した。このことは，層間のルテニウム錯体の配向が，多層化しても安定に保たれていることを示しており，粘土LB膜の非線形光学材料としての優位性が実証されている。

川俣，尾形らは，粘土LB膜における有機化合物の配向を決定する因子として，粘土鉱物と有機化合物との間に働く静電的な引力相互作用も利用可能であることに着目し，明瞭な親水性基と疎水性基を併せ持たない，いわゆる非両親媒性分子を有機層に用いた粘土LB膜を作製している。ルテニウム錯体[33] をはじめとする数々の非両親媒性の金属錯体[34] により，二次の非線形光学応答を示す，すなわち，分子の配向が揃った粘土LB膜が得られている。

粘土LB法は，分子配向の安定性や構造の制御性の観点で優れているが，応用に向けては多層化が課題となっている。非線形光学材料として利用できるようにするためには，少なくとも数μm，多くの場合数mmオーダーの厚さが必要となる。粘土LB法によりこの厚さを実現するた

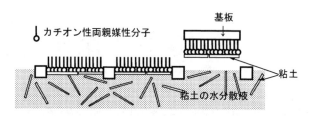

図4 粘土水分散液上でのラングミュアーブロジェット（LB）膜の作製

めには，少なくても数千層，場合によっては数百万層の積層が必要である。

4.2 多層ハイブリッド膜の in situ 合成

リン酸エステルや有機シラン化合物は，特定の反応条件下で層状構造をもつナノシート-有機ハイブリッドを自発的に形成する。このことを巧みに利用した，二次の非線形光学特性に優れた材料の作製手順を図5に示す。二次の非線形光学特性に優れた発色団の末端に，リン酸エステルやシラノール部位をもつ化合物を用意する。リン酸エステルやシラノール基を基板と反応させた後，分子の末端にナノシート形成基を導入する。その後，発色団を含む化合物を改めて加え，ナノシート形成基同士を反応させてナノシートを作る。この操作を繰り返すことで，発色団が配向した無機ナノシート-有機物ハイブリッド多層膜を構築する。

Katzらは，ジルコニウム（IV）とリン酸を混和すると，リン酸ジルコニウムナノシートが形成されることに着目し，ジルコニウム化合物と二次の非線形光学応答が期待できる発色団のリン酸エステルとを in situ で反応させ，無機ナノシート-有機物ハイブリッドの多層構造を構築した[35]。発色団を含む化合物としてはリン酸基をもつアゾベンゼン誘導体を，ナノシート形成物質として塩化ホスホリルとオキシ塩化ジルコニウムを用い，図5に示すスキームを繰り返すことで，発色団が配向したハイブリッド多層膜を作製している。その後 Neff らにより，分子の末端に保護されたリン酸基を予め導入した化合物（図6）を利用し，図7に示した短いプロセスで多層膜を作製した例が報告されている[36]。また，Morotti らにより，分子レベルでの光学的非線形性に極めて優れる DAMS$^+$ を発色団として用いた例[37]も報告されている。いずれの薄膜も，SHG 強度は層数に対して二乗依存性を示しており，多層化しても発色団の配向が再現性良く実現していることが伺える。

また，リン酸エステルではなく，有機シラン化合物からなる無機ナノシートの層間に DAMS$^+$ を取り込んだ例は，Boom らにより報告されている[38]。この多層膜からは，370 pm/V という極めて大きな二次の非線形光学定数が観測されている。この値は，無機非線形光学結晶の中でも特に大きな波長変換能を有し，グリーンレーザーポインターに広く用いられているチタン酸リン酸カリウム（KTiOPO$_4$(KTP)）の SHG 定数（d_{33} = 14.6 pm/V）[12]と比べ30倍近く大きい。

これらの in situ 合成による自己組織化膜においても，発色団は安定に配向しているが，実用

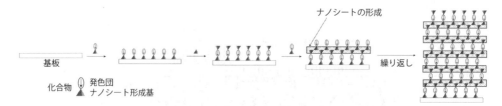

図5 リン酸エステルや有機シランの自己組織化能を利用した多層ハイブリッド膜の作製スキーム

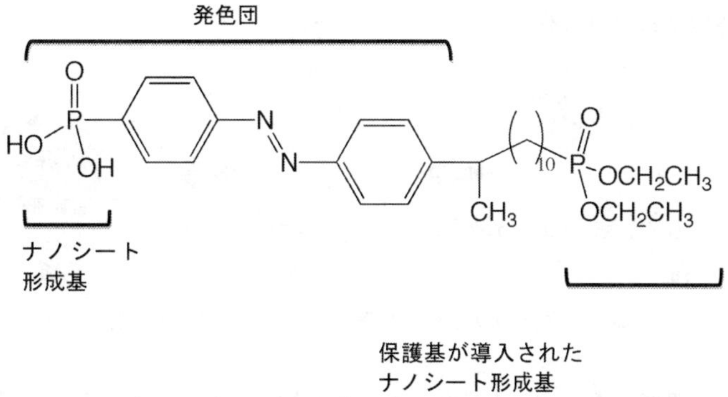

第2章　無機ナノシートを利用した非線形光学分子の配向制御と機能向上

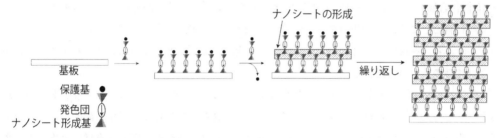

図6　保護基を導入したリン酸エステル部位を持つ有機化合物の例

図7　保護基をもつリン酸エステルの利用により簡略化された多層ハイブリッド膜の作製スキーム

に向けては粘土LB膜と同様に多層化が課題である。

5　無機ナノシート-有機化合物ハイブリッドによるバルクサイズ非線形光学材料

　これまで述べてきたように，無機ナノシートがもたらす制限された空間を利用した有機化合物の配列制御は，非線形光学特性に優れた材料を得る上で一定の成果を収めてきた。この優れた特性を実際にデバイスとして活用する上でのボトルネックは，非線形光学材料として十分な厚さをもち，かつ散乱が無視できる質の無機ナノシート-有機化合物ハイブリッドを得ることである。
　我々のグループでは，非線形光学材料として必要な厚さと散乱の少なさとを両立したハイブリッドを得る方法の構築を目指した研究を進めてきた[39〜42]。光散乱は，媒質中に光の波長以上の大きさの屈折率の不連続がある場合に生じる。光散乱の無いハイブリッドの集合体は，ハイブリッドの粒子の大きさを小さくし，その粒子を隙間無く詰めれば作製できるはずである。この考えに基づき，①単層にまで剥離した無機ナノシートの水分散液と，水と混合する溶媒に溶解した有機化合物の溶液とを混合することで無機ナノシート-有機化合物ハイブリッドを作製し，②そのハイブリッドの分散液をろ過するという手順（図8）において，用いる無機ナノシートの粒子の

図8 厚さと散乱の少なさとを両立したハイブリッドの作製手順

サイズや分散液中の濃度，導入する有機化合物の量を制御すれば，得られたハイブリッドの粒子を隙間無く詰めることが可能であることを明らかにした[39]。この方法で得られた無機ナノシート-有機化合物ハイブリッドは，非線形光学測定の中でも特に散乱が無いことが要求される二光子吸収材料としても十分利用可能な質を有しており[40]，無機-有機ハイブリッド材料としてはもちろんのこと，有機物を基盤とした材料としても現時点でもっとも非線形光学デバイスへの応用に近い材料の一つと言えよう。

光学物性の計測が正確に行える，低散乱な無機ナノシート-有機化合物ハイブリッドが得られるようになったため，無機ナノシート層間に取り込まれた有機化合物が示す特徴的な非線形光学挙動も明らかになってきている。ナノシート層間という制限された空間で，有機化合物が配向することに加え，有機化合物の平面性が向上する効果も生じ，同一の有機化合物の二光子吸収効率を溶液状態と比べて最大で13倍にまで高められることも明らかとなっている[41]。無機ナノシートの層間環境場は，有機化合物の配向を向上させるにとどまらず，有機化合物がもつ非線形光学機能そのものを大きく向上させることすら可能なのである。

単層剥離して水に分散させられる無機ナノシートは，現在のところ粘土鉱物のような対称構造をもつものに限られているため，この方法で得られたハイブリッドは原則として二次の光学的非線形系を示さない。しかし，キラルな有機化合物を層間に取り込み，層間の対称性を崩すことで，SHG活性と数マイクロメートルにも及ぶ厚さとを両立したハイブリッド膜が，この方法により作製されている[42]。

6 おわりに

本章では，無機ナノシートがもたらす制限された空間が，有機化合物の配向の能動的な制御に利用可能であり，有機化合物の配向が物性発現の鍵を握る非線形光学材料の創製に活用されていることを紹介してきた。紹介してきた発色団の配向制御方法は，非線形光学材料に限らず，圧電性や焦電性，磁性，そして強誘電性など，構成要素となる分子の配向が物性発現の鍵を握る材料への展開も可能であろう。配向が能動的に制御された有機化合物を基盤とした材料を得ることは，有機化合物単体，あるいはポリマーには困難である。無機ナノシートがもたらす制限された

第2章 無機ナノシートを利用した非線形光学分子の配向制御と機能向上

空間は，有機化合物の配向制御に今後ますます活用されるようになると考えられる。

無機-有機ハイブリッドは，これまで強散乱体と考えられてきたが，マクロスコピックなレベルでのハイブリッド体の配列制御技術の急速な進歩により，非線形光学材料としての実用化も可能な低散乱な材料も生まれはじめている。無機-有機ハイブリッドを光デバイスとして応用することは，最早夢の話ではなくなっている。

文 献

1) Maruo, S.; Nakamura, O.; Kawata, S., *Opt. Lett.*, **22**, 132 (1997)
2) Guo, F.; Guo, R.; Jiang, Z.; Zhang, Q.; Huang, W.; Guo, B., *Phys. Stat. Sol.(a)*, **13**, 2515 (2005)
3) Parthenopoulos, D. A.; Rentzepis, P. M., *Science*, **245**, 843 (1989)
4) Cumpston, B. H.; Ananthavel, S. P.; Barlow, S.; Dyer, D. L.; Ehrlich, J. E.; Erskine, L. L.; Heikal, A. A.; Kuebler, S. M.; Lee, I. -Y. S.; McCord-Maughon, D.; Qin, J.; Rockel, H.; Rumi, M.; Wu, X. -L.; Marder, S. R.; Perry, J. W., *Nature*, **398**, 51 (1999)
5) Kawata, S.; Kawata, Y., *Chem. Rev.*, **100**, 1777 (2000)
6) Shiono, T.; Itoh, T.; Nishino, S., *Jpn. J. Appl. Phys.*, **44**, 3559 (2005)
7) Xu, C.; Zipfel, W.; Shear, J. B.; Williams, R. M.; Webb, W. W., *Proc. Natl. Acad. Sci. U S A*, **93**, 10763 (1996)
8) Denk, W.; Strickler, J. H.; Webb, W. W., *Science*, **248**, 73 (1990)
9) Zipfel, W. R.; Williams, R. M.; Webb, W. W., *Nat. Biotechnol.*, **21**, 1369 (2003)
10) Bhawalkar, J. D.; Kumar, N. D.; Zhao, C. F.; Prasad, P. N., *J. Clin. Laser Med. Surg.*, **15**, 201 (1997)
11) Ogawa, K.; Hasegawa, H.; Inaba, Y.; Kobuke, Y.; Inouye, H.; Kanemitsu, Y.; Kohno, E.; Hirano, T.; Ogura, S.; Okura, I., *J. Med. Chem.*, **49**, 2276 (2006)
12) Ed. Gunter, P., *Nonlinear Optical Effects and Materials.*, Springer, Berlin (2000)
13) Takenawa, R.; Komori, Y.; Hayashi, S.; Kawamata, J.; Kuroda, K., *Chem. Mater.*, **13**, 3741 (2001)
14) Du, Z.-Y.; Sun, Y.-H.; Xu, X.; Xu, G.-H.; Xie, Y.-R., *Eur. J. Inorg. Chem.*, 4865 (2010)
15) Liu, Q.; Zhou, W.; Gao, C.; Hu, T.; Zhao, X., *Chem. Phys. Lett.*, **447**, 388 (2009)
16) Yi, T.; Tancrez, N.; Clément, R.; Ledoux-Rak, I.; Zyss, J., *J. Lumin.*, **110**, 389 (2004)
17) Lacroix, P. G.; Clément, R.; Nakatani, K.; Zyss, J.; Ledoux, I., *Science*, **263**, 658 (1994)
18) Bénard, S.; Yu, P.; Audiere, J. P.; Rivière, E.; Clément, R.; Guilhem, J.; Tchertanov, L.; Nakatani, K., *J. Am. Chem. Soc.*, **122**, 9444 (2000)
19) Bénard, S.; Yu, P.; Coradin, T.; Rivière, E.; Nakatani, K.; Clément, R., *Adv. Mater. Weinheim*, **9**, 981 (1997)

20) Yi, T.; Clément, R.; Haut, C.; Catala, L.; Gacoin, T.; Tancrez, N.; Ledoux, I.; Zyss, J., *Adv. Mater. Weinheim*, **17**, 335 (2005)
21) Coradin, T.; Clément, R.; Lacroix, P. G.; Nakatani, K., *Chem. Mater.*, **8**, 2153 (1996)
22) Cariati, E.; Macchi, R.; Roberto, D.; Ugo, R.; Galli, S.; Masciocchi, N.; Sironi, A., *Chem. Mater.*, **19**, 3704 (2007)
23) Cariati, E.; Macchi, R.; Roberto, D.; Ugo, R.; Galli, S.; Casati, N.; Macchi, P.; Sironi, A.; Bogani, L.; Caneschi, A.; Gatteschi, D., *J. Am. Chem. Soc.*, **129**, 9410 (2007)
24) Ed. Petty, M. C., *Langmuir-Blodgett films*, Cambridge University Press, Cambridge (1996)
25) Ashwell, G. J.; Hargreaves, R. C.; Baldwin, C. E.; Bahra, G. S.; Brown, C. R., *Nature*, **357**, 393 (1992)
26) Inukai, K.; Hotta, Y.; Taniguchi, M.; Tomura, S.; Yamagishi, A., *J. Chem. Soc. Chem. Commun.*, 959 (1994)
27) 内田淑文，遠藤忠，滝沢博胤，島田昌彦，粉体および粉末冶金，**41**, 1185 (1994)
28) Kotov, N. A.; Meldrum, F. C.; Fendler, J. H.; Tombacz, E.; Dekany, I., *Langmuir*, **10**, 3797 (1994)
29) Kawamata, J.; Hasegawa, S., *J. Nanosci. Nanotechnol.*, **6**, 1620 (2006)
30) Kai, K.; Yoshida, Y.; Kageyama, H.; Saito, G.; Ishigaki, T.; Furukawa, Y.; Kawamata, J., *J. Am. Chem. Soc.*, **130**, 15938 (2008)
31) Higashi, T.; Yasui, R.; Ogata, Y.; Yamagishi, A.; Kawamata, J., *Clay Sci.*, **12**, 42 (2006)
32) Umemura, Y.; Yamagishi, A.; Schoonheydt, R.; Persoons, A.; Schryver, F. D., *J. Am. Chem. Soc.*, **124**, 992 (2002)
33) Kawamata, J.; Ogata, Y.; Taniguchi, M.; Yamagishi, A.; Inoue, K., *Mol. Cryst. Liq. Cryst.*, **343**, 53 (2000)
34) Kawamata, J.; Seike, R.; Higashi, T.; Ogata, Y.; Tani, S.; Yamagishi, A., *Colloids Surf. A*, **284-285**, 135 (2006)
35) Katz, H. E.; Scheller, G.; Putvinski, T. M.; Schilling, M. L.; Wilson, W. L.; Chidsey, C. E. D., *Science*, **254**, 1485 (1991)
36) Neff, G. A.; Helfrich, M. R.; Clifton, M. C.; Page, C. J., *Chem. Mater.*, **12**, 2363 (2000)
37) Morotti, T.; Calabrese, V.; Cavazzini, M.; Pedron, D.; Cozzuol, M.; Licciardello, A.; Tuccitto, N.; Quici, S., *Dalton Trans.*, 2974 (2008)
38) van der Boom, M. E.; Zhu, P.; Evmenenko, G.; Malinsky, J. E.; Lin, W.; Dutta, P.; Marks, T. J., *Langmuir*, **18**, 3704 (2002)
39) Kawamata, J.; Suzuki, Y.; Tenma, Y., *Phil. Mag.*, **90**, 2519 (2010)
40) Suzuki, Y.; Hirakawa, S.; Sakamoto, Y.; Kawamata, J.; Kamada, K.; Ohta, K., *Clay. Clay Miner.*, **56**, 487 (2008)
41) Suzuki, Y.; Tenma, Y.; Nishioka, Y.; Kamada, K.; Ohta, K.; Kawamata, J., *J. Phys. Chem. C*, **115**, 20653 (2011)
42) Suzuki, Y.; Matsunaga, R.; Sato, H.; Kogure, T.; Yamagishi, A.; Kawamata, J., *Chem. Commun.*, **45**, 6964 (2009)

第3章 無機ナノシート積層空間を利用した光エネルギーの化学エネルギーへの変換

由井樹人[*1], 高木克彦[*2]

1 はじめに

近代の人類は，石油や石炭などの化石資源を大量消費することで飛躍的な発展を遂げてきた。しかし現代になり，資源の枯渇やCO_2の大量放出に伴う環境の悪化等が表面化しており，抜本的な問題解決が強く望まれている。生物が営む光合成系は太陽光をエネルギー源とし，化学的に安定な水とCO_2からでんぷんに代表される炭水化物と酸素を生成する反応系である。炭水化物は，安定かつエネルギー密度が高いためエネルギー源として有望なだけでなく，炭素資源や化学原料としても活用されるべき材料である。そのため，光エネルギーを用いて水やCO_2から，水素や炭化水素化合物等の高エネルギーな化学物質，すなわち化学エネルギーへと変換する反応系の開発が活発化してきている。実際に欧米ではこれらの技術をSolar Fuels[1]と命名し大規模な研究投資が始まっており，中・韓国など新興国も追随する姿勢を見せている。

光エネルギーを化学エネルギーに変換するには，最初に分子が光を吸収して高エネルギーな励起状態を作り出す必要がある。しかし一般的な励起状態は，数ナノから数マイクロ秒という極めて短い時間にエネルギーを失い，元の基底状態に戻ってしまう。光反応は，この極めて短い励起寿命の間に，反応相手となる分子と衝突もしくは近接している必要があり[注1]，分子間の距離や立体配置に大きく支配される[注2]。天然の光合成は，様々な光機能性や触媒特性を有する分子団をタンパク中に埋め込むことで，その距離や立体配置を巧みに制御し光を化学エネルギーへと変換している。従って，植物の光合成を模倣する反応系を再現するには，必要な分子を自在に配列させることが重要である。

注1) 典型的な溶媒中における拡散律速速度は$10^9 \sim 10^{10} M^{-1} s^{-1}$である。これは1Mの溶液中では反応物質同士の衝突が毎秒$10^9 \sim 10^{10}$回起こることであり，10^{-9}秒（1ns）の励起寿命ならば，分子間衝突頻度は，1～10回となり極めて低い。

注2) 光反応の速度定数（k）と分子間距離（r）との関係は次の通りである：電子移動反応速度定数（k_{et}）は$k_{et} \propto (1/r)^2$に従い，フェルスターエネルギー移動反応速度定数（k_{ET}）$k_{ET} \propto (1/r)^6$に従う。例えば二種のナフチル誘導体間でのフェルスター型エネルギー移動の効率は，r＝1～2nmでほぼ定量的（100％）に起こるが，r～3.5nmでは二回のうち一回起きるにすぎない[71]。

[*1] Tatsuto Yui 東京工業大学 大学院理工学研究科 化学専攻 特任准教授
[*2] Katsuhiko Takagi （財）神奈川科学技術アカデミー 専務理事

分子を配列する手法の一つとして,無機層状化合物群が利用されている。粘土などの無機層状化合物は,ナノメートルサイズの厚みを有する無機板状結晶が積層した構造を有しており,その層間に様々な分子を取込む「インターカレーション機能」を有していることが知られている[2~4]。また,層表面もしくは吸着化学種同士の相互作用により,層間に取込まれた化学種は,しばしば極めて高い規則性配列構造を採らせることができ,分子間距離を制御する材料もしくは光反応場として有望である[4~10]。本章では,その一例として無機層状化合物や無機ナノシートを用いた光機能性制御,特に光-化学エネルギー変換系について解説する。

2 無機層状化合物とナノシート

天然の粘土鉱物は,負電荷を帯びた板状アルミノシリケートが積層した構造を有しており,層間には表面負電荷を補うためNa^+などの陽イオン種が存在している。この層間陽イオン種と他のカチオン種がイオン交換反応をすることで,層間に分子を取込むインターカレーション特性を示し,様々な層間複合体を形成する[2]。層間複合体を形成する材料として,陽イオン交換性粘土,層状複水酸化物(LDH,陰イオン交換性粘土),層状金属酸化物半導体(LMOS),層状バナジウム酸化物,リン酸ジルコニウム類,金属カルコゲナイド,層状金属ハロゲン化物などが知られており,層間複合体形成に伴い溶液とは異なった反応特性や光応答性などを示す[4, 7~9, 11]。さらに層状化合物の新規展開として,溶液中で層状化合物を構成している無基板状結晶を完全に剥離した「無機ナノシート」の研究が近年盛んに行われている[3, 8, 9]。無機ナノシートには,次のような特徴が挙げられる。

(1) **構造異方性**:層状化合物の無機層は,その厚みが1nm以下かつ,二次元方向に数百nm^2ものアスペクト比の大きな平面を有する。バルク固体の層状化合物と異なり,ナノシートは完全剥離しているため表面が全て露出した,完全表面材料の構造をしている。

(2) **単結晶構造**:多くの無機層は高い結晶性を有し,ナノシート化に伴い高規則性の構造や電荷が表面に露出することになる。ナノシート表面の結晶規則性や表面電荷の利用により,ゲスト分子をナノメートルオーダーで容易に配列できる。例えば,$Ca_2Nb_3O_{10}$を種結晶として基板に堆積させた後,$Ti_{0.94}Nb_{0.06}O_2$をエピタキシャル成長させると,極めて高い一軸配向性を有する単結晶膜が生成することが報告されている[12]。

(3) **高分散性**:バルク層状化合物の多くは沈降性材料であるのに対し,ナノシートは高い分散性を有するため溶液中で透明~半透明であり,固体薄膜化を行っても均質性と可視光透過性を維持することが多い。透明性を確保することは光反応を行う上で極めて重要である。

(4) **柔軟な複合化特性**:バルク形状をした層状化合物にゲスト分子を導入する場合,層間に作用している相互作用を上回る駆動力が必要である。しかし表面電荷密度の高い層状化合物は,その高い層間相互作用のため分子を導入することが困難な場合が多い。一層毎に剥離したナノシートでは,導入予定の分子と単に混合・攪拌するだけで複合化出来,薄膜固体状態とな

るため積層複合体を再形成し易い。また Langmuir-Blodgett（LB）法や Layer-by-Layer（LbL）法による複合化手法も行われており[3, 8, 9, 13~15]，有機高分子材料と類似した取り扱いも可能である。

低表面電荷密度の粘土鉱物では，水に分散するだけでナノシートを形成することが知られており，層間カチオン種の水和が大きく関与している[3, 9]。一方で層状半導体（LMOS）などの表面電荷密度の高い層間化合物のナノシート化は従来困難であった。Sasaki 等は，層間をプロトン（H^+）に置換したバルク LMOS に，水酸化テトラブチルアンモニウム（TBA^+OH^-）を作用させることで LMOS ナノシート化に成功している[3, 16, 17]。層間 H^+ の中和と嵩高い TBA^+ の導入を同時進行させることで，層の剥離が進行したと考えられる。この研究を契機に様々な層状化合物のナノシート化が報告されるようになり，特に粘土鉱物および LMOS ナノシートを用いた研究例が多くなされている[8, 9]。

3　粘土鉱物を用いた光-化学エネルギー変換系

スメクタイト，ラポナイト，モンモリロナイト，マイカ等の粘土鉱物は，典型的な無機層状化合物であり，その多くはイオン交換反応により層間に陽イオン種を取込むことが可能である。層間陽イオンとの交換量は，単位重量当たりの層表面電荷量（cation exchange capacity；CEC）で定義されており，重要な特性の一つである[2]。これに対して，層状複水酸化物類（LDH）は，層自身が正電荷を帯びているために，層間に交換性の陰イオンを含むアニオン交換性粘土であり，そのアニオン交換容量は AEC（anion exchange capacity）と定義されている[2]。粘土鉱物の多くは，アルミノシリケートなどの比較的安定かつ不活性な物質群からなっている。そのため，一部の例外を除いて[18, 19]粘土層と層間分子とが直接反応することは無く，基本的には光不活性な材料である。ただし，層骨格中もしくは交換性イオンとして鉄成分を含むと励起状態の分子を効率良く失活させるので光反応に用いる場合には注意が必要である[20]。

4　エネルギー移動反応

光反照射に伴い生成する高エネルギー化合物として，水からは水素や酸素分子が[21~24]，CO_2 からは CO，ギ酸，CH_4 などがそれぞれ期待される[25, 26]。しかし，これらの物質の生成には多くの場合，原料の多電子酸化もしくは還元が必要である。一方で，通常の光反応では1光子の吸収で，1電子しか供給することができないという制約がある。さらに典型的な太陽光の光密度は非常に低く，単一分子面積あたり数ミリ秒に1光子程度しか系に供給することができない。そのため，非常に短寿命な励起状態を利用して多電子の酸化還元反応を達成することは極めて困難である。天然の光合成系は，反応中心の周囲にクロロフィル類を高密度に配列した光アンテナが効率的に光エネルギーを捕集することで，この問題を解決している。光合成系に類似した高効率な

光捕集系の構築は，光-化学エネルギー変換系にとって非常に重要な研究課題である。

通常の固体表面を用いて色素の高密度吸着を行うと，表面の不均一性のため非発光性の色素凝集体を形成し，光励起をしても速やかに失活してしまう問題があった。Takagi らは粘土表面が有する均質性に着目し，4価のカチオン性ポルフィリン（MTMPyP，M＝H_2，Zn）を，非会合状態かつ高密度に配列することを報告している[27, 28]。この非会合的な高密度吸着は，ポルフィリン分子内の正電荷間距離と粘土表面の負電荷間距離が一致した時に初めて達成されるため，Size-Matching Rule と呼ばれている[29]。二種のポルフィリン誘導体（m-TMPyP，p-TPMPyP）と，水中でナノシート化した合成粘土との複合化を行いエネルギー移動効率の算出を行ったところ m-TMPyP から p-TPMPyP へのほぼ定量的にエネルギー移動が観測された[30]。この定量的なエネルギー移動には，二種の色素同士が分離状態を保ち，かつ会合体形成をしていないことが重要であり，粘土表面を利用した光エネルギー捕集系の構築が期待される[31, 32]。

Yui らはナノシート化した LDH とアニオン性ピレン誘導体（PTSA）およびアニオン性ポルフィリン（H_2TCPP）からなる複合膜の合成と複合膜中における PTSA から H_2TCPP へのエネルギー移動について報告している[33]。ナノシート化した LDH を用いることにより，多価の陽イオン種と陰イオン種とを単分子レベルで交互に吸着させる LbL 法により，LDH と有機分子との複合化が可能となった。LbL 法は 1990 年代に開発された分子の集積化手法であり，その利点として単分子レベルで膜を積層させてゆくため，任意の積層構造を有した膜が作成可能な点にある[13, 15]。LDH ナノシートと H_2TCPP もしくは PTSA をそれぞれ独立に積層した（(H_2TCPP/LDH)$_n$/(PTSA/LDH)$_n$）膜と，LDH を介して H_2TCPP と PTSA をそれぞれ交互に積層した（[(H_2TCPP/LDH)/(PTSA/LDH)]$_n$）膜（図1）を作成し，PTSA から H_2TCPP への光エネルギー移動特性を観測したところ，交互積層膜の方がエネルギー移動に伴う PTSA の消光が促進された。この結果は，LDH ナノシートを介しても十分にエネルギー移動が進行し，エネルギー移動効率は H_2TCPP と PTSA の距離に強く依存することを示唆する。

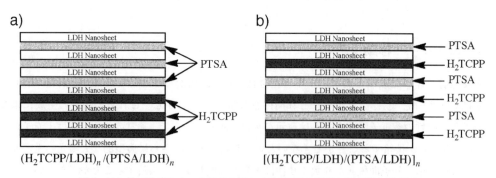

図1　LbL 法で作成した，2種の LDH，H_2TCPP，PTSA 複合膜の模式図
a) 独立積層膜，b) 交互積層膜

第3章　無機ナノシート積層空間を利用した光エネルギーの化学エネルギーへの変換

5　電子移動反応

粘土層間において，ルテニウムトリスビピリジン誘導体（Ru(bpy)$_3^{2+}$）などの光増感剤を用いた水素発生がいくつか報告されている[34〜37]。溶液中において典型的な水素発生の反応系である，トリエタノールアミン（TEOA），Ru(bpy)$_3^{2+}$，ビオロゲン誘導体（MV^{2+}），白金コロイド（Pt）の組合せを用いて粘土中で光反応を行っても水素の発生が観測された。ここでTEOA，Ru(bpy)$_3^{2+}$，MV^{2+}，Ptはそれぞれ，犠牲還元剤，可視光増感剤，電子受容体，水素発生助触媒として機能する（図2）。粘土層間でRu(bpy)$_3^{2+}$とMV^{2+}それぞれ異なる層間に存在することで，両者の電荷分離が抑制されると予想されている[34, 35]。

粘土層間を利用した水の分解と酸素発生についても報告されている[35, 36, 38〜43]。Yagiらは天然光合成の光学系II（PS II）の酸素発生中心マンガンクラスター[44]のモデルである，[(OH$_2$)(tpy)Mn(μ-O)$_2$Mn(tpy)(OH$_2$)]$^{3+}$（Mn^{3+}）を，可視光増感剤であるRu(bpy)$_3^{2+}$と共にマイカ層間に導入した系で，可視光による水の分解と酸素発生を報告している[43]。マイカ/Mn^{3+}/Ru(bpy)$_3^{2+}$複合体を電子受容体となるS$_2$O$_8^{2-}$共存下で，主にRu(bpy)$_3^{2+}$が吸収する420 nm以上の光を照射すると，水の分解に伴いRu(bpy)$_3^{2+}$と基準としたターンオーバー数（TN）=88でO$_2$の発生が認められた。電子供与体であるS$_2$O$_8^{2-}$はアニオン性のため層間ではなくバルク水相中に存在していると考えられる。そのため層間に存在する複数のRu(bpy)$_3^{2+}$間で電子リレーが生じ，バルク水相に近傍に存在するRu(bpy)$_3^{2+}$へと電子伝達を行い，最終的にS$_2$O$_8^{2-}$を還元していると予想された（図3）。なお比較実験としてマイカを用いない，Mn^{2+}，Ru(bpy)$_3^{2+}$，S$_2$O$_8^{2-}$混合系の場合，酸素の生成はほとんど認められなかった。

6　LMOSを用いた光-化学エネルギー変換系

層状金属酸化物半導体（LMOS）は，半導体と層状化合物，両者の特性を有する材料群であ

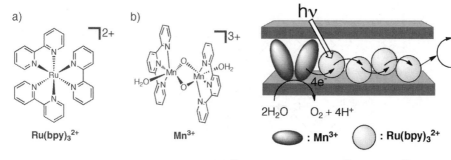

図2　典型的な可視光増感剤であるRu(bpy)$_3^{2+}$（a）および，酸素発生触媒であるMn^{3+}の化学構造（b）

図3　マイカ/Mn^{3+}/Ru(bpy)$_3^{2+}$複合体を用いた光増感酸素発生の予想メカニズム

る。そのため，バルクの二酸化チタン（TiO_2）に類似した光触媒活性を示す材料も数多い[45, 46]。半導体光触媒は，そのバンドギャップに相当する光エネルギー（主に紫外光）を吸収すると，価電子帯（VB）に存在していた電子が伝導帯へと励起され，伝導帯電子（e^-）と正孔（h^+）との対が生成する。このe^-とh^+は，比較的強い還元力または酸化力を有するため，h^+は水を酸化しO_2とH^+を発生し，e^-はH^+を還元して水素を発生する。

Domenらは，ニッケル微粒子を担持した$K_4Nb_6O_{17}$に紫外光を照射すると，水の分解に伴いO_2とH_2が化学量論的に生成することを報告している[47, 48]。$K_4Nb_6O_{17}$は，二種類の層構造（Interlayer IとII）を特徴としており，H_2発生の助触媒として機能するNi微粒子はInterlayer Iにのみ存在する。光励起に伴い生ずるe^-とh^+はそれぞれ，Interlayer IのNiとInterlayer IIへと速やかに移動することで，e^-とh^+の再結合が抑制されたため効率良く水の分解が進行したと考えられる（図4）。

LMOSの半導体特性と色素の光化学特性を組み合わせた光反応系が様々に報告されている。例えば，LMOS層間にMV^{2+}を導入した複合体にバンドギャップ励起を行うと，MV^{2+}の一電子還元体に帰属される青色の吸収が生ずることが，様々なLMOSで確認されている[9, 49~54]。Takagiらは層状酸化チタンナノシートとメソポーラスシリカを積層した複合膜を用いることで[55~60]，特性の異なる二種の有機分子であるH_2TMPyPとMV^{2+}間での電荷分離について報告を行っている[60]。興味深いことに，本系で認められた電荷分離寿命は大気中で2.5時間であり，天然光合成系の電荷分離寿命（1秒）に比べ大幅な長寿命化が達成されており，新規光-化学エネルギー変換系として興味が持たれている。

Inoueらは，プロトン修飾した$Nb_6O_{17}^{4-}$の層間に，アニオン性ポルフィリン誘導体（$ZnTCPP^{4-}$）を導入し，可視光照射による水素発生を報告している[61]。助触媒としてプラチナを担持させた複合体を電子供与体（KI）共存下，H_2O-CH_3CN（9：1）溶液中で560 nmの可視光を照射すると水素の発生が確認された。

$Ru(bpy)_3^{2+}$誘導体を増感剤とした，LMOS複合体による可視光増感H_2発生が報告されている[62~66]。例えば層状化合物として，ニオブ酸ナノシートが渦巻状に丸まったニオブ酸ナノスクロ

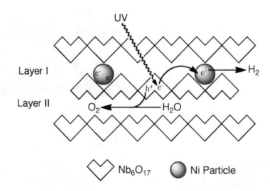

図4　$K_4Nb_6O_{17}$を用いた水の光分解における推定反応機構

第3章 無機ナノシート積層空間を利用した光エネルギーの化学エネルギーへの変換

ール（NS-$H_4Nb_6O_{17}$）[64]もしくはニオブ酸カルシウムナノシート（R-$HCa_2Nb_3O_{10}$）[66]を用い，可視光増感剤である$Ru(bpy)_3^{2+}$の誘導体，犠牲還元剤であるEDTA，水素発生触媒であるPtナノ粒子を共存させた系で，可視光増感剤の水素発生が報告されている[65]。LMOS表面と共有結合が形成可能なフォスフォン酸基を有するRuトリスビピリジン誘導体（$Ru(bpy)_2(P\text{-}bpy)^{2+}$）は，無置換の$Ru(bpy)_3^{2+}$よりも水素発生効率が高いことから，励起状態の錯体からLMOSへの高効率電子注入が示唆された。$Ru(bpy)_2(P\text{-}bpy)^{2+}$を用いた場合，NS-$H_4Nb_6O_{17}$およびR-$HCa_2Nb_3O_{10}$の両者で，420 nm以上の可視光照射に伴い量子収率20-25％で水素の発生が認められた。

近年，LDHの層骨格中に様々な金属を置換した，Zn-M-LDH（L＝Cr，Ti，Al）の合成と光触媒特性が報告されている[67〜70]。多くのLDH類は無色の材料であるが，Zn-Cr-LDHはCr原子の導入に伴い400-700 nmの範囲にドーピング準位と考えられる吸収が観測される。そのため，色素などの増感剤を用いること無しに可視光増感反応が可能で，410 nmの光照射に伴い，量子収率約60％で水からO_2を発生すると報告されている[67]。単層剥離したZn-Cr-LDHナノシートと酸化チタンナノシート（LT）を混合すると，微視的にはZn-Cr-LDHとLTの単層が交互に積層し，巨視的には表面積約60-100 $m^2 g^{-1}$，細孔径3-4 nmのメソ孔を有するLT/Zn-Cr-LDH複合体を形成した[70]。LT/Zn-Cr-LDH複合体を，水中犠牲電子受容体$AgNO_3$共存下，420 nm以上の光照射を行うと，約1.18（ミリ）mmol $h^{-1}g^{-1}$とZn-Cr-LDH単独に対し約2倍の効率でO_2の発生が認められている。

7 おわりに

無機ナノシート積層空間を利用した光エネルギーの化学エネルギーへの変換について概説を行った。このような無機-有機複合体は，無機物の規則性と有機物の多様性を領有する複合体を形成することが期待されるため，光-化学エネルギー変換系だけでなく，新規な触媒系として更なる発展が期待される。

文　献

1) T. E. Mallouk. *J. Phys. Chem. Lett.*, **1**, 2738 (2010)
2) 日本粘土学会編，"粘土ハンドブック（第三版）"，技報堂出版（2008）
3) 黒田一幸，佐々木高義編，"無機ナノシートの科学と応用"，シーエムシー出版（2005）
4) 由井樹人 *et al.*，日本写真学会誌，**66**，326（2003）
5) S. Takagi *et al.*, *J. Photochem. Photobiol. C: Photochem. Rev.*, **7**, 104 (2006)
6) K. Takagi *et al.*, "*Solid State and Surface Photochemistry* Vol.5", V. Ramamurthy & K.

Schanze eds., p31, Marcel Dekker（2000）
7) M. Ogawa *et al.*, *Chem. Rev.*, **95**, 399（1995）
8) T. Yui *et al.*, "*Bottom-up Nanofabrication* Vol.5", K. Ariga & H. S. Nalwa eds., p35, American Scientific Pubs.（2009）
9) R. Sasai *et al.*, "*Encyclopedia of Nanoscience and Nanotechnology*, Vol.**24**", H. S. Nalwa eds., p303, American Scientific Pubs.（2011）
10) T. Shichi *et al.*, *J. Photochem. Photobiol. C: Photochem. Rev.*, **1**, 113（2000）
11) 佐々木高義, 日本セラミックス協会学術論文誌, **115**, 9（2007）
12) N. Yamada *et al.*, *Applied Physics Express*, **4**, 045801（2011）
13) K. Ariga *et al.*, *Phys. Chem. Chem. Phys.*, **9**, 2319（2007）
14) C.-H. Zhou *et al.*, *J. Mater. Chem.*, **21**, 15132（2011）
15) G. Decher. *Science*, **277**, 1232（1997）
16) T. Sasaki *et al.*, *J. Am. Chem. Soc.*, **120**, 4682（1998）
17) T. Sasaki *et al.*, *J. Am. Chem. Soc.*, **118**, 8329（1996）
18) T. Shichi *et al.*, *Chem. Lett.*, 834（2002）
19) N. Kakegawa *et al.*, *Langmuir*, **19**, 3578（2003）
20) J. Cenens *et al.*, *Clay Minerals*, **23**, 205（1988）
21) X. Chen *et al.*, *Chem. Rev.*, **110**, 6503（2010）
22) K. Maeda *et al.*, "*Topics in Current Chemistry*, Vol **303**", C. A. Bignozzi eds., p95, Springer Berlin/Heidelberg（2011）
23) M. Carraro *et al.*, "*Topics in Current Chemistry*, Vol **303**", C. A. Bignozzi eds., p121 Springer Berlin/Heidelberg（2011）
24) R. Abe, *J. Photochem. Photobiol. C: Photochem. Rev.*, **11**, 179（2010）
25) T. Yui *et al.*, i "*Topics in Current Chemistry*, Vol **303**", C. A. Bignozzi eds., p151, Springer Berlin/Heidelberg（2011）
26) T. Yui *et al.*, *ACS Appl. Mater. Interfaces*, **3**, 2594（2011）
27) S. Takagi *et al.*, *Langmuir*, **18**, 2265（2002）
28) S. Takagi *et al.*, *Chem. Lett.*, **30**, 128（2001）
29) M. Eguchi *et al.*, *J. Phys. Chem. Solids*, **65**, 403（2004）
30) Y. Ishida *et al.*, *J. Am. Chem. Soc.*, **133**, 14280（2011）
31) S. Takagi *et al.*, *Langmuir*, **22**, 1406（2006）
32) S. Takagi *et al.*, *Clay Science*, **12**, 82（2006）
33) T. Yui *et al.*, *J. Porphyrins Phthalocyanines*, **11**, 428（2007）
34) G. Villemure *et al.*, *J. Am. Chem. Soc.*, **108**, 4658（1986）
35) G. Villemure *et al.*, *Can. J. Chem.*, **63**, 1139（1985）
36) H. Nijs *et al.*, *J. Phys. Chem.*, **87**, 1279（1983）
37) H. Nijs *et al.*, *J. Mol. Catal.*, **21**, 223（1993）
38) S. Yamashita *et al.*, *J. Molecular Catal. A: Chem.*, **153**, 209（2000）
39) M. Yagi *et al.*, *J. Am. Chem. Soc.*, **126**, 8084（2004）
40) K. Narita *et al.*, *J. Phys. Chem. B*, **110**, 23107（2006）
41) M. Yagi *et al.*, *Biochimica et Biophysica Acta（BBA）－ Bioenergetics*, **1767**, 660（2007）

第 3 章　無機ナノシート積層空間を利用した光エネルギーの化学エネルギーへの変換

42) H. Yamazaki *et al.*, *Photoche. Photobiol. Sci.*, **8**, 204 (2009)
43) M. Yagi *et al.*, *Chem. Commun.*, **46**, 8594 (2010)
44) Y. Umena *et al.*, *Nature*, **473**, 55 (2011)
45) A. Fujishima *et al.*, *Nature*, **238**, 37 (1972)
46) A. Fujishima *et al.*, *J. Photochem. Photobiol. C: Photochem. Rev.*, **1**, 1 (2000)
47) K. Domen *et al.*, *J. Chem. Soc., Chem. Commun.*, 1706 (1986)
48) A. Kudo *et al.*, *J. Catal.*, **120**, 337 (1989)
49) T. Yui *et al.*, *Chem. Mater.*, **17**, 206 (2005)
50) T. Nakato *et al.*, *Reactivity of Solids*, **6**, 231 (1988)
51) T. Nakato *et al.*, *J. Chem. Soc., Chem. Commun.*, 1144 (1989)
52) T. Nakato *et al.*, *Chem. Mater.*, **4**, 128 (1992)
53) N. Miyamoto *et al.*, *Angew. Chem. Int. Ed. Engl.*, **119**, 4201 (2007)
54) T. Nakato *et al.*, *J. Phys. Chem. B*, **113**, 1323 (2009)
55) T. Yui *et al.*, *Langmuir*, **21**, 2644 (2005)
56) T. Yui *et al.*, *Bull. Chem. Soc. Jpn.*, **79**, 386 (2006)
57) T. Yui *et al.*, *Phys. Chem. Chem. Phys.*, **8**, 4585 (2006)
58) T. Yui *et al.*, *J. Photochem. Photobiol. A: Chem.*, **207**, 135 (2009)
59) T. Yui *et al.*, *ACS Appl. Mater. Interfaces*, **3**, 931 (2011)
60) T. Yui *et al.*, *Bull. Chem. Soc. Jpn.*, **82**, 914 (2009)
61) Y. Yamaguchi *et al.*, *Chem. Lett.*, **30**, 644 (2001)
62) Y. I. Kim *et al.*, *J. Am. Chem. Soc.*, **113**, 9561 (1991)
63) Y. I. Kim *et al.*, *J. Phys. Chem.*, **97**, 11802 (1993)
64) K. Maeda *et al.*, *Chem. Mater.*, **20**, 6770 (2008)
65) K. Maeda *et al.*, *J. Phys. Chem. C*, **113**, 7962 (2009)
66) K. Maeda *et al.*, *Chem. Mater.*, **21**, 3611 (2009)
67) C. G. Silva *et al.*, *J. Am. Chem. Soc.*, **131**, 13833 (2009)
68) Y. Lee *et al.*, *Energy Environ. Sci.*, **4**, 914 (2011)
69) Y. Zhao *et al.*, *ACS Nano*, **3**, 4009 (2009)
70) J. L. Gunjakar *et al.*, *J. Am. Chem. Soc.*, **133**, 14998 (2011)
71) L. Stryer *et al.*, *Proc. Natl. Acad. Sci. U.S.A.*, **58**, 719 (1967)

第4章 無機ナノシートの表面構造を利用した分子配列制御
—人工光合成系構築を目指して—

石田洋平[*1], 高木慎介[*2]

1 はじめに

ナノシート材料[1]には，層状半導体，層状金属酸化物，グラファイトなど様々なものが存在するが，本稿では主に粘土鉱物[2~4]を取り上げる。特に，化学合成粘土鉱物をホスト材料として用い，ゲスト分子として機能性色素を複合化させた材料の興味深い構造と機能性について述べる。通常，有機物を無機ホスト材料と組み合わせた場合，有機物は不規則に集合してしまい有用な構造を持つ材料を作成することは困難である。しかし，特定の条件下では，有機物（ここでは色素分子）が高密度に吸着しながら，会合（本稿では，分子同士が励起子相互作用を持つ状態を示す）を伴わない興味深い現象が発現する。このような分子集積体においては，光エネルギー移動や光電子移動などにおいて特異な機能性が見いだされる。本稿では，このような特異な高密度無会合構造の発現メカニズム，さらには，人工光捕集系モデルとなりうる興味深い光機能性について記述する。

2 ナノシート型ホスト材料としての粘土鉱物の特徴

ナノシート材料には様々なものが存在するが，ここでは粘土鉱物の特徴について簡単に述べる。粘土鉱物[2~4]は，①原子レベルで平滑な平面を提供する，②密度や発生位置が可変な電荷を有する，③容量が可変な層間微小環境を有する，④クラーク数の大きな元素のみで構成可能である，⑤化学合成物では完全に無色である，等の特徴を有する。多くの粘土鉱物は負電荷を持っている事から，正電荷を有する有機分子と容易に静電的に複合化する。光機能材料の視点からは，特に化学合成粘土鉱物においては，その分散水溶液や固体膜が透明化できる点も大きな魅力である[5, 6]。図1に粘土鉱物の基本骨格を示した。この基本骨格が二次元に連なり，広大，かつ，極めて平滑なディスク状粒子（図1下左）を形成する。この粘土鉱物では20～50nm程度の粒径であるが，粘土鉱物の種類や合成条件により，様々な粒径のものが選択可能である。サポ

[*1] Yohei Ishida 首都大学東京 大学院都市環境科学研究科 分子応用化学域 博士後期課程；日本学術振興会 特別研究員 DC1
[*2] Shinsuke Takagi 首都大学東京 大学院都市環境科学研究科 分子応用化学域 准教授；㈱科学技術振興機構 さきがけ

第4章　無機ナノシートの表面構造を利用した分子配列制御—人工光合成系構築を目指して—

ナイトと呼ばれる粘土鉱物では，表面四面体層の Si^{4+} が Al^{3+} に同型置換することにより負電荷を発生させている。その典型的な組成式は $[(Si_{7.20}Al_{0.80})(Mg_{6.00})O_{20}(OH)_4]^{-0.80} 0.80Na^+$ で表され，理論表面積は $7.5\times10^5 m^2 kg^{-1}$，理論カチオン交換容量（CEC）は $0.997 meq.g^{-1}$ である。粘土鉱物は固体状態ではナノシート粒子が積層している場合が多いが，条件によっては，各シート間が膨潤することにより，シート間距離が可逆に変化する[5]。また，水中では条件により完全に剥離し，一枚シートの状態で分散する（図2）。このような構造の可変性，柔軟性は他の無機材料には見られないものであり極めて特徴的な性質である。これらの性質により，その複合体も図3に示すような多様な形態を取りうる。一方，カチオン交換容量は，Al^{3+} の置換率によって一定範囲で可変である。すなわち，粘土粒子表面における平均負電荷間距離を変えることが可能であり，このことから複合化する色素分子の吸着密度制御など分子集合構造の制御が可能となる（後述）[5]。本稿では，特に断らない限り，水溶液中で単分散した粘土鉱物の挙動について述べる。

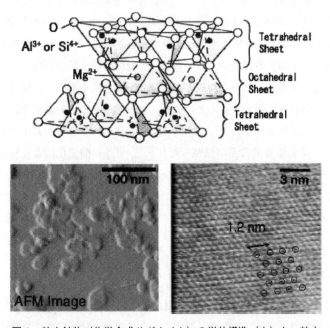

図1　粘土鉱物（化学合成サポナイト）の単位構造（上）と，粘土粒子（下左），および，その表面拡大 AFM 像（下右）

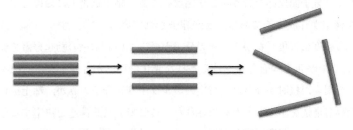

図2　粘土鉱物ナノシートの積層，膨潤，剥離

革新機能材料の開発と応用展開

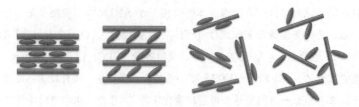

図3 粘土ナノシートと色素分子からなる様々な複合体

3 粘土鉱物-色素複合体の特徴

　一般的な粘土鉱物は負電荷を有するため，正電荷を有するゲスト種と容易に複合化する。静電相互作用の他，ファンデルワールス力，疎水性相互作用などのバランスにより，吸着力や吸着状態が決定される。本稿では，ゲスト分子として主に有機色素に注目する。これまでに，様々な色素と粘土鉱物の複合体についての報告がされてきた。吸収スペクトルへの効果[7〜9]，発光挙動への効果[10, 11]など，光化学的に興味深い現象が多く報告されている。粘土鉱物のホスト材料としての効果は幾つかのメカニズムに基づくが，興味深い特徴は粘土鉱物表面の高度な平面性に基づく効果である。高度な平面性に基づき，規則正しい分子集合構造形成の足場になりうる。ゲスト分子が，粘土鉱物表面に強く吸着することにより，分子構造そのものが平面化することもある。分子構造が平面化・固定化されることにより，色素の光化学的な性質が変化することが多い。例えば，分子の平面化によりπ共役系が拡がったり[7〜9]，分子の固定化により無輻射失活が抑制され励起寿命が長くなる[10]ことが報告されている。このような現象は，原子レベルで平滑な表面を持つナノシート材料特有の性質として興味深い。その構造の可変性と相まって，粘土鉱物は，あたかも蛋白質のように機能する可能性を秘めている[12, 13]。

4 粘土鉱物-色素複合体におけるサイズマッチング則

　ここまで述べてきたように，粘土鉱物-色素複合体は興味深い性質を示す。しかし，一般的には，色素分子は無機物表面で著しく会合しやすく，分子間の光化学反応系を設計することは困難である。特にH型会合体や不規則な会合体を形成した場合には，その電子的励起状態の励起寿命は著しく短くなり分子間反応を行うことが困難となる。粘土鉱物上におけるポルフィリン色素の高密度無会合構造が作成可能であることが報告されている[14〜16]。すなわち，色素分子が分子間反応を行いうる程度に密集しながら，その分子が持っている本来の励起寿命を保ち得る[7, 17]。このことにより，粘土-色素複合体における多様な光化学反応が可能となる。様々な構造を有するポルフィリンを用いた検討がなされ，特定のポルフィリン分子のみが，粘土鉱物のイオン交換容量まで無会合吸着構造を示すことが見出された。ここで，吸着構造を決定する重要な因子は，粘土鉱物上でのアニオン電荷間距離とポルフィリン分子内でのカチオン電荷間距離の一致である

第4章 無機ナノシートの表面構造を利用した分子配列制御—人工光合成系構築を目指して—

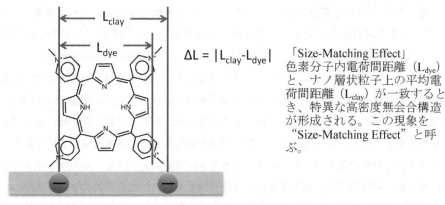

図4 サイズマッチング則
ゲスト色素分子内正電荷間距離と，粘土鉱物上負電荷間距離の関係

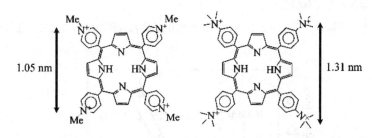

図5 p-TMPyP^{4+}（左）と p-TMAP^{4+}（右）とそれぞれの分子内正電荷間距離

ことが明らかとなり，Size-Matching Rule（サイズマッチング則）として提唱された（図4）。図5には該当する典型的なポルフィリンの構造式を示した。典型的な粘土鉱物上でのポルフィリン平均分子間距離は2.4 nm（ここで求められた分子間距離は，あくまで平均分子間距離である。しかし，2 nm 程度以内に近づいた成分が存在する場合，エキシトン相互作用により，吸収スペクトルの変化として検出可能である。この系では，エキシトン相互作用は全く見られていないため，分子間距離の分布は2.4 nm を中心として非常に小さいものであることがわかる）となり，基底状態では相互作用がないが，電子的励起状態では相互作用が可能な絶妙な分子間距離を与える。

5 粘土鉱物-色素複合体における色素分子の集合構造制御

サイズマッチング則の原理によると，電荷間距離の異なる粘土鉱物を用いれば，ゲスト色素間の分子間距離を制御可能であることが予想される。粘土鉱物の電荷間距離（電荷密度）は，表面四面体層 Si の Al による置換率で決定される。実際に Al による置換率を変化させた粘土鉱物が水熱合成され，ポルフィリン化合物との複合化について検討された[14]。組成式 $[(Si_{8-x}Al_x)(Mg_{6-y}Al_y)O_{20}(OH)_4]^{-(x-y)}$ において，$x=0.33 \sim 1.61$，$y \sim 0$ のものが合成された。この Al 置

換率は,粘土鉱物上の負電荷分布がヘキサゴナルであると仮定すると,電荷間距離が,1.92〜0.83nmであることに対応している。このような粘土鉱物と,それぞれ,分子内電荷間距離が1.05nm,1.31nmであるH_2TMPyP^{4+},H_2TMAP^{4+}(図5)との複合化挙動が検討された。

いずれの組み合わせにおいても,ポルフィリンは会合すること無く粘土鉱物上に吸着したが,その飽和吸着量は異なった。ポルフィリンの飽和吸着量が吸収スペクトル測定から求められ,飽和吸着量から見積ったポルフィリンの平均分子間距離は粘土鉱物上の電荷間距離に応じて変化することが明らかとされた。図6に,粘土鉱物上の電荷間距離と,飽和吸着時におけるポルフィリンの平均分子間距離の関係を示した。いずれのポルフィリンにおいても,ポルフィリン分子内の電荷間距離と粘土鉱物表面上の電荷間距離がほぼ一致した時に,最も平均分子間距離が小さく,すなわち,高密度な吸着が起きていることがわかる。また,ホスト材料である粘土鉱物の電荷密度の違いにより,ゲスト色素分子間距離の制御がある程度可能であることもわかり,サイズマッチング則の応用例として興味深い。

サイズマッチング則は,ホストとゲストの相互作用を最大限利用することで,相対的にゲスト-

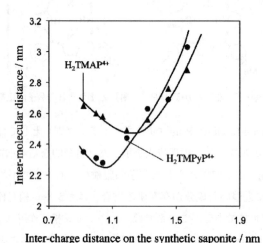

図6 粘土鉱物上の電荷間距離と飽和吸着時におけるポルフィリンの平均分子間距離の関係

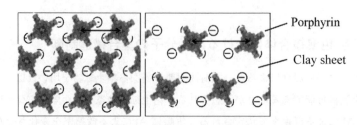

図7 粘土鉱物の電荷密度の違いを利用したポルフィリン分子間距離の制御
　　左:電荷密度の高い粘土鉱物の場合
　　右:電荷密度の低い粘土鉱物の場合

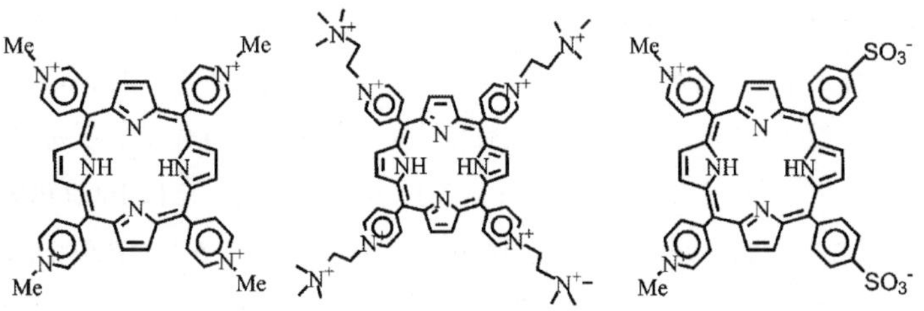

第4章　無機ナノシートの表面構造を利用した分子配列制御—人工光合成系構築を目指して—

図8　4価カチオン性ポルフィリン，8価カチオン性ポルフィリン，両性ポルフィリンの構造

ゲスト分子間相互作用を抑制している。結果として会合が起こらず，ゲスト分子は単分子的に存在することが可能となる。一方，いわゆる自己組織化現象は，ゲスト-ゲスト間の相互作用を巧みに利用することにより，分子の規則配列を達成している。従って，ゲスト分子同士が離れている，すなわち，分子間ギャップが存在する分子集合構造を作成可能であると言う点でサイズマッチング則は興味深い。では，サイズマッチング則と，ゲスト-ゲスト分子間相互作用を組み合わせることは可能だろうか？　ゲスト分子として，図8に示すような4価カチオン性ポルフィリン，8価カチオン性ポルフィリン，両性ポルフィリンを用いて，それらの複合体形成挙動が検討された[17]。平均電荷間距離が1.2nmである粘土鉱物と複合化させた場合，飽和吸着時におけるそれぞれの平均分子間距離は，2.4，2.8，2.1nmと算出された。8価カチオン性ポルフィリンでは，分子間の静電的反発が起き分子間距離が離れたとして理解できる。一方，両性ポルフィリンでは，分子間の引力が働いて分子吸着密度が上がったと考えられる。

以上述べてきたように，粘土鉱物ナノシートが有する負電荷を巧みに利用することで，その表面における興味深い分子集合構造が作成可能であり，かつ，その集合構造の制御が可能であることがわかってきた。特に，サブナノレベルでの構造制御が可能であり，距離に強く依存する化学過程，例えば，光化学反応への応用などが期待される。

6　粘土鉱物-色素複合体における光エネルギー移動反応

光化学反応は，時間と距離に強く依存する化学過程である。例えば，代表的な光化学過程である光電子移動と光エネルギー移動の速度定数は異なる距離依存性を示す。図9に特定の条件下での，光電子移動とフェルスター型エネルギー移動の速度定数の分子間距離依存性を示す。図9を見てもわかるように，分子間距離が小さい時には電子移動が優勢であり，分子間距離が大きい時にはエネルギー移動が優勢となる。すなわち，分子間距離を制御することができれば，起き得る光化学過程の効率を制御する有力な手段となり得る。

粘土鉱物上における，m-TMPyP と p-TMPyP 間のエネルギー移動が検討された[17]。p-TMPyP の粘土鉱物上における λ_{max} は，451nm であり，溶液中（421nm）に比べ大きく長波

長シフトしておりエネルギー受容体となる。一方，m-TMPyPでは，スペクトルシフトは小さくエネルギー供与体となる。定常蛍光測定，時間分解蛍光測定により，エネルギー移動効率，エネルギー移動速度定数が求められた（励起波長は，エネルギー供与体である m-TMPyP の λ_{max} である 430 nm とした）。[m-TMPyP]：[p-TMPyP]＝1：3 の時，ほぼ 100％の効率でエネルギー移動が進行することが明らかとなった。図 10 に，m-TMPyP/p-TMPyP/clay 複合体の蛍光減衰曲線を示した。エネルギー供与体の蛍光波長領域では減衰が，エネルギー受容体の蛍光波長領域では明確なライズが同じ時定数（0.4 ns）をもって観察された。この時間分解測定の解析から，エネルギー移動速度定数は $2.4 \times 10^9 \mathrm{s}^{-1}$ と求められた。ここで驚くべきことは，極めてシンプルな蛍光減衰挙動が観察されたことである。もし，二種のポルフィリン分子が相分離する等，

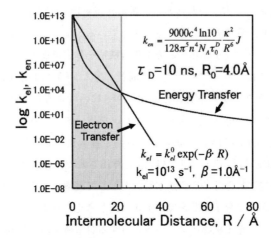

図 9　ある条件下における光電子移動と光エネルギー移動速度定数の距離依存性
　　　厳密には，電子移動の場合にはエッジ間距離，エネルギー移動の場合は中心間距離とした方が正確であろう。

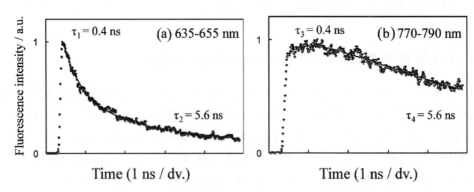

図 10　m-TMPyP/p-TMPyP/clay 複合体（90% dyes loadings vs CEC of the clay, m-TMPyP/p-TMPyP=1/3）の蛍光減衰曲線
　　(a) 635-655 nm，(b) 770-790 nm。
　　635〜655，770-790 nm の領域はそれぞれ m-TMPyP，p-TMPyP からの発光に対応している。

第4章　無機ナノシートの表面構造を利用した分子配列制御—人工光合成系構築を目指して—

偏りのある吸着分布を持ったならば，寿命成分は三成分以上の多成分になるはずである．図10の結果より，m-TMPyP/p-TMPyP/clay複合体においては，二種のポルフィリン分子は極めて均一な混合構造をとっているものと考えられる．

　このような高効率なエネルギー移動反応が達成された要因は下記のようにまとめられる．①会合体形成抑制によるエネルギー供与体分子の短寿命化の抑制，②色素分子の固定化によるエネルギー移動過程以外の蛍光消光（電子移動反応等による消光），及び，自己消光の抑制，③エネルギー供与体とエネルギー受容体が相分離せず有効な隣接が起きること，などの要因が重要である．いずれの要因の実現に対しても，サイズマッチング効果が重要な役割を果たしていると考えられる．①会合体形成の抑制については既に述べているが，②蛍光消光の抑制に関してもサイズマッチング則が機能していると考えられる．すなわち，サイズマッチング則を満たす色素は粘土鉱物表面に強力に吸着しており，ポルフィリン分子の粘土表面での運動が抑制されていると考えられる．電子移動には分子同士の近接が必要であるが，サイズマッチング効果により，分子同士の近接が妨げられ自己消光の原因となる電子移動過程が完全に抑制されたものと考えられる．固体表面，無機ナノシート表面の化学反応においては，③の異種分子の有効な隣接は重要な問題である．無機表面では，同種分子が寄り集まることにより図11（a）偏析の状態が見られることが多い[18]．このようなケースでは異種分子同士の接触が有効でなく，分子間反応に対して大きな障害となる．サイズマッチング則の働く系では分子間距離が離れており，分子間での相互作用が弱いため，（b）均一分布が有利になったものと考えられる．

　色素-粘土鉱物複合体の特徴は，化学的に非常に安定であり，かつ，容易に改変が出来ることである．例えば，ここで紹介した二成分系のエネルギー移動反応に，さらに数種の色素を追加す

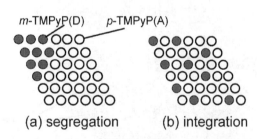

図11　異種色素分子の（a）偏析と（b）均一分布

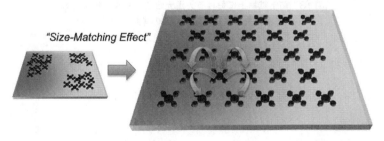

図12　ナノシート（粘土鉱物）上における高効率エネルギー移動反応

ることが可能であろう。このように複数の色素を組み合わせることが可能であるならば，太陽光，すなわち，可視光全域を吸収する光化学系，人工光捕集系の構築が期待できる。

7 人工光合成系の構築に向けて

　無機ナノシート，特に粘土鉱物は原子レベルでの極めて高い平面性，興味深い電荷分布を有するホスト材料である。このような化学反応場は特殊な機能を有することが期待されるが，本稿では特に光化学反応場としての立場から興味深い現象を記述した。無機ナノシートをホスト材料とした系の特徴として，その安定性の高さや，応用発展を行いやすいことが挙げられる。例えば，ここで述べてきた粘土鉱物-色素複合体においては，更に他の色素が混在した複合体の作成も可能である。数種の色素を混在させて，可視光全域を吸収可能とし，一種類の色素にそのエネルギーを集めることができれば有効な人工光捕集系となろう。従来，多くの優れた人工光捕集系が報告されてきたが，天然の光合成のように電子移動等の後続反応と組み合わせた例は少ない。本系の高い安定性を利用することにより，複合体中に有用な光物質変換系[19, 20]を組み込むという，光エネルギー捕集後の後続反応への連結も視野に入りつつある（図13）。層状化合物を用いて，光エネルギーを力学エネルギーに変換するような系も報告されている[21]。光化学の発展を考えるとき，反応場，ホスト材料は極めて重要な役割を果たすはずであり，その中でもナノシート材料を用いた研究の一層の発展が期待される。

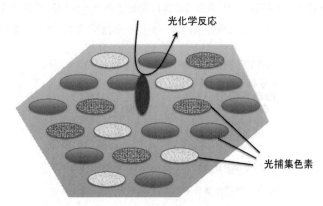

図13　粘土鉱物上における人工光合成型物質変換反応系
（光捕集系と物質変換反応系の連結）のイメージ

第4章　無機ナノシートの表面構造を利用した分子配列制御―人工光合成系構築を目指して―

文　　献

1) 無機ナノシートの科学と応用，シーエムシー出版
2) M. Ogawa, K. Kuroda, *Chem. Rev.*, **95**, 399 (1995)
3) K. Takagi, T. Shichi, *J. Photochem. Photobiol. C: Photochem. Rev.*, **1**, 112 (2000)
4) S. Takagi, M. Eguchi, D. A. Tryk, H. Inoue, *J. Photochem.Photobiol. C: Photochem. Rev.*, **7**, 104 (2006)
5) S. Takagi, T. Shimada, D. Masui, H. Tachibana, Y. Ishida, D. A. Tryk, H. Inoue, *Langmuir*, **26**, 4639 (2010)；M. Sumitani, S. Takagi, Y. Tanamura, H. Inoue, Analytical Sciences, **20**, 1153 (2004)
6) Y. Suzuki, Y. Tenma, Y. Nishioka, K. Kamada, K. Ohta, J. Kawamata, *J. Phys. Chem. C*, **115**, 20653 (2011)
7) S. Takagi, T. Shimada, M. Eguchi, T. Yui, H. Yoshida, D. A. Tryk, H. Inoue, *Langmuir*, **18**, 2265 (2002)
8) Z. Chernia, D. Gill, *Langmuir*, **15**, 1625 (1999)
9) V. G. Kuykendall, J. K. Thomas, *Langmuir*, **6**, 1350 (1990)
10) G. Villemure, C. Detellier, A. G. Szabo, *J. Am. Chem. Soc.*, **108**, 4658 (1986)
11) R. Sasai, N. Iyi, T. Fujita, F. L. Arbeloa, V. M. Martínez, K. Takagi, H. Itoh, *Langmuir*, **20**, 4715 (2004)
12) 高木慎介，井上晴夫，ナノ層状環境の蛋白質と類似した機能性，化学工業，**60**, 65 (2009)
13) M. Sasaki, T. Fukuhara, *Photochemistry and Photobiology*, **66**, 716 (1997)
14) T. Egawa, H. Watanabe, T. Fujimura, Y. Ishida, M. Yamato, D. Masui, T. Shimada, H. Tachibana, H. Yoshida, H. Inoue, S. Takagi, *Langmuir*, **27**, 10722 (2011)
15) M. Eguchi, S. Takagi, H. Tachibana, H. Inoue, *J. Phys. Chem. Solids*, **65**, 403 (2004)
16) S. Takagi, S. Konno, Y. Aratake, D. Masui, T. Shimada, H. Tachibana, H. Inoue, Microporous & Mesoporous Materials, 141, 38 (2011)
17) Y. Ishida, T. Shimada, D. Masui, H. Tachibana, H. Inoue, S. Takagi, *J. Am. Chem. Soc.*, **133**, 14280 (2011)；Y. Ishida, D. Masui, H. Tachibana, H. Inoue, T. Shimada, S. Takagi, ACS Applied Materials & Interfaces, **4**, 811 (2012)
18) P. K. Ghosh, A. J. Bard, *J. Phys. Chem.*, **88**, 5519 (1984)
19) S. Funyu, T. Isobe, S. Takagi, D. A. Tryk, H. Inoue, *J. Am. Chem. Soc.*, **125**, 5734 (2003)
20) H. Inoue, S. Funyu, Y. Shimada, S. Takagi, *Pure Appl. Chem.*, **77**, 1019 (2005)
21) Y. Nabetani, H. Takamura, Y. Hayasaka, T. Shimada, S. Takagi, H. Tachibana, D. Masui, Z. Tong, H. Inoue, *J. Am. Chem. Soc.*, **133**, 17130 (2011)

第5章　無機ナノシートを利用したセルフクリーニングガラスの開発

志知哲也[*1]，勝又健一[*2]

1　はじめに

　工業製品に様々な機能性を賦与する無機コート膜は，通常，金属アルコキシドを用いたゾル－ゲル法，金属酸化物微粒子の焼き付け，あるいはCVDやスパッタといった蒸着法などを用いるのが一般的である。いずれの原材料も形状としては等方的であり，異方性をもつ材料を使うことはごく稀と言ってよい。しかしながら，ナノシート材料のように特異な形状を有する原材料を用いることによって，機能性を高めたり，本来の機能に加えてプラスアルファの特徴を与えたりすることができる。本章では，無機ナノシート材料の工業製品への応用の一例として，チタニアナノシートおよびニオビアナノシートを利用した高硬度・高平滑光触媒コーティングガラスの開発と，鉄道車両などの輸送機械用窓への応用の取り組みについて紹介する。

2　開発の背景

　新幹線をはじめとする鉄道車両やバスなどの大型の乗り物では，窓ガラスの汚れが問題となっている。鱗状痕と呼ばれるガラスの白化現象のひとつで，洗車に使われる水の成分が水滴の形にガラス表面で析出して固着していき，魚のウロコのような模様を形成する汚れである。鱗状痕は一旦固着してしまうと薬液洗浄など通常の方法では除去することが難しく，研磨する以外に方法がないため，多大な労力をかけて除去・洗浄しているのが現状である。この鱗状痕はガラス表面に形成される水滴の形に形成されていくため，これを防止するためには水滴形成を抑止することが最も効果的な方法と考え，光触媒の超親水表面を利用した鱗状痕防止技術の開発に取り組んだ。

　光触媒コーティングガラスは既にさまざまな商品が市販されている。しかし，高速での走行や日々行われるブラシ洗車など，実際の車両の過酷な使用環境に耐えるものは存在しなかった。そこで，酸化物ナノシートが物理的に強いコート膜を形成する特性を利用し，親水性のみならず高い耐久性を併せ持った光触媒コーティングガラスの開発と，その実用化に関する取り組みを進めた。

---

　　*1　Tetsuya Shichi　東海旅客鉄道㈱　総合技術本部　技術開発部
　　*2　Ken-ichi Katsumata　東京工業大学　応用セラミックス研究所　材料融合システム部門　助教

第5章　無機ナノシートを利用したセルフクリーニングガラスの開発

3　窓ガラスの鱗状痕形成[1]

　窓ガラスに付着する鱗状痕は，洗車に使われる水の成分が次第に堆積し固着していくことにより形成される汚れで，特に鉄道車両やバスなどの大型の車両でしばしば見られる。図1は鉄道車両の窓ガラスに付着した鱗状痕の写真である。その成分を分析してみると，SiO_2とCaOが主成分であった。鉄道車両は概ね数日に1回のペースで洗車が行われる。洗車にはケイ酸塩などの溶質が多く含まれる工業用水（地下水）が使われるため，水に含まれる成分が水滴と共にガラスの表面に付着していく。自家用の小型乗用車であれば，洗車後すぐに水滴を拭き取るため，たとえ地下水を使用したとしてもケイ酸塩は表面に残らないが，大型車両の場合には拭き取ることができないため，水滴が乾くとその形にケイ酸塩が残存することになる。次の洗車の際にはケイ酸塩が付着した部分に水滴が付きやすく，次第に何層も汚れが堆積し，やがては白いウロコ状の模様となってしまう。このような鱗状痕は溶質の多い地下水を使う場合に特に顕著であり，車両用窓ガラス特有の問題となる。一方で，雨水は溶質が少ないため，建物のガラス窓では鱗状痕の形成は通常問題とならない。

　鱗状痕を抑制する方策はいくつか存在する。洗浄水中の溶質を除去する水処理装置が実用化されており，効果も確認されているが，コスト的な問題のため広く導入されるには至っていない。観光バスは窓からの眺望が重要であるため，洗車後に拭き取りを行い，鱗状痕を防止しているが，経費を抑える必要がある路線バスでは拭き取りを行わないため，鱗状痕が形成しやすい。東海道新幹線の場合，サービス向上の観点から定期的にガラス表面を研磨して鱗状痕を除去しているが，鱗状痕は非常に強くガラスに固着しているため完全に取り除くことは難しく，また一編成あたり数百枚におよぶガラスの研磨作業には莫大な労力を要している（図2）。

図1　鉄道車両側窓の鱗状痕

図2　研磨剤による鱗状痕の除去作業

4 車両用光触媒コーティングガラス

酸化チタン光触媒の作用には，光触媒反応による有機物の酸化分解と表面が水になじみやすくなる光誘起超親水性がある。問題の珪素やカルシウムなどのケイ酸塩成分そのものは光触媒の酸化分解機能では分解できないが，超親水性表面とすることで鱗状痕形成を防止できる。ガラスの表面にはもともと水酸基が多数存在しているため親水性は高いが，ある程度使用していくと汚れの付着などにより親水性が低下する。そのような表面に水が付くと水滴状になり，それが乾く過程で鱗状痕が形成されてしまう。そこで，ガラス表面への光触媒コーティングを行って超親水性を保てば，水滴は薄い水膜状にぬれ広がり，乾いた後でも鱗状痕にならず，ケイ酸塩による汚れを目立たなくすることができる。

光触媒コーティングガラスはすでに各社から販売されている。チタンアルコキシドをゾル-ゲル法で製膜したものや酸化チタン光触媒粒子をバインダーで固定したもの，CVD で製膜したものなど，製造方法にはいくつかの種類があるが，その用途は専ら建材用ガラスである。新幹線車両用に用いる場合，日々の洗車や高速走行に耐える膜強度，特に耐摩耗性が求められるが，既存の光触媒コーティングガラスはそれほどの耐摩耗性はない。既存のガラスに後施工で光触媒をコーティングするコート剤もあるが，膜強度はさらに劣るため定期的な塗り直しを前提としなくてはならない。塗りなおしのための専用設備の新設は，設備投資のコストや検査・整備工程の変更などさまざまな制約から難しく現実的ではない。つまり，新幹線車両用光触媒コーティングには，光触媒活性や超親水性に加えて，十数年におよぶ使用期間の間，その性能を発揮する強い膜強度が求められる。

そこで，我々が着目したのは通常光触媒に用いられるナノ粒子ではなく，鱗片状の構造を持つ金属酸化物ナノシートである。既存の光触媒は直径が 10 nm 程度の球形をしたアナターゼ構造の酸化チタンを用いている。これを用いた場合，粒子同士あるいはガラス基板と粒子は点接触となるため接触面積が小さく，密着強度には限界がある。しかし，酸化チタンのナノシートはごく薄いシート状の酸化チタンがガラス表面を覆うため，粒子同士や基板との接触面積が大きくなり硬い膜を形成することができる。このような考えを基にナノシートを原料とした光触媒コーティングガラスの開発を行った。

5 チタニアナノシート光触媒

チタニアナノシート（TNS）は層状チタン酸塩をホスト層 1 枚にまで剥離することによって得られたものであり，水平方向にはミクロンオーダーの大きさを有しながら垂直方向にはナノオーダーの厚みしかない高アスペクト比の極限的な二次元構造である[2~6]。我々は，まずレピドクロサイト型の層状チタン酸塩を合成し，それを単相剥離してチタニアナノシートを得ることにした。

第5章　無機ナノシートを利用したセルフクリーニングガラスの開発

　層状チタン酸塩の合成には簡易で工業的にも適用可能と考えられる固相法を選び，炭酸セシウム（Cs_2CO_3）と酸化チタン（TiO_2）の粉末を混合焼成して層状チタン酸塩（$Cs_{0.7}Ti_{1.825}\square_{0.175}O_4$）を合成した。その後，酸処理により層間をプロトン化した。最後に，アミン系の剥離剤を用いて単層剥離し，溶液中の固形分濃度，pH，溶媒等を調製してチタニアナノシート光触媒コーティング剤を得た。ガラスへコーティングする方法には，スピンコート法，ディップコート法，フローコート法など通常の液相コーティングを用いることができる。試験的にはディップコート法を用いたが，実際の窓に使われる大きなガラスに対してはフローコート法で行った。

　実験的に石英や無アルカリガラス上に製膜したコート膜は焼成することによって硬化し，光誘起超親水性と光触媒活性を示したが，一般的に使用されているソーダライムガラス（並ガラス）の基板では超親水性も光触媒活性も示さなかった。これは，焼成過程においてガラス中に含まれている網目修飾酸化物成分の一つであるナトリウムイオン（Na^+）がガラス内部から光触媒層となるチタニアナノシートへと熱拡散し，光触媒活性を低下させるためである[7, 8]。この低下の原因は，ナトリウムイオンとチタニアナノシートが反応してチタン酸ナトリウムになるため，またはナトリウムイオンがナノシートを形成する結晶構造からアナターゼ型結晶構造への相転移を抑制するためと考えられている。そこで，アルカリバリア層となる下地膜を種々検討し，ナノシートをコーティングする前に製膜・焼成することによって良好な活性を得ることができた（図3）。

　チタニアナノシート光触媒ガラスは400℃以上の焼成によりガラスと強固に密着し，鉛筆引っ掻き試験（JIS K 5400）から9H以上の膜硬度を持つことが分かった。また，濁度（JIS K

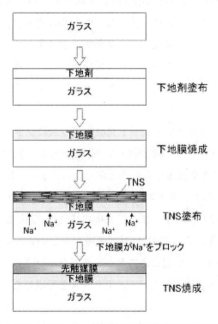

図3　チタニアナノシート（TNS）光触媒ガラスの製造プロセス

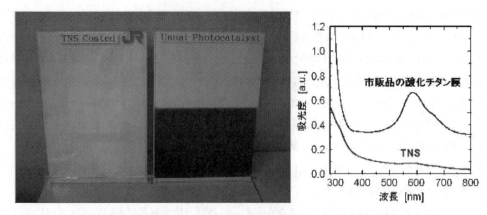

図4 チタニアナノシート（左）と市販の光触媒コート剤（右）を用いて
作製した光触媒ガラスの防汚性
左：外観写真，右：メチレンブルー溶液浸漬後のUV-Vis吸収スペクトル。

7136）は0.5％以下と非常に優れた透明性を有していた。図4は作製したチタニアナノシート光触媒ガラスと市販の光触媒コーティング溶剤を用いて同様にコーティング・焼成したガラスをメチレンブルー水溶液に浸して初期防汚性を比較した結果である。写真から市販品で作製した光触媒ガラス表面には濃い色素が付着しているが，チタニアナノシート光触媒ガラスはほとんど付着していないことが分かる。加えて，右図の紫外可視吸収スペクトルから，チタニアナノシート光触媒ガラスではメチレンブルーに由来する吸収がほとんどないことが確認できる。これは，市販品を用いた光触媒ガラスの表面は10～20nmの粒子状であるのに対して，チタニアナノシート光触媒ガラスの表面はシート状で平滑性に優れているために汚れ物質が付着しにくいためだと考えられる。右側のガラスは日光に当てておくと光触媒分解反応によって透明に戻るが，表面積が大きいために汚れを吸着しやすい。有害物質の分解を目的とする用途には，粗く表面積の広い従来型の光触媒コーティングが有効であるが，セルフクリーニングを目的とする場合には平滑な表面が適していると考えられる[9]。

図5は500℃で焼成したチタニアナノシート光触媒ガラスにブラックライトを用いて紫外光を照射した時の水接触角変化と，その表面のAFM像である。表面の算術平均粗さ（Ra）は1.19nmでナノオーダーの平滑な表面であることが分かる。また，紫外光照射によって水接触角は小さくなり，約2時間後には5°以下の超親水性状態となった。チタニアナノシートの膜は焼成温度が400℃を超えると硬さが増す。また，光触媒活性は450℃を超えると発現するようになる。X線回折や熱分析の結果から，350℃付近で剥離剤などの成分が燃焼し，400～450℃の領域でアナタースへの結晶構造の変化が起こることが示された。つまり，結晶相が変化することによって基板と結合を形成して密着性が向上し，アナタースを形成して光触媒膜へと変化したと考えられる。

図6は同じチタニアナノシート光触媒ガラスを用いて光触媒工業会の「光触媒製品における湿

第 5 章　無機ナノシートを利用したセルフクリーニングガラスの開発

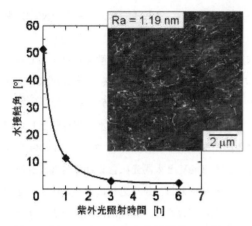

図5　チタニアナノシート光触媒ガラス表面の
　　AFM 像と紫外光照射に伴う水の接触角変化
　　紫外光照射強度：$1.0\mathrm{mW/cm^2}$。

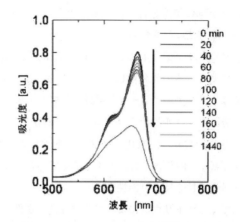

図6　チタニアナノシート光触媒ガラスのメチ
　　レンブルー分解試験

式分解性試験方法」に準拠して，メチレンブルーの分解試験を行った結果である。紫外光照射時間が長くなるに伴いメチレンブルーの吸収ピークが小さくなっていることから，チタニアナノシート光触媒ガラスは酸化分解活性を持っていることが分かる。

　このチタニアナノシート光触媒ガラスの耐摩耗性を洗車ブラシ試験によって確認した。ガラスは回転するナイロン製の洗車ブラシで日々洗われるが，この洗車機の模擬装置を使って数年分の洗車と同等の負荷をかけたが，塗膜の剥がれや傷もなく，親水性能も維持していた。そこで，我々は新幹線に搭載するためのチタニアナノシート光触媒コーティングガラスを試作した。大きく厚いガラスであるため，焼成時の湾曲や歪を抑えるのに苦労したが，作製した新幹線用チタニアナノシート光触媒ガラスは，新幹線用ガラスとしての強度や様々な耐久性試験に合格した。現在，新幹線 N700 系先行試作車のグリーン車の窓ガラスにチタニアナノシート光触媒ガラスを搭載し，現在も耐久性とセルフクリーニング性能の調査を継続して行っている。

6　ニオビアナノシート光触媒

　チタニアナノシート光触媒ガラスは硬い膜とセルフクリーニング性能を有しており，技術的には車両用光触媒ガラスとして応用が可能なレベルであった。しかしながら，図3で示したように下地膜が必要であるため，コート液塗布と焼成が2回ずつ必要であり，製造プロセスが煩雑でコストがかかり過ぎることがわかった。また，ナトリウムイオンの膜内への拡散をブロックする下地膜は非常に緻密であるため，焼成時に収縮を起こしてガラスが歪むという問題も生じ，これを回避するために熱履歴や温度分布など微妙な管理が必要で，生産性を上げられないこともわかった。新幹線だけではなく一般的な車両用として応用するにはコストダウンが必須である。このような理由から，焼成が不要な下地膜の探索やナトリウム拡散が問題とならない短時間焼成など

様々な試行錯誤を行った結果，チタニアナノシートではなく，ニオビアナノシート（NNS）を用いる方法に辿り着いた。

層状ニオブ酸をホスト相とする KNb_3O_8，$K_4Nb_6O_{17}$，$H_4Nb_6O_{17}$ などは光触媒材料として知られており，水の光分解による水素生成や有機物の分解などが報告されている[10~28]。層状ニオブ酸はチタニアナノシートと同様にしてニオビアナノシートへと剥離することが可能である[29~31]。一方，タンタル酸ナトリウム（$NaTaO_3$）はペロブスカイト構造で高活性な水分解材料として報告されており[32]，酸化ニオブとナトリウムの化合物であるニオブ酸ナトリウム（$NaNbO_3$）は $NaTaO_3$ と同じペロブスカイト構造でバンドギャップが3.4eVと太陽光に含まれる紫外波長域で光触媒活性を持つ可能性がある。ニオビアナノシートを用いれば，焼成過程にガラス中から拡散してくるナトリウムによって光触媒活性が低下しないだけではなく，積極的に熱拡散ナトリウムを利用して $NaNbO_3$ を形成し，新たな光触媒ガラスとなると考えられた。そこで，下地膜を必要としない低コストの光触媒ガラスの開発を目的として，光触媒コーティング剤の開発とこれをガラスへ塗布したニオビアナノシート光触媒ガラスの研究を行った。

ニオビアナノシートは NbO_6 八面体を基本として2種類のホスト層となる組成（$[Nb_3O_8]^-$，$[Nb_6O_{17}]^{4-}$）があり，ホスト層全体が負電荷となるため層間に陽イオンを取り込んで電荷のバランスを保って層構造を形成している。2種類のうち $[Nb_6O_{17}]^{4-}$ シートはシートの上と下では NbO_6 八面体の並びが対称ではなく，1つの面は他方より空間的に密に充填されている（図7左）[33]。このため，シートの上下で同じ電荷数にはならないため，剥離したときに応力の差が生じ，スクロールしてチューブ状になる。一方，$[Nb_3O_8]^-$ シートはシートの上下で電荷のバランスがとれている（図7右）。そのため剥離後もシート状を保っていた。そこで，ニオビアナノシ

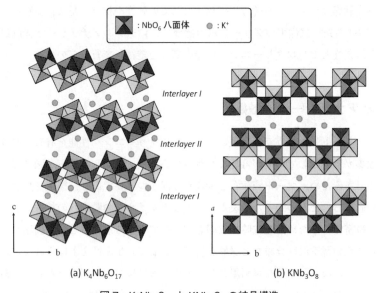

図7　$K_4Nb_6O_{17}$ と KNb_3O_8 の結晶構造

第5章　無機ナノシートを利用したセルフクリーニングガラスの開発

ートとして［Nb_3O_8］⁻組成を選び，チタニアナノシートと同じ固相法で層状ニオブ酸塩を合成し，酸処理で層間をプロトン化した。最後に，剥離剤を用いて単層剥離し，ニオビアナノシート光触媒コーティング剤を調製した。

　ガラスにコーティングして焼成したニオビアナノシート光触媒ガラスの濁度は0.5以下であり非常に優れた透明性を有していた。膜は450℃以上の焼成によって強固にガラスと密着し，新幹線の側窓ガラスに適用可能な物理的耐久性を有していることが確認できた。図8はソーダライムガラス上に形成したニオビアナノシート薄膜の焼成後のXRDパターンである。焼成温度350℃ではナノシート由来の低角側の回折しか見られないが，400℃以上で$NaNb_3O_8$のピークが現れ，さらに高温では$NaNb_3O_8$のピークが消失し$NaNbO_3$が観測された。400℃付近で剥離剤が燃焼し，そこへガラス基板からナトリウムが拡散して$NaNb_3O_8$が形成され，高温ではナトリウム拡散が多くなり$NaNbO_3$が生成することを示唆している[30]。これらの結果より，基板からの熱拡散ナトリウムとニオビアナノシート薄膜が反応することで，密着性が向上していると考えられる。

　図9は500℃で焼成したニオビアナノシート光触媒ガラスへブラックライトを用いて紫外光を照射した時の水接触角変化とその表面のAFM像である。表面はシート状で一様に覆われ，その算術平均粗さ（Ra）は0.68nmで非常に平滑な表面であることが分かる。また，紫外光照射によって水接触角は小さくなり，約4時間後には5°以下の超親水性状態となった。ニオビアナノシート光触媒ガラス（$NaNbO_3$）は，チタニアナノシートに比較すると分解活性は小さい[30, 34, 35]が，光誘起超親水性は同等の性能を示した。

　図10は，ニオビアナノシート光触媒ガラスに，実際に車両洗浄に使用している水を使って鱗状痕形成の再現試験を行った結果である。人工太陽灯で照射しながら洗浄用水を定期的に吹き付

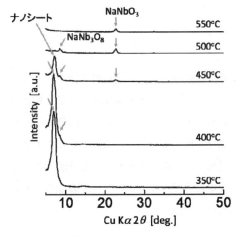

図8　焼成によるニオビアナノシート薄膜の
　　　XRDパターン変化

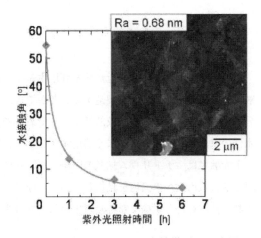

図9　ニオビアナノシート光触媒ガラス表面の
　　　AFM像と紫外光照射に伴う水の接触角変化
　　　紫外光照射強度：1.0mW/cm²。

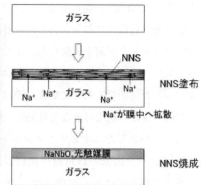

図10 無コートのガラス（左）とニオビアナノシート光触媒ガラス（右）の鱗状痕再現試験後の外観写真

図11 ニオビアナノシート（NNS）光触媒ガラスの製造プロセス

け，乾燥させるというサイクルを繰り返し，鱗状痕を人工的に形成させた。コーティングがないガラスでは鱗状痕が生成して汚れているのに対し，ニオビアナノシート光触媒ガラスでは鱗状痕が見られずセルフクリーニング性能を有していることがわかる。この結果から，分解活性が低くても光誘起超親水性があれば，鱗状痕の形成が防止できることが確認された[9, 30]。

このニオビアナノシート光触媒ガラスは，下地膜を必要とせず1回のコーティングと1回の焼成で製造することができる（図11）。酸化ニオブは酸化チタンよりも材料自体は高価であるが，強化ガラスや曲面ガラスは製造工程において500～600℃に加熱する工程があるため，このガラスの加熱工程とコート膜の焼成工程を兼ねることで，プロセス全体のコストを低減できる。我々は強化ガラスの製造工程前段にコーティングを行ってニオビアナノシート光触媒膜付きの強化ガラスを試作し，現在曝露試験による性能の検証と耐久性の確認を行っている。

7 おわりに

酸化物ナノシートの二次元形状を利用することにより，これまでにない高い耐久性を有する光触媒ガラスコーティングを製造することができた。ニオビアナノシート光触媒ガラスは，光触媒分解活性は低いものの，比較的低コストで製造できるため，セルフクリーニングや防曇など超親水性の求められるガラスへ広く適用することを目標に開発を進めている。一方のチタニアナノシート光触媒は，ナトリウム拡散の問題がない基材への適用や，コストがかかっても分解活性が必要とされる用途への適用を目指している。今後，化学組成だけでなく，ナノシートのように形状の特異性がもたらす様々な特徴を生かした材料開発に大いに期待したい。

第 5 章　無機ナノシートを利用したセルフクリーニングガラスの開発

文　　献

1) 磯田弘則, 林亮一, 坂口敦, 渡辺勝美, R&M（日本鉄道車両技術協会誌）, **11**（5）, 31（2003）
2) 黒田一幸, 佐々木高義, 無機ナノシートの科学と応用, p.137（シーエムシー出版, 2005）
3) T. Sasaki and M. Watanabe, *J. Am. Chem. Soc.*, **120**, 4682（1998）
4) T. Sasaki and M. Watanabe, *J. Phys. Chem. B*, **101**, 10519（1997）
5) W. Sugimoto, O. Terabayashi, Y. Murakami, Y. Takasu, *J. Mater. Chem.*, **12**, 3814（2002）
6) N. Miyamoto, K. Kuroda, M. Ogawa, *J. Mater. Chem.*, **14**, 165（2004）
7) Y. Paz, Z. Luo, L. Rabenberg, A. Heller, *J. Mater. Res.*, **10**, 2842（1995）
8) Y. Paz, A. Heller, *J. Mater. Res.*, **12**, 2759（1997）
9) 志知哲也, 勝又健一, 表面技術, **6**, 30（2010）
10) A. Kudo, A. Tanaka, K. Domen, K. Maruya, A. Aika, T. Onishi, *J. Catal.*, **111**, 67（1988）
11) A. Kudo, K. Sayama, A. Tanaka, K. Asakura, K. Domen, K. Maruya, T. Onishi, *J. Catal.*, **120**, 337（1989）
12) K. Domen, A. Kudo, A. Shinozaki, A. Tanaka, T. Onishi, *Catal. Today*, **8**, 77（1990）
13) K. Sayama, A. Tanaka, K. Domen, K. Maruya, T. Onishi, *Catal. Lett.*, **4**, 217（1990）
14) K. Sayama, A. Tanaka, K. Domen, K. Maruya, T. Onishi, *J. Phys. Chem.*, **95**, 1345（1991）
15) A. Kudo, A. Tanaka, K. Domen, K. Maruya, T. Onishi, *Bull. Chem. Soc. Jpn.*, **65**, 1202（1992）
16) Y. I. Kim, S. J. Atherton, E. S. Brigham, T. E. Mallouk, *J. Phys. Chem.*, **97**, 11802（1993）
17) K. Domen, Y. Ebina, S. Ikeda, A. Tanaka, J. N. Kondo, K. Maruya, *Catal. Today*, **28**, 167（1996）
18) R. Abe, K. Shinohara, A. Tanaka, M. Hara, J. N. Kondo, K. Domen, *Chem. Mater.*, **9**, 2179（1997）
19) K. Sayama, K. Yase, H. Arakawa, K. Asakura, A. Tanaka, K. Domen, T. Onishi, *J. Photochem. Photobiol. A: Chem.*, **114**, 125（1998）
20) K.-H. Chung, D.-C. Park, *J. Mol. Catal. A: Chem.*, **129**, 53（1998）
21) H. Hayashi, Y. Hakuta, Y. Kurata, *J. Mater. Chem.*, **14**, 2046（2004）
22) G. Zhang, J. Gong, X. Zou, F. He, H. Zhang, Q. Zhang, Y. Liu, X. Yang, B. Hu, *Chem. Eng. J.*, **123**, 59（2006）
23) G. Zhang, F. He, X. Zou, J. Gong, H. Tu, H. Zhang, Q. Zhang, Y. Liu, *J. Alloys Compds.*, **427**, 82（2007）
24) K. Teshima, Y. Niina, K. Yubuta, T. Suzuki, N. Ishizawa, T. Shishido, S. Oishi, *Eur. J. Inorg. Chem.*, 4687（2007）
25) M. C. Sarahan, E. C. Carroll, M. Allen, D. S. Larsen, N. D. Browning, F. E. Osterloh, *J. Solid State Chem.*, **181**, 1678（2008）

26) G. Zhang, F. He, X. Zou, J. Gong, H. Zhang, *J. Phys. Chem. Solids*, **69**, 1471 (2008)
27) M. Kitano, M. Hara, *J. Mater. Chem.*, **20**, 627 (2010)
28) T. K. Townsend, E. M. Sabio, N. D. Browning, F. E. Osterloh, *Chem Sus Chem*, **4**, 185 (2011)
29) G. B. Saupe, C. C. Waraksa, H.-N. Kim, Y. J. Han, D. M. Kaschak, D. M. Shinner, T. E. Mallouk, *Chem. Mater.*, **12**, 1556 (2000)
30) K. Katsumata, S. Okazaki, C. E. J. Cordonier, T. Shichi, T. Sasaki, A. Fujishima, *ACS Appl. Mater. Interfaces*, **2**, 1236 (2010)
31) T. Shibata, G. Takanashi, T. Nakamura, K. Fukuda, Y. Ebina, T. Sasaki, *Energy Environ. Sci.*, **4**, 535 (2011)
32) H. Kato, K. Asakura and A. Kudo, *J. Am. Chem. Soc.*, **125**, 3082 (2003)
33) M. Gasperin, M. T. L. Bihan, *J. Solid State Chem.*, **43**, 346 (1982)
34) K. Katsumata, C. E. J. Cordonier, T. Shichi, A. Fujishima, *J. Am. Chem. Soc.*, **131**, 3856 (2009)
35) K. Katsumata, C. E. J. Cordonier, T. Shichi, A. Fujishima, *Mater. Sci. Eng. B*, **173**, 267 (2010)

【第Ⅱ編　ハイブリッド材料】

第6章　ポリマークレイナノコンポジット材料の合成と特性

加藤　誠*

1　はじめに

　高分子材料の分野では，ガラス繊維やタルクなどの無機充填材を複合化し，様々な用途に使用できるよう特性を改善した複合材料が開発されてきた。ところが，ガラス繊維やタルクはミクロンからミリメートルオーダーのサイズを有する物質であり，高分子（ポリマー分子）そのものからみると巨大なサイズの物質で，いささか擬人的ではあるが，違和感があると言えよう。一方，ガラス繊維やタルクに比べ，サイズが一桁小さいナノメートルオーダー（1～100 nm程度）の物質で補強された高分子材料が，近年，注目を浴びており，それらを対象とした研究・開発への取り組みや発現する新しい機能を活かした製品の市場への上市が相次いでいる。上記高分子複合材料はポリマー系ナノコンポジットと呼ばれ，このような材料では従来の複合材料で用いられてきたガラス繊維や無機充填材などによる複合化では得られない物性や機能の発現あるいはその可能性が見出されている。例えば，少量の無機充填材をナノメートルオーダーで分散させ複合化させると，機械物性や耐熱性が飛躍的に向上する，物質の透過性が抑制される，電気絶縁性が高くなるなどである。

　高分子複合材料は，中條によると系の組合せと分散相の大きさによって，表1のように分類される[1]。ポリマー系ナノコンポジットは，これらの中で，分散相の大きさが1～100 nmサイズのものを言う。これには，ポリマー／ポリマーの組合せの場合のモレキュラーコンポジット，ポリマー／フィラーの組合せの場合のポリマー／超微粒子フィラー複合系の2つがある。このような

表1　高分子複合材料の分類

系の組合せ	分散相の大きさ（nm）				
	>1,000 （>1μm）	100～1,000 （0.1～1μm）	1～100 （0.001～0.1μm）		0.5～10
ポリマー／低分子物	−	−	−		外部可塑化 ポリマー
ポリマー／ポリマー	マクロ相分離型 ポリマーブレンド	ミクロ相分離型 ポリマーアロイ	モレキュラー コンポジット	完全相溶型 ポリマーアロイ	ポリマー系 ナノコンポジット
ポリマー／フィラー	ポリマー／フィラー 複合系①	ポリマー／フィラー 複合系②	ポリマー／超微粒子 フィラー複合系		

*　Makoto Kato　㈱豊田中央研究所　有機材料・バイオ研究部　塗料研究室　室長

表2 粒子半径と粒子間距離および粒子の全表面積との関係
（体積濃度2％を仮定した場合）

分散系の種類	粒子半径 nm	粒子半径 μm	粒子間距離 (nm)	粒子の全相対表面積
マクロ分散系	40,000	40	160,000	1
ミクロ分散系	400	0.4	1,600	100
ナノコンポジット	4	0.004	16	10,000

　ナノコンポジット系では，表2[2)]に示すように体積濃度を一定とした場合，分散している粒子の全表面積は，マクロ分散系，ミクロ分散系に比べて圧倒的に大きい。その結果として，分散相とマトリックス間の相互作用は，ミクロンオーダーでの分散に比べ，著しく大きく，ポリマーの分子運動が強く拘束される。これにより，ポリマー系ナノコンポジットの優れた特性が発現する。

　ポリマー系ナノコンポジットの中で，近年，最も注目されているのが，ポリマークレイナノコンポジットである。世界で初めて実用化したポリマークレイナノコンポジットは，豊田中央研究所が80年代後半に研究開発した技術を基に，トヨタ自動車，宇部興産が実用化したナイロン6クレイハイブリッド，NCHである。NCHの成功が発端となって，ポリマークレイナノコンポジットの概念が急速に世界に広まり，現在のポリマークレイナノコンポジットの急速な発展につながっている。

2　ポリマークレイナノコンポジット

　ポリマークレイナノコンポジットは，マトリックスを形成するポリマーの中に粘土鉱物がナノメートルオーダーで分散した高分子複合材料である。粘土鉱物とは，粘土を精製すると得られる結晶性のケイ酸塩化合物であるが，多種ある粘土鉱物の中で，ポリマークレイナノコンポジットでは，主としてモンモリロナイトと呼ばれる粘土鉱物が用いられる。モンモリロナイトは，ベントナイトと呼ばれる粘土の主成分で，スメクタイト族の粘土鉱物である。モンモリロナイトは，図1に示すように幅100nmで厚さ1nmの板状の結晶層（以下，シリケート層とよぶ）が積層した構造をしている。シリケート層は，アルミニウムを中心金属とした$Al_2(OH)_6$の八面体構造からなる八面体シートが，ケイ素を中心金属とした$Si_4O_6(OH)_4$の四面体構造からなる四面体シートに挟まれた3層構造で形成されている。モンモリロナイトの場合，八面体の中心金属である3価のAlが，部分的に2価のMgやFeに置き換わっている。また，四面体の中心金属である4価のSiが，部分的に3価のAlに置き換わっている。これらを同形置換と言うが，この置換により，モンモリロナイトの層は，マイナスの電荷を帯びている。マイナスの電荷を補償するために，モンモリロナイトの層間には，ナトリウムカチオン（Na^+）やカリウムカチオン（K^+）のアルカリ金属イオン，カルシウムカチオン（Ca^{2+}）やマグネシウム（Mg^{2+}）が存在している。これらのカチオンは有機物のカチオン（有機カチオン）とイオン交換反応により交換可能であ

第6章　ポリマークレイナノコンポジット材料の合成と特性

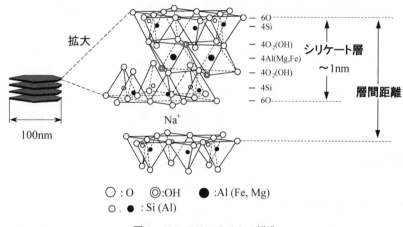

図1　モンモリロナイトの構造

(a) コンポジット　　　(b) 層間挿入型ナノコンポジット　　　(c) 剥離型ナノコンポジット

図2　モンモリロナイトの分散状態による複合形態

る。ここで，シリケート層の大きさを樹脂の補強材として用いられるガラス繊維一本と比較すると，厚さで約 10^4 分の1，長さで約 10^3 分の1と非常に小さく，シリケート層を1分子と考えれば，分子サイズのフィラーとなる可能性がある。

　層状構造を有する物質（層状物質）の層間に有機物などの分子が取り込まれるという現象がある。この現象をインターカレーションといい，インターカレーションによって生成する化合物を層間化合物と言う。モンモリロナイトはインターカレーションの機能を持つ代表的な物質である。モンモリロナイトのインターカレーション機能に着目して誕生したのが，ポリマークレイナノコンポジットである。

　ポリマー中のモンモリロナイトの分散形態は，図2に示すように3通りが考えられる。図2(a)は，モンモリロナイトが凝集したままポリマー中に分散した状態を示しており，通常のコンポジットと同じである。図2(b)は，モンモリロナイトの層間にポリマーがインターカレーションした状態で分散したもので，層間挿入型ポリマークレイナノコンポジット（Intercalated，層間挿入型）と呼ばれる。図2(c)は，モンモリロナイトのシリケート層が一枚一枚剥離した状態で分散したもので，剥離分散型ポリマークレイナノコンポジット（Delaminated，剥離分散型）と呼ばれる。層間挿入型のナノコンポジットは難燃性などの一部の特性で改善効果が認めら

れているが，力学物性などの改善効果は剥離分散型のナノコンポジットに比べ，一般に小さい。

3 ポリマークレイナノコンポジットの作製方法

ポリマークレイナノコンポジットの主な作製方法を表3にまとめる。大別して層間重合法，ポリマーインターカレーション法，共通溶媒法などがある。以下，各方法について詳細を述べる。

3.1 層間重合法
3.1.1 モノマーインターカレーション法

世界で初めて実用化したナイロン6クレイハイブリッド（NCH）は，以下のようにして得られた。炭素数12の ω-アミノ酸である12-アミノデカン酸のアンモニウムイオンでイオン交換して得た有機化クレイを用い，層間に挿入したナイロン6のモノマーである ε-カプロラクタムを，12-アミノデカン酸のカルボン酸を基点として，開環重合した。開環重合の進行とともに，モンモリロナイトの層間は大きく広がり（10nm以上），重合によって得られたナイロン6のマトリックス中にモンモリロナイトのシリケート層が均一に分散したナイロン6-クレイハイブリッド（Nylon 6-Clay Hybrid：NCH）が得られた[3,4]。モノマーをクレイの層間にインターカレーションして重合し，ナノコンポジットを得るので，このような方法を層間重合法の内のモノマーインターカレーション法と呼んでいる。NCHを例にとり，モノマーインターカレーション法を概念的に示したのが図3である。

NCHを透過型電子顕微鏡で観察すると黒く繊維状のものが多く見える（図4）。これらがモン

表3 ポリマークレイナノコンポジット作製方法

作製技術		手法	具体例
層間重合法	モノマーインターカレーション法	モノマーを層間にインターカレーションして層間で重合する	ナイロン6，ポリ乳酸
	変性モノマー共重合法	モノマーを変性して，層間で共重合する	ポリ（エチルメタアクリレート）
ポリマーインターカレーション法	クレイ変性法	ポリマーと変性有機化クレイを溶融ブレンドする	・NBR（ニトリル系ゴム） ・各種ナイロン（PA6,PA66等） ・ポリフェニレンエーテル
	ポリマー変性法	変性ポリマーと有機化クレイを溶融ブレンドする	・ポリオレフィン ・ポリスチレン
	in-situ インターカレーション法	ポリマー（ゴム）と有機化クレイをブレンドし，加硫と同時にゴムを変性し，インターカレーションさせる	・EPDM ・IIR（ブチルゴム）
共通溶媒法		ポリマーを良溶媒に溶解することと，クレイを溶媒に均一分散させるように極性をあわせる	ポリイミド，イソソルバイドポリカーボネート

第6章　ポリマークレイナノコンポジット材料の合成と特性

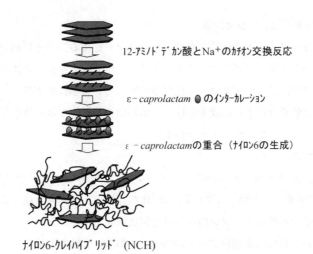

図3　モノマーインターカレーション法概念図（NCHの例）

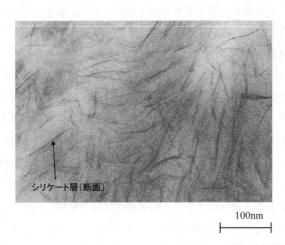

図4　NCHにおけるモンモリロナイトのシリケート層の分散状態
（透過型電子顕微鏡写真）

モリロナイトのシリケート層の断面であり，モンモリロナイトの層構造はまったく保持されていない。すなわち，分子サイズのフィラーがナイロン6中に均一に分散したナノコンポジット材料であると言える。

3.1.2　変性モノマー重合法

アクリル樹脂クレイハイブリッドの作製で用いられた手法[5]である。アンモニウムが結合したアクリルアミドモノマー N-[3-(Dimethylamino)propyl] acrylamide (Q) でモンモリロナイトのナトリウムイオンをカチオン交換した後，アクリル酸やアクリル酸エチルと共重合してアクリル樹脂クレイナノコンポジットを得る方法である。アンモニウム変性したモノマーでクレイを有機化してナノコンポジット化することから，変性モノマー重合法と呼んでいる。

3.2 ポリマーインターカレーション法

モノマーをモンモリロナイトの層間で重合してポリマーを得る方法とは異なり，直接，ポリマーをインターカレーションしてポリマークレイナノコンポジットを得る方法である。層間重合法よりも汎用的な方法で，多くのポリマーで検討されている。結晶性のポリマーでは融点以上に，非晶性ポリマーでは軟化点以上に温度をあげ，二軸押出機のような混練機を用いてポリマーと有機化クレイを混練し，ナノコンポジットを得る。

3.2.1 クレイ変性法

ナイロン樹脂には，ナイロン6以外に，ナイロン66，ナイロン610，ナイロン12，ナイロン11，ナイロン46等があり，市販されている。NCHの作製は，層間重合法によったが，この方法はナイロン6以外のその他のナイロン樹脂への適用は困難である。

ガラス繊維などの補強材の樹脂材料への添加は，一般に，2軸押出機を用いて溶融・混練する方法が用いられている。クレイによるナノコンポジット化も溶融・混練によって可能となれば，ナイロン6以外のナイロン樹脂に対してもクレイのナノコンポジット化が達成される可能性がある。また，2軸押出機での生産は，少量多品種（モンモリロナイトの添加量をニーズに合わせる等）にも応えられる可能性がある。

本法でのポイントは，①モンモリロナイトの有機化剤（有機カチオン）の最適化，②混練時のせん断力，混練温度の最適化である。有機化処理の最適化では，そのポリマーに適した化学構造を選択する必要がある。すなわち，ポリマーの極性，脂肪族系か芳香族系かでクレイを変性する有機化剤を設計する必要がある。ポリマーに適した有機化剤でクレイを変性することから，ポリマーインターカレーション法の中のクレイ変性法と呼んでいる。クレイ変性法では，混練時の温度やせん断力を最適化も重要で，これらの最適化を実施しなければ，真のナノコンポジットの特性を得られないことがある。我々は，これらの最適化により単純な引張特性のみならず，ナノコンポジットの特性が現れ易い熱変形温度やガスバリア性についても重合法と同じ特性を示す材料を得ている[6]。

3.2.2 ポリマー変性法

通常ポリオレフィン系の複合材料は，溶融・混練して充填剤，補強剤を配合する。そこで，我々はナノコンポジット化についてクレイ変性法で確立した技術の適用を検討した。ポリオレフィンに適した化学構造と思われる炭素数18のアルキル鎖を1本あるいは2本有する有機化剤で変性したモンモリロナイトを用意し，ポリプロピレンを溶融・混練したが，ナノコンポジット化は達成できないことがわかった。一方，変性ポリプロピレン（無水マレイン酸変性と水酸基変性のポリプロピレン）が，極性基の種類によらず，極性基の量によって，モンモリロナイトの層間にインターカレート可能かどうかが決まることを見出した[7]。この検討によって得られた層間化合物をポリプロピレンに分散させることによって，ポリプロピレンクレイナノコンポジット（PPCN）を創製することに成功した[8]。また，層間化合物を予め作製しなくても，ポリプロピレンと変性ポリプロピレンと有機化クレイを一度に混合し，溶融・混練してもPPCNが作製でき

第6章 ポリマークレイナノコンポジット材料の合成と特性

ることも見出した[9]。変性したポリマーを用いるこれらの方法をポリマーインターカレーション法の中のポリマー変性法と呼んでいる。

PPCNにおけるシリケート層の分散過程の概念図を図5に示した。有機化モンモリロナイトの層間に，水素結合によって無水マレイン酸変性PPがインターカレートして層間を広げる。広がった層間にPPがさらに挿入されることによって，クレイの層構造が保持できなくなって，シリケート層がPPのマトリックス中に剥離分散される。このような過程を経てPPへのクレイのナノコンポジット化が達成されるものと考えられている。

ポリマー変性法では，オキサゾリン変性したポリスチレンに対してのナノコンポジット化あるいは，その変性したポリスチレンをクレイの分散剤として用いることにより，ポリスチレンのクレイのナノコンポジット化も達成されている[10]。

3.2.3 In-situ インターカレーション法

加硫工程中にゴム分子がインターカレーションし，ゴムクレイナノコンポジットを作製する方法が考案されている[11]。加硫はゴム分子の主鎖にイオウや酸素ラジカルが結合し，分子間を架

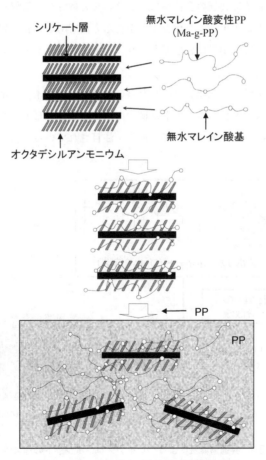

図5 PPへのシリケート層の分散概念図

橋する反応で，この反応を促進するために各種の加硫促進剤が使用される。促進剤がゴム分子に結合すれば，ある種の極性基がゴム分子に付与されたことになる。架橋の前に付与された極性基によってインターカレーションすればゴムクレイナノコンポジットが得られることとなる。EPDM（エチレン・プロピレン・ジエン・ターポリマー）において，イオウ架橋系で各種加硫促進剤を検討した。チオウレア系やチアゾール系などでは加硫促進剤がクレイの層間に入りシリケート層が分散できなかったが，ジチオカルバメート系（$[(CH_3)_2NC(S)S]_2Zn$）を用いた場合には，チオカルバメート残基が結合することによりEPDMに極性が付与され，層間にEPDMがインターカレーションし，ナノコンポジットが得られることがわかった。これによって予めEPDMを変性すること無く，EPDMクレイナノコンポジットが作製できるため，実用上，大きな意味がある。ゴムの架橋中にポリマーが変性され，層間にインターカレーションしてナノコンポジット化が達成されるこの方法を In-situ インターカレーション法と呼んでいる。

3.3 共通溶媒法

ポリマーと有機化クレイに共通の良溶媒に，これらを分散させ，溶媒を蒸発させ，乾固させることにより，ポリマークレイナノコンポジットを得る方法である。良溶媒によって膨潤して層間が広がった有機化クレイに，溶媒に分散したポリマー分子がインターカレーションしてナノコンポジット化する。

共通溶媒法でナノコンポジット化を達成した例に，イソソルバイド系ポリカーボネートクレイナノコンポジットがある。イソソルバイドは植物由来の物質ソルビトールを脱水反応して得られる化合物で，バイオポリマーの原料として，近年，注目されている。我々は，イソソルバイドと

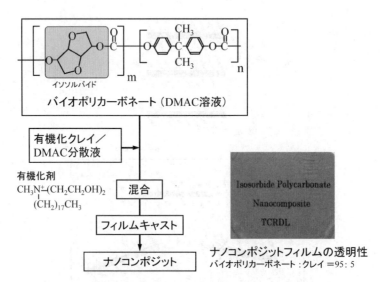

図6 共通溶媒法によるクレイナノコンポジットの作製例
（バイオポリカーボネートクレイナノコンポジット）

第6章 ポリマークレイナノコンポジット材料の合成と特性

少量のビスフェノールAからなるポリカーボネートを創製した[12]。このバイオポリカーボネートは,従来のビスフェノールA型の石油系ポリカーボネートより,剛性,強度に優れた特性を有することがわかっている。このバイオポリカーボネートを用いたポリカーボネートクレイナノコンポジットを得た[13]。バイオポリカーボネートの良溶媒であるジメチルアセトアミド（DMAC）に,水酸基が2つ結合したアルキルアンモニウムで有機化したクレイが分散することを見出した。DMACにその有機化クレイとバイオポリカーボネートを混合した後,DMACを除去することによって,バイオポリカーボネートクレイナノコンポジットが得られる（図6）。

4 ポリマークレイナノコンポジットの特性

4.1 力学物性

表4にNCHの特性[14]を通常のナイロン6とモンモリロナイトのコンポジット（Nylon 6-Clay Composite：NCC）およびナイロン6と比較して示す。なお,NCCは,有機化していないモンモリロナイトとナイロン6を単純に溶融混練して得たものである。NCHは,わずか4.2%のモンモリロナイトの添加で,ナイロン6に比べ引張強さで約1.5倍,弾性率で約2倍の値を示している。また,熱変形温度は152℃を示し,ナイロン6に比べ約80℃の向上が認められた。NCCでも熱変形温度はナイロン6に比べ改善されるが,他の特性はモンモリロナイトを混合するとむしろ低下している。また,このような特性の改善を通常の無機フィラーで行おうとすると30%以上の添加が必要である。その際,衝撃強さが低下するが,NCHでは衝撃強さの低下はほとんど認められない。このような飛躍的な力学物性の向上により,NCHは自動車のタイミングベルトカバーの材料として実用化され,最近では,図7に示したエンジンカバーの材料としても用いられている。

4.2 ガスバリア特性

ナノコンポジット化によって発現した特性のひとつにガスバリア性（低ガス透過性）がある。モンモリロナイトのシリケート層が剥離分散すると,ガスはシリケート層を迂回して透過する。

表4 NCH, NCCおよびナイロン6の特性比較

項目	試料		
	NCH	NCC	Nylon6
モンモリロナイト含有量（wt%）	4.2	5.0	0
引張り強さ（MPa）	107	61	69
引張り弾性率（GPa）	2.1	1.0	1.1
シャルピー衝撃強さ（kJ/m^2）	6.1	5.9	6.2
熱変形温度（℃）	152	89	65
吸水率（23℃, 24h, %）	0.51	0.90	0.87
モンモリロナイトの層間距離（nm）	>20	1.2	—

(a) タイミングベルトカバー　　　　　　(b) エンジンカバー

図7　NCH が使われた自動車部品の例

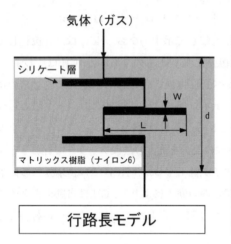

図8　NCH におけるガスバリア性向上機構

これによって，見かけ上，厚みが増したような効果が発現する。この現象は，図8に示した行路長モデルによって説明される。

　宇部興産から市販されている NCH には，高バリア性を活かしたフィルムのための押出しグレード（1022C2）がある。このグレードは，T ダイによる押出成形，インフレーション成形ともに可能である。通常無機物の添加によって大きく低下するヘイズ値やグロス値の低下はわずかである。一方，モンモリロナイトの添加によって，酸素透過性は半減し，すなわち，バリア性が2倍になっている。また，バリア性については温度に対してほとんど無関係に得られ，高温でもモンモリロナイト無添加のものに比べ，2倍以上のバリア性が得られる。これはバリア性の向上が化学的な相互作用によるものではなく，図8に示したようにシリケート層による迂回効果によるためである。NCH のこれらの特性を活かして，食品包装用フィルムやレトルト食品のパッケージの分野への展開が行われている。また，バリア性の発現は上記のように化学的な相互作用では

ないので，燃料に対するバリア性も発現する。宇部興産ではこの特性を活かし，低ガソリン透過性燃料チューブ（ECOBESTA）への展開を図っている。

4.3　難燃性

J. W. Gilman らは，NCH とナイロン 6 をコーンカロリメータで燃焼させ，発生熱速度（Heat release rate：HRR）を比較している（図9)[15]。図9はヒーターからの熱輻射量が $50 kW/m^2$ の場合を示している。NCH はナイロン 6 に比べ，着火後発生熱速度（Heat release rate：HRR）は小さかった。最大発熱速度（Peak heat release rate：PkRR）で比較すると NCH はナイロン6に比べ，63〜68%低くなっている。これらは，NCH がナイロン 6 に比べ比較的穏やかにゆっくりと燃焼することを示している。J. W. Gilman らは，NCH の難燃性について目視での観察結果も踏まえ，着火前に試料表面に炭化層（断熱層チャー）がナイロン 6 に比べ形成されやすく，それがその後の燃焼を阻害したり，熱分解で生じた揮発成分（ε-カプロラクタム等）の拡散を妨げているためとしている。

4.4　流動特性

ナイロン 6 クレイナノコンポジットは特異な溶融粘度のせん断速度依存性[16]を示す。図10に示すようにユニチカの NANOCON（M1030D）は，せん断速度が低い領域では高い溶融粘度を示し，せん断速度が高い領域では逆に低い溶融粘度を示す。宇部興産製の UBE NYLON NCH でも同様の溶融粘度のせん断速度依存性が観察されている。このようなせん断速度依存性を示すため，ナイロン 6 クレイナノコンポジットは，ナイロン 6 よりブロー成形に適し，大物や薄物の成形が可能となる。

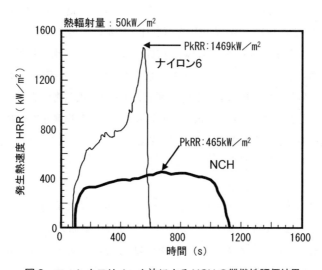

図9　コーンカロリメータ法による NCH の難燃性評価結果

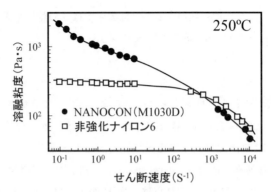

図10 流動特性
（溶融粘度のせん断速度依存性）

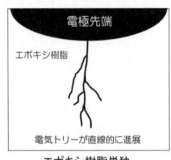 

図11 ナノコンポジットにおける電気トリーの分岐

4.5 電気絶縁性

今井らはエポキシ樹脂-合成スメクタイトナノコンポジットで電気絶縁性が向上することを見出している[17, 18]。80℃で10kVの交流電圧を試験片に印加した場合，エポキシ樹脂ナノコンポジットの絶縁破壊に至るまでの時間（絶縁破壊時間）は，エポキシ樹脂単独に比べ，6倍程度長くなったとしている。このことは，図11の概念図に示すように，樹脂中に微細に分散したシリケート層が，印加電界方向に進展しようとする電気トリーを逐次阻害するため，電気トリーの発生自体が抑制されるとともに，細かい分岐を繰り返すことにより進展速度が遅くなり，絶縁破壊に至るまでの時間を長くしたものと考えられている。

4.6 摺動特性

村瀬らは，ポリアミドイミド／クレイナノコンポジットの作製に成功し，この系では摩擦・磨耗特性が向上することを見出している[19]。ポリアミドイミド樹脂のワニスに有機化クレイを添加してポリイミド樹脂クレイナノコンポジットを作製し，得られたナノコンポジットに固体潤滑剤を混合してコート材を調整した。このコート材をアルミ基材に塗布して乾燥させ，試験片を作

第6章 ポリマークレイナノコンポジット材料の合成と特性

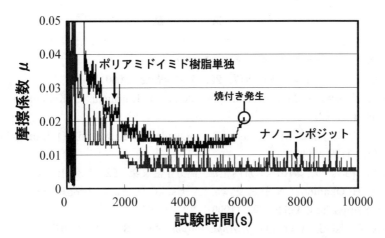

図12 ポリイミド樹脂クレイナノコンポジットの摩擦・磨耗特性

製した。ジグを用いて荷重をかけた試験片を，オイル潤滑下で，高速で回転させ，摩擦係数の経時変化を調べるとともに，ジグへの焼付き時間を測定した。図12に示したように，ポリアミドイミド樹脂クレイナノコンポジットの摩擦係数は0.006〜0.012の値を示し，ポリアミドイミド樹脂単独の摩擦係数0.012〜0.016に比べ大きく低下し，約1/2となった。また，ポリアミドイミド樹脂単独の場合には，試験時間で6000秒を超えたところで焼付きが発生したのに対し，ナノコンポジットでは10000秒を超えても焼付きが発生せず，耐焼付き特性が向上することがわかった。この耐焼付き性の向上はクレイのナノコンポジット化により，ポリアミドイミド樹脂が硬くなり，磨耗体積が減ることによるものと考えている。

5 まとめ

ポリマークレイナノコンポジットの作製方法の概要と得られる特性を述べてきた。世界で初めて実用化したポリマークレイナノコンポジットであるナイロン6クレイハイブリッドの誕生から20年以上が経った。NCHを追って各種のポリマークレイナノコンポジット技術が誕生してきたが，技術が使いこなされるようになって，気がつかなかった新しい機能が見出されている。今後も，ナノコンポジット化による新しい機能の発現を目指して，さらなる研究を進めるとともに，この分野の発展を祈念したい。

文　　献

1) 中條　澄, プラスチックス, **46**, No.9, 20 (1995)
2) 中條　澄, ナノコンポジットの世界, **22**, 工業調査会 (2000)
3) A. Usuki, Y. Kojima, M. Kawasumi, A. Okada, T. Kurauchi, O. Kamigaito, *J. Mat. Res.* **8** (5), 1174 (1993)
4) A. Usuki, Y. Kojima, M. Kawasumi, A. Okada, T. Kurauchi, O. Kamigaito, *J. Mat. Res.* **8** (5), 1179 (1993)
5) 臼杵有光, 岡本一夫, 岡田茜, 倉内紀雄, 高分子論文集, **52**, 728 (1995)
6) M. Kato, H. Okamoto, N. Hasegawa, A. Usuki, N. Sato, Proc.6th Japan International SAMPE Symposium, **vol.2**, 693 (1999)
7) M. Kato, A. Usuki, A. Okada, *J. Appl. Polym. Sci.*, **66**, 1781 (1997)
8) N. Hasegawa, M. Kawasumi, M. Kato, A. Usuki, A. Okada, *J. Appl. Polym. Sci.*, **67**, 87 (1998)
9) M. Kawasumi, N. Hasegawa, M. Kato, A. Usuki, A. Okada, *Macromolecules*, **30** (20), 6333 (1997)
10) N. Hasegawa, H. Okamoto, M. Kawasumi, A. Usuki, *J. Appl. Polym. Sci.*, **74**, 87 (1999)
11) A. Usuki, A. Tukigase, M. Kato, *Polymer*, **43**, 2185 (2002)
12) 李　致漢, 高木秀樹, 岡本浩孝, 加藤　誠, 第19回ポリマー材料フォーラム予稿集, 161 (2010)
13) Chi-Han Lee, M. Kato, A. Usuki, *J. Mater. Sci.*, **21**, 6844 (2011)
14) T. Kurauchi, A. Okada, T. Nomura, T. Nishio, S. Saegusa, R. Deguchi, SAE Paper Series 910584 (March 1991)
15) J. W. Gilman, T. Kashiwagi, E. P. Giannelis, E. Manias, S. Lomakin, *Spec. Publ. R. Soc. Chem.*, **No.224**, 203 (1998)
16) 禰宜行成, 工業材料, **49** (11), 31 (2001)
17) 今井隆浩, 澤 史雄, 尾崎多文, 中野俊之, 清水敏夫, 吉満哲夫, 電学論A, **124**巻11号, 1065 (2004)
18) 尾崎多文, 今井隆浩, 清水敏夫, 東芝レビュー, **59** (7), 48 (2004)
19) 村瀬仁俊, 下俊久, 加藤誠, 福森健三, 第13回ポリマー材料フォーラム予稿集, 173 (2004)

第7章 有機-無機層状化合物ハイブリッド複合体の合成とその応用

張　国臻*

1　はじめに

有機ポリマーや，有機樹脂材料は割れないし，持ち運びしやすく，また柔軟性を持つなど優れた物性を有しているので，家電製品，フィルム，パッケージ及び建築材料などの分野でよく使用されている。その消費量も非常に多い，しかし，有機物質である有機ポリマーあるいは有機樹脂材料は機械的強度及び耐熱性などの点で不十分である。従って機械的強度あるいは耐熱性などの向上が必要である。そこで，機械的強度あるいは耐熱性に優れた無機化合物を有機ポリマーまたは有機樹脂材料に添加することによって，機械的強度や耐熱性などの物性を向上することが注目されている。これについて多くの研究が発表されている。

無機化合物を有機樹脂あるいは有機ポリマーへの添加する方法として，物理的添加と化学的添加に分けられている。また無機化合物分散剤のサイズによる分類もある。例えば，センチメーター，ミリメーター，マイクロメーター，ナノメーター単位での分散である。その中で，マイクロメーター単位あるいはナノメーター単位での分散の研究，特に，ナノメーター単位での分散の研究は非常に注目されている。これは無機化合物がナノメーターオーダーで有機樹脂あるいは有機ポリマー中に分散されたことによって，有機樹脂あるいは有機ポリマーの外観及び透明性はほぼ変わらないが，機械的物性が著しく改良される。ナノオーダー材料の分類方法として材料自身のサイズによって分けられている。即ち，材料の3次元サイズは全部ナノオーダーに入ると3次元のナノ粒子と呼ぶ。代表例としてゾル-ゲル方法から合成したシリカナノ粒子がある[1,2]。3次元サイズの内2項目がナノオーダーであれば，ナノチューブまたはナノ繊維と呼ばれる。その代表例として，カーボンナノチューブ[3]あるいはセルロース繊維[4,5]がある。さらに，材料3次元サイズの内で1項目がナノオーダーであれば1次元のナノシートと呼ばれ，その代表例としてポリマー-ナノ層状化合物[6]がある。本章では有機-無機層状化合物ハイブリッド複合体について記述する。

2　有機-無機層状化合物ハイブリッド複合体の合成

有機-無機層状化合物ハイブリッド複合体の特徴とその応用について説明すると，この複合体

---

*　Zhang Guozhen　JSR㈱　精密加工センター　精密加工研究所

は有機ポリマーが持っている優れた特徴及び新規特徴を有している。多くの無機層状化合物，例えば粘土は環境調和材料である。さらに，無機層状化合物は種類が多く，有機ポリマーや有機樹脂の種類は無機層状化合物よりもっと多く，そのために，無機層状化合物と有機ポリマーあるいは有機樹脂の複合化について様々な選択肢が可能であり，複合された材料の応用範囲も広い。

　有機－無機層状化合物ハイブリッド複合体は実用性が高く，優れた特徴を持ち，且つ安定性が良く，生産性（原材料供給安定，量産可能，コスト低いなど）が良好である。また有機材料と組み合わせることによって，環境に対して優しい複合材料の開発が十分可能であるので，多くの有機－無機層状化合物ハイブリッド複合体は環境調和材料として利用できる。有機－無機層状化合物ハイブリッド複合体の複合化方法は色々ある。例えば，有機モノマーあるいは有機ポリマーと無機層状化合物の直接複合化方法がある。その場合，有機モノマーあるいは有機ポリマーと無機層状化合物の間に親和性が弱いと，両者の直接複合化が難しくなる。親和性が弱いため，無機層状化合物は有機モノマーあるいは有機ポリマー中でナノオーダーでの均一分散することが困難である。従って，得られた複合体の光学及び機械的特性は均一分散した複合体より悪い。この問題を解決するために，ここでは，有機－無機層状化合物ハイブリッド複合体の複合化方法について，例えば，poly（ethylene terephathalate）（略称，PET）と無機層状化合物の複合化を説明する。

2.1　PETと無機層状化合物複合化とその実用性

　PETは有機モノマーを重合することにより合成されている。PETはカサ密度が小さく，同じ体積のガラスに比べて，約1/7〜1/10くらいの重さである。そのため持ち運びも便利で，流通過程での輸送コスト削減にも役立っている。また，PETは着色性が無く，外観も美しく，衝撃に強く，更に落としても割れにくい材料である。PETは様々な溶媒に対して溶けにくいという特徴を持っているため，色々な容器を作製することができる。PET製品は広い範囲で応用されている。例えば，ペットボトル，フィルム，かごなどの成型品としてよく使われている。PETは炭素，水素と酸素で構成されているため，完全に分解すると水と二酸化炭素しか排出しない。地球環境を汚染しないので，人間の生活に対して安全である。また，使用済みPETは回収し再利用することができる。その年間産量はどんどん増加している。しかし，この材料はガスバリア性や高温下で機械的強度などの物性を改良することが必要である。現在，PETのような有機ポリマーの物性を改良するには，無機粒子を加えること（図1）によって，有機ポリマーの強度を高めることが考えられており，無機粒子を直接有機ポリマーと混合（図1の（1）示した方法），あるいは無機粒子と有機モノマー材料を（有機ポリマーの単体）直接混合した後，重合する方法（図1の（2）示した方法）が一般的に行われている。しかし，ナノオーダーサイズの無機粒子を用いた場合にも，粒子自体の沈降または凝集などで生成した2次無機粒子のサイズが数マイクロメーター以上に大きくなると，透明溶融膜を作ることが難しく，また，無機粒子と有機モノマーあるいは有機ポリマーとの親和性が低いため，機械的性質が十分向上されない。一方，無機粒子

第7章 有機−無機層状化合物ハイブリッド複合体の合成とその応用

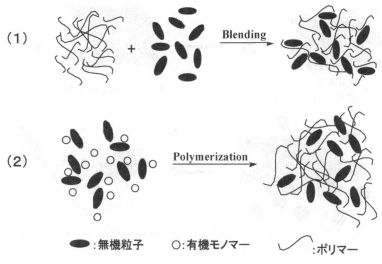

●:無機粒子　○:有機モノマー　～:ポリマー

図1　無機粒子を添加することによる有機ポリマー物性の改良

を大量に加えると複合体の比重も増加してしまう。近年，ポリメタクリル酸メチルやポリアクリロニトリルに少量の粘土を混合すると，機械的強度や熱安定性などの物性が著しく改善されることが報告され，機能性材料として実際に工業製品化されている。特に，豊田中央研究所の研究者たちは粘土層間重合反応を利用し，ナイロン6/粘土ハイブリッドという複合材料（NCH）を開発した[7]。この材料はナイロン6より，著しい物性の向上が見られた。ナイロン6は通常6ナイロンと呼んでいる。ナイロン6は ε-カプロラクタム（$C_6H_{11}NO$）と ε-アミノカプロン酸（$H_2N(CH_2)_5COOH$）の縮重合で得られる。また ε-カプロラクタムの開環重合（重合触媒が必要）でナイロン6が得られる。ε-カプロラクタムは極性を持っているため，溶融時に，モンモリロナイトのケイ酸塩層がよく膨潤する。12-モンモリロナイト（ω-アミノ酸の1種である12-アミノドデカン酸（開環重合触媒）のアンモニウム塩でイオン交換したモンモリロナイト）と ε-カプロラクタムを任意の割合で混合し，100℃で膨潤させた後，250℃で層間に導入されている ε-カプロラクタムの開環重合が進行する。重合の進行と共に層は広がり，ナイロン6中にモンモリロナイト層が均一に分散した複合材料NCHが合成できる。即ち，重合反応の際に応力が生じ，その応力によって，粘土粒子の層を一枚一枚剥離し，重合したポリマー中に剥離した粘土層が混合されること（図2）によって性能の良い材料ができると考えられている[7]。

残念ながらPETモノマーあるいはPETポリマーは極性が非常に低いため，NCHのような改良方法は直接利用することができない。ここで，筆者らが開発した新しい変性PET-無機層状化合物ハイブリッド複合体の複合化方法を紹介する。

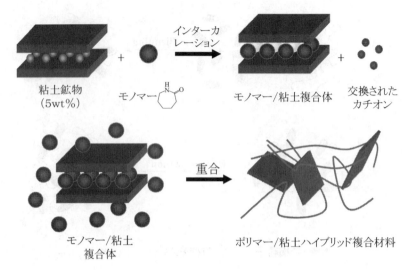

図2　ナイロン6/粘土ハイブリッド複合材料の合成

2.2　無機層状化合物の複合化及びハイブリッド複合体
2.2.1　変性PET-無機層状化合物ハイブリッド複合体の複合化方法

　まず，架橋モノマー（一端は無機層状化合物との親和性を持ち，別の端部がPETモノマーあるいはポリマーとの親和性も持っている有機モノマー）を用いて無機層状化合物を化学修飾する。即ち，架橋モノマーを水溶液中あるいは融解状態下で無機層状化合物の層間に取り込まれること（インターカレーション反応）である。以上のことによる無機層状化合物／架橋モノマー複合体（図3の(1)で無機／架橋モノマー複合体と略称した）が得られた。

　得られた無機層状化合物／架橋モノマー複合体と重合モノマー bishydroxyethyl telephthalate（略称BHET（図4））のエチレングリコール溶液を混合して重合を行う（重合条件：減圧（1mmHg以下），加熱（290℃以上）；触媒（酢酸鉛など））。化学修飾した無機層状化合物層間の架橋モノマーとBHET及びBHET同士間に重合反応を行い，積層（シート）を一枚一枚剥離した重合体（変性PETポリマー）中に均一に分散した（図3(2)），得られた生成物は変性PET-無機層状化合物ハイブリッド複合体（図3の(2)で変性PET-無機ハイブリッドと略称した）と呼ばれる。

　2.2.2に無機層状化合物であるモンモリロナイト（Mont）を用い，変性PET-無機層状化合物ハイブリッド複合体の合成について詳しい説明する[8～11]。

2.2.2　モンモリロナイト（Mont）の化学修飾

　化学修飾が可能である無機層状化合物粘土（Mont）を出発物質に用いた。Montの結晶構造は図5に示したように，ケイ酸四面体層，アルミナ八面体層及びケイ酸四面体層の3層が積み重なった構造である。その単位層の厚さは約1nm，その幅は0.1～1μmで極めて薄い板状になっている。八面体層の中心原子であるAlの一部をMgで置換すると，陽電荷不足となり，各結晶層は負に帯

第7章 有機-無機層状化合物ハイブリッド複合体の合成とその応用

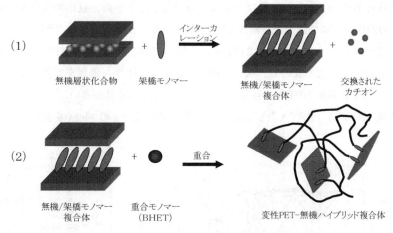

図3 変性PET-無機層状化合物ハイブリッド複合体の新規合成方法

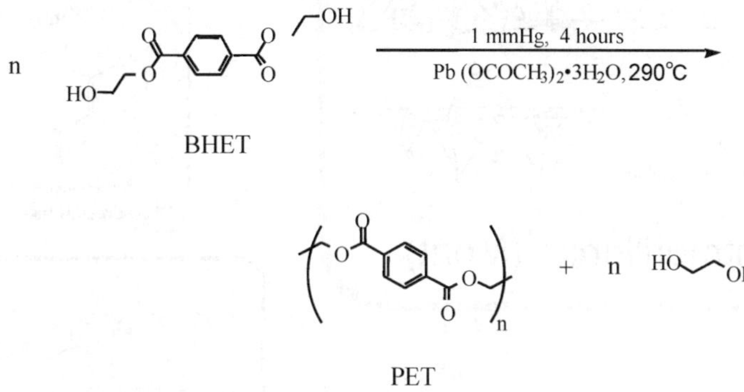

図4 BHETからPET類似ポリマーの合成

電する。結晶層間にNa, Kなどの陽イオンを導入することで、電荷が中和されてMontは安定化する。そのため、Mont粒子は結晶層が何層も重なり合った状態で存在している。そこで、架橋モノマーとしてカチオン化されたN-(2-hyroxyethyl)-isonicotinamide (HENA)、5-hydroxypentyl trimethylammonium iodide (HPTA) 及びカチオン化された11-aminoundecanoic acid (AUA) を使用し（図5）、Montを化学修飾した。即ち、HENA, HPTA及びAUA水分散溶液を調製し、この水分散溶液を攪拌し既報[8~10]に従ってMont（クニミネ工業製モンモリロナイト クニピアF：陽イオン交換容量（CEC）115mmol/100g）を添加し、反応時間と水分散溶液中のそれぞれの修飾カチオンの濃度変化を紫外光吸収測定法（UV）で調べた。図6にHENAを用いた時の反応時間、HENA濃度とMontに取り込まれたHENA量を示した。図6からも分かるように、HENAの濃度によって、Montに取り込まれたHENA量が異なっている。つまりMontに取り込まれるHENA量はHENAの濃度高い方が多いことが分かった。またMontに取り込まれる量が平衡に達する時間まで、反応時間を長くするとMontに取り込まれる量も増加している。

また一定濃度のHPTA（10mM）及び一定反応時間としたときの，反応時間とMontに取り込まれる量との関係をUVで調べた。結果を図7（A）及び（B）に示した。図7（A）で分かるように，一定濃度のHPTAの時には，24時間後にMontに取り込まれるHPTA量が平衡に達した。また図7（B）に示したように，反応時間を一定とし，HPTA濃度を変化した場合には，高濃度HPTAの方が低濃度HPTAよりも，Montに取り込まれる量が多い。

30mM濃度のHENA，HPTA及びAUAの水溶液100gと1gのMontを混合して一日撹拌し

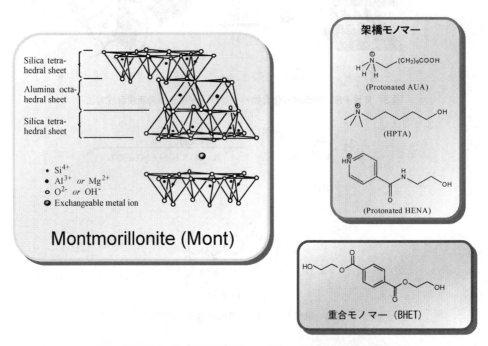

図5　変性PET-無機層状化合物ハイブリッド複合体の出発物質

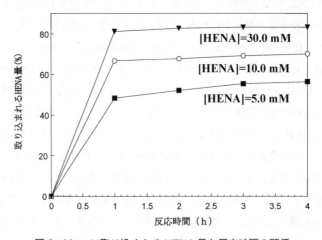

図6　Montに取り込まれるHENA量と反応時間の関係

第7章　有機-無機層状化合物ハイブリッド複合体の合成とその応用

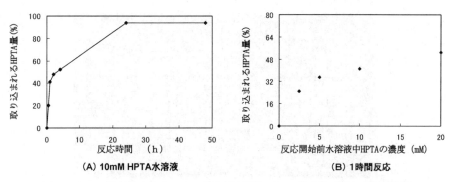

図7　Montに取り込まれるHPTA量と反応開始HPTA濃度及び反応時間の関係

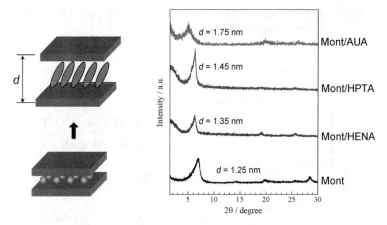

図8　Mont/HENA，HPTA，AUA複合体のXRD

た。その結果，MontへのHENA，HPTA及びAUAの取り込み量はHENA：83％，HPTA：94％及びAUA：82％で平衡に達した。それぞれの化学修飾Mont複合体を分離精製した後，X線解析法（XRD）で調べた結果を図8に示した。図8からMont $2\theta=6〜7°$付近ピークを比較すると，それぞれの化学修飾Mont複合体の2θは低角側にシフトしている。XRDパターンのピーク位置とBraggの式（$2d\sin\theta = n\lambda$）からホスト化合物の層間距離d値が計算できるので，各複合体の層間距離d値を求めた結果，Mont-HENA，HPTA及びAUA複合体のd値は1.35，1.45及び1.75nmであった。一方Montのd値は1.25nmであるのに対して複合体のd値はそれよりも大きい。即ち，Mont層間にHENA，HPTAあるいはAUA分子が導入されたことを示唆している。

2.2.3　変性PET-無機層状化合物ハイブリッド複合体の生成及びその膜の評価

2.2.2で得られたMont-HENA，HPTA及びAUA複合体各10gを100gエチレングリコール（EG）に分散した後，90gのBHETと重合開始剤酢酸鉛（0.04g）を添加し攪拌した。次にBHET及び酢酸鉛を含む複合体の分散液を290℃/1mmHg下で加熱し，重合によって生成するEG量及び赤外線吸収スペクトル，XRD及びNMRで重合の進行状況を調べた。EG生成量が一

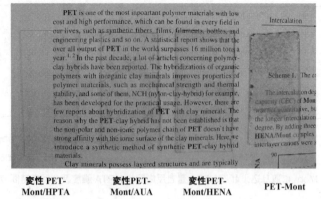

写真1　変性 PET-Mont/架橋モノマーハイブリッド複合体と PET-Mont 混合物の溶融膜透明性の比較

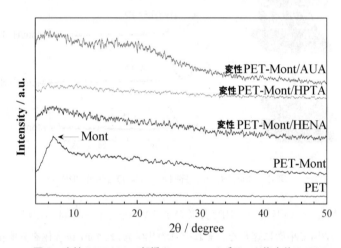

図9　変性 PET-Mont/架橋モノマーハイブリッド複合体の XRD

定量に達した後に，得られた生成物は Mont に取り込まれた架橋モノマーによって若干透明性や着色性が異なっている。各変性 PET-Mont ハイブリッド複合体の溶融膜を写真1に示した。HENA の場合は褐色性を呈しているが，HPTA や AUA の場合着色は認められなかった。このことは脂肪族系の HPTA 及び AUA よりも HENA が酸化され易い性質を有していると推定した。また XRD で調べた結果を図9に示した。図9からも分かるように，Mont は $2\theta=6°$ 付近にピークが現われているが，重合することによって得られた膜は $2\theta=6°$ 付近にピークが確認されなかった。また透過電子顕微鏡（TEM）で調べた結果を写真2に示した。

写真2から，ハイブリッド複合体膜の Mont のラメラ構造が崩れ，ナノシートを生成していることが観測されている。この原因はカチオンモノマーである HENA，HPTA 及び AUA が Mont 層間で BHET と重合し，その時に，Mont 層が剥離され，それらがハイブリッド複合体中

第7章　有機-無機層状化合物ハイブリッド複合体の合成とその応用

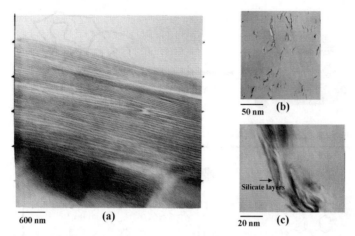

写真2　変性 PET-Mont/架橋モノマーハイブリッド複合体と PET-Mont 混合物の TEM 写真の比較
(a) PET-Mont 物理混合物；(b) 変性 PET-Mont/架橋モノマーハイブリッド複合材料；(c) (b) の一部の拡大図。

表1　変性 PET-Mont/架橋モノマーハイブリッド複合体物性の比較

変性PET-Mont複合体 架橋モノマー	Montの層状構造	溶融膜 色	溶融膜 透明度	引張強度 (Kg/mm²)
変性PET-Mont/AUA	無	少し	良	―
変性PET-Mont/HPTA	無	無	優	0.87
変性PET-Mont/HENA	無	少し	良	測定不可
PET-Mont	有	褐色	悪い	0.54
PET	―	無	優	0.55

に均一に分散されていると推測される。このことは図9に示した XRD の結果とも一致している。またハイブリッド複合体の引張強度を調べた結果を表1に示した。

表1に示したように，ハイブリッド複合体の引張強度は Mont-EG-TP（エチレングリコール-テレフタル酸）ハイブリッド複合体の引張強度の約1.5倍であり，引張強度の向上が確認された。このことは前述の原因によるものである。

2.3　その他無機層状化合物への応用

無機層状化合物である Mont の代わりにニオブ酸[11] $H_4Nb_6O_{17}$ 及び層状リン酸ジルコニウム

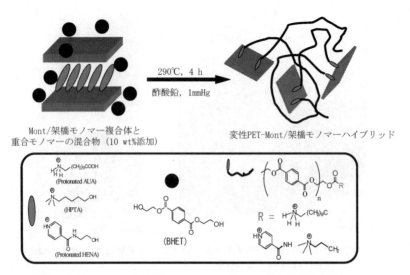

図10 変性PET-Mont/架橋モノマーハイブリッド複合体の重合反応

α-Zr(O$_3$POH)$_2$・nH$_2$O を使用しハイブリッド複合体の生成条件を調べた結果，これらの無機層状化合物の層間あるいは表面に架橋モノマーが修飾された複合体が生成されていることが分かった。また，これらの架橋モノマーとBHETを重合させた結果，Montハイブリッド複合体と同様に，重合の際に剥離されたナノシートがハイブリッド複合体中に均一に分散されていることが分かった。

3 有機－無機層状化合物ハイブリッド複合体開発最前線と将来展望

近年，有機－無機複合材料の開発及び応用が非常に注目されている。例えば，有機－無機層状化合物ハイブリッド複合体はゴム，プラスチック，セラミックなど，自動車部品，電気製品部品及び飛行機部品などにもよく使用している。今後，有機－無機層状化合物ハイブリッド複合体の応用もどんどん拡大される。前述のように豊田中央研究所が粘土層間重合反応を利用して開発したナイロン粘土複合材料（NCH）は宇部興産で部品素材として生産されている[12]。また，ポリエチレン[13]，ポリスチレン[14]，ゴム[15, 16]，ポリイミッド[17]など他の有機材料と粘土層状化合物複合材料の開発とその応用も進んでいる。

現在，電気製品，半導体製品，光学製品が我々日常生活中で必須な製品になっている。一方，環境問題，経済問題から上記製品は今より強く，薄く，軽く，安くなることが要求されている。それらの要求を足すためには，加工方法の改良だけではなく，素材の向上も重要な選択肢である。その中で，素材の薄膜化と多機能化による製品は各社でよく研究されている。素材の薄膜化は素材が薄いシート（数ナノから数ミリまで）に加工されることあるいは他の基材の上に薄い膜（数ナノから数ミリまで）に形成することである。薄膜の状態下で，素材の多機能化は二つの部

第7章　有機-無機層状化合物ハイブリッド複合体の合成とその応用

分から構成される。一つはそれぞれ単一機能性を持つ素材から組合せでの成膜による多機能性積層膜，もう一つは多機能性素材から単層成膜による多機能性膜である。もちろん，多機能性素材から単層成膜方式は理想的である。残念ながら多機能性素材の合成や，多機能性素材の単層成膜への加工が難しいため，今日まで単一機能性を持つ素材から複層積層による多機能性膜の生産が主流である。

有機-無機層状化合物ハイブリッド複合体は緻密な層状シートをナノサイズで分散し，かつ有機ポリマーと無機層が強固な化学結合をしているため以下のような特徴がある。

①透明性が高い
②高剛性且つ比重が低い
③線膨張係数が小さい
④耐熱性がある
⑤ガスバリア性が優れた
⑥環境に優しい
⑦柔軟性がある

即ち，有機-無機層状化合物ハイブリッド複合体は一石二鳥（多機能性）の材料である。しかし，2000年以前，有機-無機層状化合物ハイブリッド複合体の研究が進んでいたが，複合体を用いて薄膜化と多機能化による製品の性能の向上を検討した研究は少なかった。これは有機-無機層状化合物ハイブリッド複合体の成膜加工が難しいことによるものである。

その後，無機フィラーと有機モノマー又は有機ポリマーの混練技術の発展及び成膜加工技術開発の進展による有機-無機層状化合物ハイブリッド複合体成膜の実用化が可能になった。各社から有機-無機層状化合物ハイブリッド複合体を用いて透明導電性薄膜[18]，液晶パネル用ベースフィルム，機能性フィルム[19]などの製造は始まった。また特許も出願されている。

有機-無機層状化合物ハイブリッド複合体は多様性を持っている。且つその複合体の実用化は益々進んでいる。今後，様々な有機-無機層状化合物ハイブリッド複合体の合成と応用が期待される。

4　おわりに

資源枯渇問題及び環境汚染と人口の増加で，生活環境の悪化を解決するために，電気製品，半導体製品，光学製品などのものつくりは資源及びエネルギーの節約と再利用をしなければならない。上記製品素材及び部材の機能は以前の単一化から今後の多様化することが，ものつくりの一つ重要な選択肢である。そのため，前述の有機-無機層状化合物ハイブリッド複合体が多機能性材料であり今後もこの分野の研究は重要である。

文　　献

1) T. von Werne, T. E. Patten, *J. Am. Chem. Soc.*, **121**, 7409-7410 (1999)
2) N. Herron, D. L. Thorn, *Adv. Metaer.*, **10**, 1173-1184 (1998)
3) P. Calvert, Potential applications of nanotubes, in: T. W. Ebbesen (Ed.), Carbon Nanotubes, CRC press, Boca Raton, FL, 277-292 (1999)
4) V. Favier, G. R. Canova, S. C. Shrivastava, J. Y. Cavaille, *Polym. Eng. Sci.*, **37**, 1732-1739 (1999)
5) L. Chazeau, J. Y. Cavaille, G. canova, R. Dendievel, B. Boutherin, *J. Appl. Polym. Sci.*, **71**, 1797-1808 (1999)
6) R. A. Vaia, S. Vasudevan, W. Krawiec, L. G. Scanlon, E. P. Giannelis, *Adv. Mater.*, **7**, 154-156 (1995)
7) A. Usuki, A. Koiwai, M. Y. Kawasumi, *J. Appl. Polym. Sci.*, **55**, 119 (1995)
8) G. Z. Zhang, T. Shichi, Z. W. Tong, K. Takagi, *Chem. Lett.*, 410 (2002)
9) G. Z. Zhang, T. Shichi, K. Takagi, *Mater. Lett.*, **57**, 1858 (2003)
10) G. Z. Zhang, T. Shichi, K. Takagi, *Clay. Sci.*, **12**, 177 (2003)
11) G. Z. Zhang, T. Shichi, K. Takagi, *Res. Chem. Intermed.*, **33** (1-2), 155 (2007)
12) 臼杵有光, 豊田中央研究所R&Dレビュー, **30** (4), 47 (1995)
13) A. Usuki, M. Kato, A. Okada, T. Kurauchi, *J. Appl. Polym. Sci.*, **63**, 137 (1997)
14) N. Hasegawa, H. Okamoto, M. Kawasumi, A. Usuki, *J. Appl. Polym. Sci.*, **74**, 3359 (1999)
15) N. Hasegawa, H. Okamoto, A. Usuki, *J. Appl. Polym. Sci.*, **93**, 758 (2004)
16) N. Hasegawa, A. Tsukigase, A. Usuki, *J. Appl. Polym. Sci.*, **98**, 1554 (2005)
17) K. Yano, A. Usuki, A. Okada, T. Kurauchi, O. Kamigaito, *J. Polym. Sci. A. Polym. Chem.*, **31**, 2493 (1993)
18) 透明導電性基板, 公開特許公報 (A), 特開 2009-129802 (2009)
19) 液晶パネル用ベースフィルム, 液晶パネル用機能性フィルム, 機能性フィルムの製造方法, 及び機能性フィルムの製造装置, 特許公報 (B2), 特許第4213616号 (2009)

第8章　層状有機無機ハイブリッドによるガスセンサ

伊藤敏雄[*]

1　シックハウス対策のためのガスセンサ

　シックハウス症候群は多種多様な要因で引き起こされるが，特に注目される原因は，居住環境や作業環境に滞留する揮発性有機化合物（VOC）である。建材，家具，電気製品は，接着剤のような溶剤を含む材料で構成されていたり，製造の工程で使用した溶剤が残留していたりすることでVOC発生源となる。近年は製造分野の努力により，規制物質や有害物質の使用が抑制されて代替物質が使われているが，その有害性が十分に認識されていないことがある。また，居住者が室内に持ち込んで使用する化粧品や殺虫剤等にもVOCが含まれるが，これらの有害性を充分に認識していないことが多い[1, 2]。VOC発生源の抑制がシックハウス対策に最も重要であるが，完全に無くすことは難しく，室内の換気が必要である。そこで，シックハウス対策のためのガスセンサによって室内環境のVOC濃度の可視化が可能となれば，換気など適切な処置の促進が期待できる。公定法では，吸着剤を用いて採取した室内空気をGC/MSで分析しVOC濃度を算出する。正確なVOC濃度を求めるには最も適した方法の一つであるが，その場で手軽に計測する場合，或いは，換気扇と連動するために濃度値をリアルタイムで計測することが必要な場合は，小型で安価なガスセンサが必要である。

　表1に，厚生労働省による室内濃度指針値を示す。この指針値濃度は，人間が一生涯にわたって曝露されても健康への有害な影響は受けないであろうと判断される濃度である[3]。物質によって指針値濃度は異なることから，特定のガス種の濃度を検知可能なガス種選択性が必要である。また，殆どの指針値濃度は数十ppbからそれ以下である。一般家庭に設置の都市ガス漏れ警報器や一酸化炭素を対象とした不完全燃焼警報器に搭載のセンサは，爆発下限や中毒の観点から数十ppm～数％程度の濃度を検知する。これらの警報器に搭載のセンサと比較すると，シックハウス対策の為には，ガスセンサとしてはかなり低濃度領域のガス検知を達成しなければならない。

2　有機－層状無機ハイブリッドによるガスセンサのコンセプト

　有機－層状無機ハイブリッドによるガスセンサは，広く用いられている酸化スズベースのガスセンサと同様に半導体式である。材料そのものの電気抵抗変化をモニタする方式であり，原理的

---

　[*]　Toshio Itoh　㈱産業技術総合研究所　先進製造プロセス研究部門　研究員

表1 厚生労働省が示す室内濃度指針値

VOC	室内濃度指針値（ppm）
ホルムアルデヒド	0.08
トルエン	0.07
キシレン	0.20
p-ジクロロベンゼン	0.04
エチルベンゼン	0.88
スチレン	0.05
クロルピリホス	0.00007
フタル酸ジ-n-ブチル	0.02
テトラデカン	0.04
フタル酸ジ-2-エチルヘキシル	0.0076
ダイアジノン	0.00002
アセトアルデヒド	0.03
フェノブカルブ	0.0038
総揮発性有機化合物	暫定目標値 400 μg/m^3

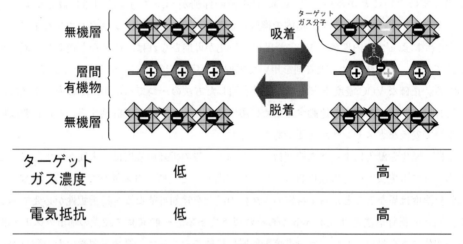

図1 層状有機無機ハイブリッドへのガス吸脱着の模式図と，ターゲットガス濃度と電気抵抗の関係

に常時モニタが可能である。ホスト材料には，半導体特性を有する層状無機化合物を用いる。図1に有機-層状無機ハイブリッドへのガス吸脱着の模式図と，ターゲットガス濃度と電気抵抗の関係を示す。有機-層状無機ハイブリッドは，アニオン性の層状無機化合物の層間にカチオン性の有機化合物がイオン交換によってインターカレートし，積層構造を形成する。見かけ上，有機物から層状無機化合物へ電子供与された状態にあるが，ターゲットガスが層間に拡散することで，その電気的バランスが変化する。層間へのターゲットガスの拡散量は，ターゲットガス濃度に依存する。電気的抵抗変化は層間へのターゲットガスの拡散量に依存する。即ち，電気的抵抗変化はターゲットガス濃度に依存することから，電気的抵抗変化のモニタでガス濃度が検知出来

第 8 章　層状有機無機ハイブリッドによるガスセンサ

る。層間へのターゲットガスの拡散性は，層間にインターカレートした有機化合物種に依存するため，層間有機物の多様化によって種々の VOC ガスに対する選択性を与えることが期待出来る。

3　層状 MoO_3

図 2 に MoO_3 層間に有機化合物をインターカレートした層状有機/MoO_3 ハイブリッドの模式図を示す。MoO_3 は n 型半導体特性を有する材料であり，層は［MoO_6］八面体ユニットの頂点と辺を共有して形成している。MoO_3 の状態ではイオン交換性を有さない。MoO_3 を次亜硫酸ナトリウム水溶液に浸漬させ，Mo^{6+} の一部を Mo^{5+} に還元させると層が負電荷を帯び，電気的中性を保つために次亜硫酸ナトリウム水溶液中に含まれる Na^+ をゲストイオンとして層間に取り込み，$[Na(H_2O)_2]_xMoO_3$ を形成する[4]。Na^+ はイオン交換可能な層間イオンである。$[Na(H_2O)_2]_xMoO_3$ をカチオン性有機物の溶液に浸漬させることで，層間の Na^+ とカチオン性有機物とのイオン交換反応によってカチオン性有機物が層間にインターカレーションされ，層状有機/MoO_3 ハイブリッドが得られる。

層状 MoO_3 は，化学蒸着法（CVD 法）により，MoO_3 膜を基板へ容易に作製出来る利点がある[5]。原料の $Mo(CO)_6$ を減圧下で酸素を流通させながら昇華させ，予め 500℃ 程度に加熱した基板を設置した反応室に流通させ，基板表面で熱分解反応により MoO_3 化させる。ガスセンサとして利用する為には，最終的なデバイスの小型化に向け，センサ素子も小型に作製することが必要である。層状有機/MoO_3 ハイブリッドでは，基板上に微細な櫛形電極を作製した後に，CVD 法で MoO_3 膜を蒸着し，インターカレーション反応等を経て層状有機/MoO_3 ハイブリッドを得る方法を採用している。CVD 法の蒸着時間で膜厚を調整することが出来る。半導体式のガスセンサは材料そのものの電気抵抗変化を読みとる方式である。層状有機/MoO_3 ハイブリッドは，電気抵抗変化の要因はターゲットガスの吸脱着だが，これが電極近傍で充分に生じる状態が望ましい。膜が厚く電気抵抗変化に殆ど影響を与えない膜表面でターゲットガスが多く消費される状態では，ガスセンサとしての感度が低下する為である。

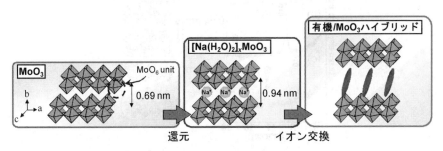

図 2　MoO_3，$[Na(H_2O)_2]MoO_3$ と，層状有機/MoO_3 ハイブリッドの模式図と，合成スキーム

MoO₃ 成膜後,基板ごと次亜硫酸ナトリウム水溶液へ浸漬,カチオン性有機物の溶液へ浸漬を経て,層状有機/MoO_3ハイブリッド薄膜を得る。なお,粉末の場合は,MoO_3粉末を次亜硫酸ナトリウム水溶液へ浸漬,その後のカチオン性有機物の溶液へ浸漬する各手順の後に,濾過もしくは遠心分離で粉末を回収する。基板上に有する薄膜の場合は,溶液へ浸漬させる工程で膜の剥がれ落ちを回避しなくてはならない。そのため,CVD 法で作製する MoO_3 薄膜は,MoO_3 層が基板に対して平行な配向膜であることが必要である。図3は,MoO_3,$[Na(H_2O)_2]_xMoO_3$と,層状有機/MoO_3 ハイブリッドの一例として poly(o-anisidine)(PoANIS)をインターカレートした $(PoANIS)_xMoO_3$ の XRD パターンである。これらの結果から分かる層間距離より,MoO_3 の $[Na(H_2O)_2]_xMoO_3$ 化,その後の層状有機/MoO_3 ハイブリッド化によって,層間が拡張する。MoO_3 薄膜が配向膜であれば,膜を構成する粒子は基板と垂直方向に拡張するため,隣接粒子間の干渉は無い。しかし,低配向性であると,層間が拡張するときに隣接粒子間で干渉し,この応力で基板から剥がれ落ちる。配向性を確保するために,MoO_3 と結晶格子定数の近い基板を用いる[6]。図4に各基板上に作製した MoO_3 膜表面の SEM 像を示す。MgO 基板上に作製した MoO_3 膜を構成する MoO_3 粒子は,基板に対して傾いて集合している様子が伺える(図4(a))。一方,MoO_3 層の平行方向に相当する a,c 軸の格子定数の平均とのミスマッチが約1%であるペロブスカイト型の $LaAlO_3$ 単結晶を基板にすると,MoO_3 粒子は基板に平行に配向する様子が伺える(図4(b))。しかしながら $LaAlO_3$ 単結晶基板は高価であり,素子の低コスト化に向けて安価な基板を用いる必要がある。この問題を解決するために,熱酸化処理を施して表層が絶縁化されたシリコン基板(以下 SiO_2/Si 基板)に,$LaAlO_3$ のバッファー層を形成した基板(以下 $LaAlO_3$/SiO_2/Si 基板)を作製し,MoO_3 膜作製基板とした(図5)。4インチの SiO_2/Si 基板に,$LaO_{1.5}$ キシレン溶液と Al_2O_3 酢酸エステル溶液を化学量論量調合した前駆体溶液をスピンコートした後,1000℃の焼成を経て $LaAlO_3$/SiO_2/Si 基板とした。この基板上に櫛形電極を作製した後,CVD 法で MoO_3 を成膜する。$LaAlO_3$/SiO_2/Si 基板に成膜した MoO_3 は,完全ではないも

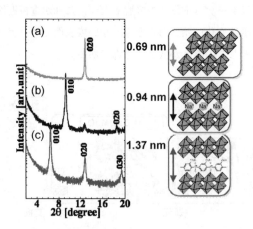

図3 (a) MoO_3,(b) $[Na(H_2O)_2]_xMoO_3$,(c) $(PoANIS)_xMoO_3$ の XRD パターンと層間距離

第 8 章　層状有機無機ハイブリッドによるガスセンサ

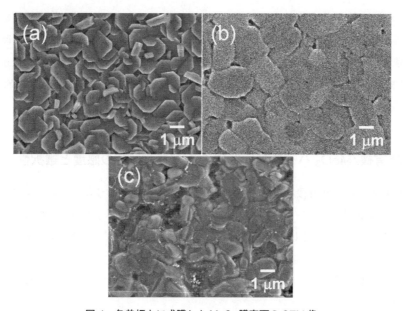

図4　各基板上に成膜した MoO_3 膜表面の SEM 像
(a) MgO 基板に成膜，(b) $LaAlO_3$ 基板に成膜，(c) $LaAlO_3/SiO_2/Si$ 基板に成膜

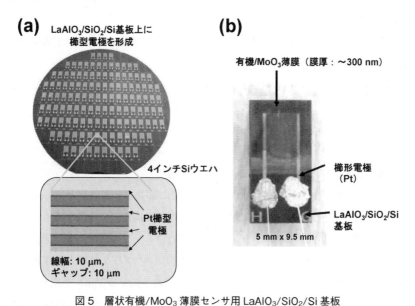

図5　層状有機/MoO_3 薄膜センサ用 $LaAlO_3/SiO_2/Si$ 基板
(a) 4 インチウエハプロセスで作製した櫛型電極付 $LaAlO_3/SiO_2/Si$ 基板，(b) 4 インチウエハを切削し，MoO_3 成膜後インターカレーションプロセスによって作製した層状有機/MoO_3 ハイブリッド薄膜素子

のの一定の粒子配向性を有する（図4（c））。LaAlO₃バッファー層がLaAlO₃単結晶基板と比較して結晶性が低いことに由来するものと考えられる。ただし，インターカレーション時における粒子の剥離を防ぐ為の一定の配向性を有していればよい。センサ応答に関しては，後述の通り，LaAlO₃単結晶基板に作製した層状有機/MoO₃ハイブリッドよりも，LaAlO₃/SiO₂/Si基板に作製したものの方が高感度であるといった利点が得られている。

4　層状有機/MoO₃ハイブリッドによるガスセンサの感度と選択性

これまでに報告の層状有機/MoO₃ハイブリッドによるガスセンサについて，層間有機物，層状有機/MoO₃の形態，各ターゲットガスに対する応答値を表2にまとめた。なお，応答値は，ターゲットガスの無い空気中における抵抗値を基準にした，ターゲットガス雰囲気下に曝したときに生じる抵抗変化量である。

これらの結果を端的にまとめると，層状有機/MoO₃ハイブリッドによるガスセンサは，以下の特徴を有する。

・ペレット[6]やLaAlO₃単結晶基板上に作製した薄膜[7]より，LaAlO₃/SiO₂/Si基板上に作製した薄膜[8, 10~13, 16]の方が，低濃度のターゲットガスを検知することが出来る（ジドデシルジメチルアンモニウムとポリスチレンの共吸着体[9]を除く）。

・特に，不純物を除去したカチオン性有機物の溶液によりインターカレーションを行ったLaAlO₃/SiO₂/Si基板に作製の薄膜[14, 15, 17, 18]は非常に高感度であり，数十～数百ppbのアルデヒド系のガスに対して応答を示す。

・特にホルムアルデヒド，アセトアルデヒドのような極性のガスに対して応答を示す。ほぼ無極性の芳香族系のガスには殆ど応答を示さない[6~9, 11~17]。

・層間有機物種によって，アセトアルデヒドよりホルムアルデヒドの方の応答値が強いとき[6~9, 14]と，ホルムアルデヒドよりアセトアルデヒドの方の応答値が強いとき[11~13, 15]がある。

4.1　センサ感度と層状有機/MoO₃ハイブリッドの形態

層状有機/MoO₃ハイブリッドの粒径は，センサ感度に影響を与える。上述の通り，センサ応答は，ターゲットガスが層間に拡散することで生じる電気抵抗変化に由来するものであり，それ故に，ターゲットガスの出入口に相当する層状積層構造のエッジの部分が多く表面に出ていることが望ましい。ペレット型のセンサは，層状有機/MoO₃ハイブリッド粉末を作製し，これを成形して作製しているが，層状ホスト材料は，市販の粒径約2μmのMoO₃を原料としている[6]。CVDによるMoO₃薄膜の作製は，原料であるMo(CO)₆の供給速度や基板温度による成膜速度の調整で粒径の制御が可能である。具体的には，MoO₃薄膜のCVDによる成膜は基板温度を500℃程度で実施するが，より低温であるほど粒径は小さくなる傾向にある。ただし，低温にし

第8章 層状有機無機ハイブリッドによるガスセンサ

表2 層状有機/MoO_3ハイブリッドによるセンサ応答

報告	層間有機物	層状有機/MoO_3の形態(基板)	ターゲットガス	応答値(%)*
6)	Polypyrrole (Ppy)	ペレット	1000 ppm ホルムアルデヒド	6.0
			1000 ppm アセトアルデヒド	2.0
			1000 ppm クロロホルム	2.0
			1000 ppm メタノール	0.8
			1000 ppm エタノール	0.7
			1000 ppm アセトン	0.2
			1000 ppm トルエン	<0.1
			1000 ppm ベンゼン	<0.1
7)	Ppy	薄膜 ($LaAlO_3$単結晶基板)	1000 ppm ホルムアルデヒド	2.9
			1000 ppm アセトアルデヒド	1.3
			1000 ppm クロロホルム	0.1
			1000 ppm メタノール	0.9
			1000 ppm エタノール	0.9
			1000 ppm アセトン	2.1
			1000 ppm トルエン	<0.1
			1000 ppm ベンゼン	<0.1
8)	Polyaniline (PANI)	薄膜 ($LaAlO_3/SiO_2/Si$基板)	50 ppm ホルムアルデヒド	8.0
			50 ppm アセトアルデヒド	3.8
			50 ppm クロロホルム	0.3
			50 ppm メタノール	0.2
			50 ppm エタノール	0.3
			50 ppm アセトン	<0.1
			50 ppm トルエン	<0.1
			50 ppm キシレン	<0.1
9)	Didodecyldimethyl-ammonium ions and polystyrene	薄膜 ($LaAlO_3$単結晶基板)	6 ppm ホルムアルデヒド	−20.0
			6 ppm アセトアルデヒド	−17.8
			6 ppm クロロホルム	<−0.1
			6 ppm メタノール	<0.1
			6 ppm エタノール	<0.1
			6 ppm アセトン	<0.1
			6 ppm トルエン	<0.1
			6 ppm キシレン	<0.1
11)	Poly(2,5-dimethylaniline) (PDMA)	薄膜 ($LaAlO_3/SiO_2/Si$基板)	10 ppm ホルムアルデヒド	3.7
			10 ppm アセトアルデヒド	4.7
			10 ppm クロロホルム	0.5
			10 ppm メタノール	<0.1
			10 ppm エタノール	<0.1
			10 ppm アセトン	<0.1
			10 ppm ベンゼン	<0.1
			10 ppm トルエン	<0.1
			10 ppm キシレン	<0.1

(つづく)

革新機能材料の開発と応用展開

表2 層状有機/MoO_3 ハイブリッドによるセンサ応答（つづき）

報告	層間有機物	層状有機/MoO_3の形態（基板）	ターゲットガス	応答値(%)*
12)	Poly(o-anisidine) (PoANIS)	薄膜 ($LaAlO_3/SiO_2/Si$ 基板)	10 ppm ホルムアルデヒド 10 ppm アセトアルデヒド 10 ppm クロロホルム 10 ppm メタノール 10 ppm エタノール 10 ppm アセトン 10 ppm ベンゼン 10 ppm トルエン 10 ppm キシレン	2.4 4.4 <0.1 0.5 0.3 <0.1 <0.1 <0.1 <0.1
13)	Poly(N-methylaniline)	薄膜 ($LaAlO_3/SiO_2/Si$ 基板)	9.1 ppm ホルムアルデヒド 9.6 ppm アセトアルデヒド	2.6 2.8
14)	PANI （インターカレーション溶液から不溶性ポリマー除去）	薄膜 ($LaAlO_3/SiO_2/Si$ 基板)	25 ppb ホルムアルデヒド 400 ppb ホルムアルデヒド 25 ppb アセトアルデヒド 400 ppb アセトアルデヒド	1.4 4.9 1.1 3.8
	PoANIS （インターカレーション溶液から不溶性ポリマー除去）	薄膜 ($LaAlO_3/SiO_2/Si$ 基板)	25 ppb ホルムアルデヒド 400 ppb ホルムアルデヒド 25 ppb アセトアルデヒド 400 ppb アセトアルデヒド	0.6 2.4 0.7 2.1
15)	Poly(5,6,7,8-tetrahydro-1-naphthylamine) (PTHNA) （インターカレーション溶液から不溶性ポリマー除去）	薄膜 ($LaAlO_3/SiO_2/Si$ 基板)	400 ppb ホルムアルデヒド 400 ppb アセトアルデヒド	0.8 4.6
16)	5,10,15,20-tetrakis(N-Methyl-4-pyridino)porphyrin (TMPyP)	薄膜 ($LaAlO_3/SiO_2/Si$ 基板)	50 ppm アセトアルデヒド	1.0
17)	PANI （インターカレーション溶液から不溶性ポリマー除去）	薄膜，エージング処理前 ($LaAlO_3/SiO_2/Si$ 基板) エージング処理後	400 ppm ホルムアルデヒド 400 ppm ホルムアルデヒド	1.0 0.5
18)	PTHNA （インターカレーション溶液から不溶性ポリマー除去，インターカレーション温度40℃）	不溶性ポリマー除去薄膜 ($LaAlO_3/SiO_2/Si$ 基板)	400 ppm ホルムアルデヒド	1.2

＊純空気中の電気抵抗値を基準とした，各ターゲットガス導入時の電気抵抗変化量。

て小粒径化するほど配向性が低下し，上述の通り，インターカレーションの工程で膜が剥がれる傾向にある。膜の剥離を防ぐ範囲内では，平均粒径約 200 nm 程度まで調整出来る[14]。また，同条件の CVD 法で作製した MoO_3 薄膜であっても，$LaAlO_3$ 単結晶基板に作製したものより $LaAlO_3/SiO_2/Si$ 基板に作製した方が粒子の配向性は低い。しかし，膜の剥離を防ぐ範囲内の配

第8章　層状有機無機ハイブリッドによるガスセンサ

向性を有している。LaAlO$_3$/SiO$_2$/Si 基板の MoO$_3$ 薄膜は平坦な膜ではないが，ターゲットガスの出入口に相当する層状積層構造のエッジの部分が多く剥き出しになっている。この違いにより，LaAlO$_3$ 単結晶基板上に作製した薄膜より，LaAlO$_3$/SiO$_2$/Si 基板上に作製した薄膜の方が，低濃度のターゲットガスを検知出来たものと考えられる。

　層状有機/MoO$_3$ ハイブリッドによるガスセンサの層間有機物は，主にポリアニリン（PANI）または PANI 誘導体が用いられる。その一方，ジドデシルジメチルアンモニウムイオンとポリスチレンを層間有機物として共吸着させた層状有機/MoO$_3$ ハイブリッドの初期特性では，他の例と比較するとかなり強い応答値を示す[9]。ただし，経時変化で層間距離が減少しセンサ感度も低下する。ジドデシルジメチルアンモニウムイオンのメチレン鎖が，分子運動によりトランス型からゴーシュ型へ変化したことが層間距離の経時変化の由来と考えられ，層間へのガスの拡散に由来するセンサ感度に影響を与えたものと考える。長期安定性の観点では，隣接ユニットと共有結合の形成により MoO$_3$ 層間における分子運動が抑制され，層間距離の経時変化が殆ど無い PANI 系が好ましいことが判明している。

　PANI 系のインターカレーション溶液は，アニリン塩酸塩またはアニリン誘導体塩酸塩の水溶液に重合開始剤を添加して重合反応を開始させ作製する。重合反応を開始させてから一定時間後に［Na(H$_2$O)$_2$］$_x$MoO$_3$ を浸漬させインターカレーション反応を行う。この重合法では，重合度の高い成分が析出し，重合度の低い成分は溶液中に溶解した状態になる。インターカレーションされる成分は，溶液に溶解している重合度の低い成分である。重合度の高い析出した成分は単独でも電気伝導性を有するだけでなく，層状有機/MoO$_3$ ハイブリッドより感度と長期安定性に劣るものの，センサ特性を有する。PANI 系をインターカレートした層状有機/MoO$_3$ ハイブリッドはアルデヒド系のガスに対して抵抗値が上昇する応答を示すのに対し，PANI 系のポリマー単独では抵抗値が減少する応答を示す。そのため，重合度の高い析出したポリマーが層状有機/MoO$_3$ ハイブリッドに混入すると感度が阻害される。析出した重合度の高い成分は層状有機/MoO$_3$ ハイブリッドに付着して残留する可能性がある。図6に，低細孔のメンブレンフィルターでろ過を数回行い，析出成分を除いたろ液を直ちにインターカレーション溶液として用い作製した層状有機/MoO$_3$ ハイブリッドのセンサ応答結果を示す（図6は PANI をインターカレートした（PANI）$_x$MoO$_3$ を例示する）。ポリマー単独の混入を防いだことで，数十〜数百 ppb のアルデヒドガスを検知するガスセンサが得られた[14〜18]。

4.2　ガス種選択性と層間有機物

　層状有機/MoO$_3$ は，層間有機物によって応答の多様性を得ることができる。特に，極性のガスに対して応答を示す傾向にあり，応答値の大きさとガス分子の分極率の傾向が一致する（表3）。センサ応答は，ターゲットガスが層間に拡散し有機層と層状無機化合物との電気的バランスの変化に由来するため，分極率の高い分子ほど与える影響が大きいものと考えられる。このような性質のため，ホルムアルデヒドやアセトアルデヒドに強く応答する。その一方，ホルムアルデ

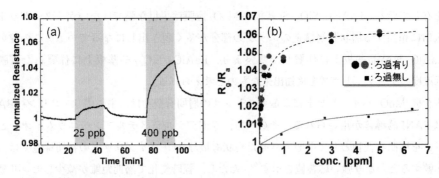

図6 (a) ホルムアルデヒドガス導入による (PANI)$_x$MoO$_3$ の抵抗変化，(b) ろ過で重合度の高い析出した成分を除いた PANI インターカレーション溶液，または，ろ過を行わなかった PANI インターカレーション溶液で作製した (PANI)$_x$MoO$_3$ の各ホルムアルデヒド濃度のガスに対する応答値

この図の応答値は，R_g/R_a（R_g：ホルムアルデヒド雰囲気下の抵抗値，R_a：純空気中の抵抗値）で表記。表2と同じ表記にするには，$(R_g/R_a-1)\times 100$ ［%］となる。

表3 ターゲットガス分子の分極率

ターゲットガス	双極子モーメント μ
ホルムアルデヒド	2.165
アセトアルデヒド	2.336
クロロホルム	1.394
メタノール	1.477
エタノール	1.401
アセトン	2.481
トルエン	0.051
キシレン	0.063

ヒドやアセトアルデヒドと同等の分極率を示すアセトンに対しては，1000 ppm のような高濃度では応答を示すものの，数十 ppm 以下になると殆ど応答を示さない。ポリピロール（Ppy），PANI 系をインターカレートした層状有機/MoO$_3$ ハイブリッドの層間距離は 1.31～1.37 nm である。インターカレーション前の MoO$_3$ の層間距離は 0.69 nm のため，層間隙に相当する有機化合物層は 0.62～0.68 nm である。アセトン分子は層間隙と同等または大きいサイズであることから，層間への拡散が出来ずセンサ応答が示されないものと考えられる。数十 ppm 以下の低濃度では確実に層間隙にガスが拡散可能な設計とすることが重要とみられる。

ホルムアルデヒド，アセトアルデヒドに対する応答選択性は，層間有機物とガス分子との親和性によって生じるものと考えられる。これを論じる概念として，溶解パラメータという指標がある。溶解パラメータは，ポリマーが溶媒に対する溶解性を示す指標で，双方の溶解パラメータ値が一致すると溶解性が増大する[19]。溶媒に該当する物質がターゲットガス種であり，層間有機物がポリマーであることから，層間有機物へのターゲットガスの拡散性を示す指標として用いることが出来る[20]。表4に，各種層間有機物とアセトアルデヒドの溶解パラメータを示す。ホル

第 8 章　層状有機無機ハイブリッドによるガスセンサ

表 4　溶解パラメータ

層間有機物またはターゲットガス	溶解パラメータ $[(MPa)^{1/2}]$
Ppy	13.4 [11]
PANI	19.1 [11]
PDMA	21.0 [11]
PoANIS	20.5 [12]
PTHNA	20.3 [15]
アセトアルデヒド	21.1 [21]

ムアルデヒドよりアセトアルデヒドに強く応答を示す層状有機/MoO_3ハイブリッドの層間有機物はPDMA[11]，PoANIS[12]，PTHNA[15]であるが，これらはアセトアルデヒドとほぼ同一の溶解パラメータ値を有しており，アセトアルデヒドが層間隙に拡散しやすい状態にあると考えられる。ホルムアルデヒドの溶解パラメータ値は報告されていないものの，これらPDMA，PoANIS，PTHNAの溶解パラメータ値とは異なる値を有するものと考えられる。

5　おわりに

層状有機無機ハイブリッドによるガスセンサは，VOCガスを高感度かつ選択的に検知することができる。特にアルデヒド系のガスに対して高感度であるが，ホストの無機材料とゲストの有機材料は多種多様な組み合わせが考えられる。本稿では，ターゲットガスの分極率，無機層状ホストの層間距離，有機材料の溶解パラメータ等による検知特性を取りまとめたが，その他のガスに対しても感度を有する新たな特徴を有するガスセンサの開発が期待される。

文　献

1) 大澤元毅，三田村輝章，三浦尚志，桑沢保夫，空気調和・衛生工学会学術講演会講演論文集，1217（2006）
2) 三田村輝章，大澤元毅，三浦尚志，桑沢保夫，香川治美，尾崎明仁，空気調和・衛生工学会学術講演会講演論文集，473（2007）
3) 厚生労働省ホームページ（http://www.mhlw.go.jp/houdou/2002/02/h0208-3.html）
4) D. M. Thomas, E. M. McCarron III, *Mater. Res. Bull.*, **21**, 945 (1986)
5) T. Ivanova, A. Szekeres, M. Gartner, D. Gogova, K. Gesheva, *Electrochim. Acta*, **46**, 2215 (2001); T. Ivanova, A. Szekeres, K. Gesheva, *Mater. Lett.*, **53**, 250 (2002)
6) I. Matsubara, K. Hosono, N. Murayama, W. Shin, N. Izu, *Bull. Chem. Soc. Jpn.*, **77**, 1231 (2004)
7) K. Hosono, I. Matsubara, N. Murayama, W. Shin, N. Izu, *Chem. Mater.*, **17**, 349

(2005)
8) J. Wang, I. Matsubara, N. Murayama, W. Shin, N. Izu, *Thin Solid Films*, **514**, 329 (2006)
9) J. Wang, T. Itoh, I. Matsubara, N. Murayama, W. Shin, N. Izu, *IEEJ Trans. SM.*, **126**, 548 (2006)
10) T. Itoh, I. Matsubara, W. Shin, N. Izu, *Thin Solid Films*, **515**, 2709 (2006)
11) T. Itoh, I. Matsubara, W. Shin, N. Izu, *Chem. Lett.*, **36**, 100 (2007)
12) T. Itoh, I. Matsubara, W. Shin, N. Izu, *Bull. Chem. Soc. Jpn.*, **80**, 1011 (2007)
13) T. Itoh, I. Matsubara, W. Shin, N. Izu, *Mater. Lett.*, **67**, 4031 (2007)
14) T. Itoh, I. Matsubara, W. Shin, N. Izu, M. Nishibori, *Sens. Actuators B Chem.*, **128**, 512 (2008)
15) T. Itoh, I. Matsubara, W. Shin, N. Izu, M. Nishibori, *J. Ceram. Soc. Jpn.*, **115**, 742 (2007)
16) T. Itoh, J. Wang, I. Matsubara, W. Shin, N. Izu, M. Nishibori, N. Murayama, *Mater. Lett.*, **62**, 3021 (2008)
17) T. Itoh, I. Matsubara, W. Shin, N. Izu, M. Nishibori, *Bull. Chem. Soc. Jpn.*, **81**, 1331 (2008)
18) T. Itoh, I. Matsubara, W. Shin, N. Izu, M. Nishibori, *J. Ceram. Soc. Jpn.*, **118**, 171 (2010)
19) (a) P. A. Small, *J. Appl. Chem.* **3**, 71 (1953); (b) K. L. Hoy, *J. Paint Technol.*, **42**, 76 (1970)
20) 南戸秀仁, 化学センサ, **17**, 99 (2001)
21) J. Brandrup, E. H. Immergut, in "Polymer Handbook, 3rd ed.", pp.519-559, John Wiley & Sons (1989)

第9章　錯体−層状無機ハイブリッドによる酸素センサー

佐藤久子*

1　はじめに

酸素センサーは，環境分析，医療分析あるいはロケットの噴射ガス分析などの航空宇宙分野などへの応用のために，盛んに研究が行われている[1]。気体センサーには，高い量子収率，長寿命，高選択性，高感度，時間応答性が速いことなどが要求される。また，低価格や微小サイズなども要求項目となる。一般にセンサーデバイスとして用いるためには，固体上に固定することが必要であり，機械的な堅固さも要求される。したがって，ここで取り上げる酸素センサーへの応用をめざすためには，固体上に有機プローブを固定化する技術の開発も不可欠である[1~4]。

有機プローブとしては主に有機光増感剤が用いられて来た。しかし最近，発光性の金属錯体に注目が集まっている。発光性金属錯体には有機化合物には見られない種々の特徴がある[4~6]。例えば，従来用いられてきた発光材料の多くは蛍光材料であり短寿命の励起一重項状態から発光する。それに対して，Ru(II) あるいは Os(II)ポリピリジル錯体，シクロメタレート型配位子をもつイリジウム(III)錯体などは，励起三重項状態から発光（りん光）を発する。そのため励起寿命が長く，高い量子収率を示すために良い発光材料となり得る[5~14]。さらに，励起三重項状態からのりん光であることから，同じ三重項状態にある酸素分子によって高効率の消光が観測されるという特質がある。これらのことから，発光性の金属錯体は酸素のプローブとして有望な材料といえる。

これまで，酸素センサーへの発光性金属錯体の適用としては，ポリマーへの埋め込みによる研究が報告されている[2]。また，最近は，レアアース材料である金属をなるべく少なく使用し，ナノメーターオーダーの膜にする技術も研究されるようになってきた[7~11]。

一方，層状無機化合物である粘土鉱物は，層間に有機色素や金属錯体をイオン交換によって吸着することができる。発光スペクトルが環境に敏感なことを利用して，粘土面あるいは粘土層間に吸着した発光性金属錯体を利用することが広く行われて来た[4]。特に最近，高発光性の陽イオン性イリジウム(III)錯体（Ir(III)錯体と略記）と粘土鉱物とのハイブリッド化が注目されている。ここでは，Ir(III)錯体と層状無機物質（粘土鉱物）とのハイブリッド化膜による酸素センサーに焦点を合わせて，この分野における最近の研究報告例を紹介する。

---

*　Hisako Sato　愛媛大学　大学院理工学研究科　理学系　教授

2　Ir(III)錯体の発光機構

Ir(III)錯体の代表的な例としては，[Ir(III)(ppy)$_3$](ppyH = 2-phenylpyridine)（図1）が挙げられる。図2に示すように，[Ir(III)(ppy)$_3$]の発光遷移は ^{3}MLCT（Metal to Ligand Charge Transfer）と，^{3}LC（Ligand-centered Transition）から帰属されており，イリジウムの重原子効果による項間交差の促進により励起三重項状態からよく発光して高い量子収率（0.3〜1.0）を示す[5〜6]。また，トリスキレート型イリジウム錯体は配位構造の異なる *facial*（*fac*）と *meridional*（*mer*）の異性体が存在し選択的な合成が可能である。さらに，八面体型錯体に特有の ΔΛ不斉による光学異性体に関係した立体化学にも興味が持たれている[10, 14]。

3　Ir(III)錯体と粘土鉱物とのハイブリッド化によるセンサー

我々は，陽イオン性のIr(III)錯体（[Ir(III)(ppy)$_2$(dmbpy)]PF$_6$）(dmbpy = 4,4'-dimethyl-2,2'-bipyridine)（図3）を合成し，この分子がコロイド状粘土鉱物に吸着した場合の発光特性，およびそれを用いたイオンセンシングの研究を行なった[13]。モンモリロナイト（(Na$_{0.49}$Mg$_{0.14}$)[(Si$_{7.70}$Al$_{0.30}$)(Al$_{3.12}$Mg$_{0.68}$Fe$_{0.19}$)]O$_{20}$(OH)$_4$）粘土を用いた場合には，Feイオンの影響でIr(III)錯体が粘土粒子に吸着することで発光強度が減少することがわかった。ところが水溶液中にNa$^+$，K$^+$，Li$^+$，Rb$^+$，Ca^{2+}，Cs$^+$などのイオンが存在すると，発光強度が再び増大してゆく

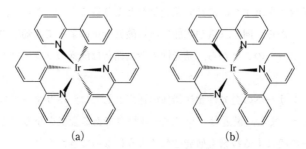

図1　(a)　Δ-*fac*-[Ir(III)(ppy)$_3$]　(b)　Δ-*mer*-[Ir(III)(ppy)$_3$]
(ppyH = 2-phenylpyridine)

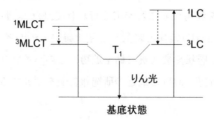

図2　Ir(III)錯体のりん光発光過程

第9章 錯体−層状無機ハイブリッドによる酸素センサー

ことがわかった。また注目すべきことに，その増大の程度は共存する金属イオンによって大きく影響されることを見出した。これはイオンの水和に影響しており，アルカリ土類金属イオンはアルカリ金属イオンよりもより効果的であり，10^{-6} M 濃度を感知できることがわかった。我々の知る限りにおいて，これは Ir(III) 錯体と粘土鉱物との複合化に関する始めての研究例である。

また，図3の Ir(III) 錯体と粘土鉱物とのハイブリッド化によってキラル分子を識別する可能性についても検討した [14]。粘土鉱物としては合成サポナイト（$(Na_{0.77})[(Si_{7.20}Al_{0.80})(Mg_{5.97}Al_{0.03})]O_{20}(OH)_4$）を用いた。均一な水溶液中では，Ir(III) 錯体の発光は低く抑えられるのに対して，コロイド状サポナイトに吸着すると発光が回復すること，さらに酸素分子による消光作用も起こらなくなることを見出した。これは粘土粒子近傍での水分子が消光能を失い，酸素分子が吸着錯体に近づけなくなったためと考えられた。次に消光作用のある錯体 [Ru(III)(acac)$_3$]（Ru(III) と略記）（図4）が水中に共存したときの発光スペクトルへの影響を調べた。Stern-Volmer プロットから，Ru(III) 錯体による消光作用においてエナンチオマー選択性があることがわかった。すなわち，消光作用は Δ-Ir(III)/Δ-Ru(III) 対の方が Δ-Ir(III)/Λ-Ru(III) 対よりも約 1.3 倍程度大きかった。一方，Ir(III) 錯体と Ru(III) 錯体の両方を含む均一溶媒

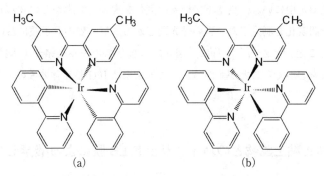

図3 (a) Δ-[Ir(III)(ppy)$_2$(dmbpy)]$^+$ (b) Λ-[Ir(III)(ppy)$_2$(dmbpy)]$^+$
(ppyH = 2-phenylpyridine and dmbpy = 4,4'-dimethyl-2,2'-bipyridine)

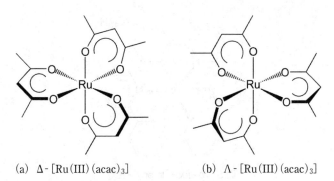

(a) Δ-[Ru(III)(acac)$_3$]　　　(b) Λ-[Ru(III)(acac)$_3$]

図4 検出するキラル分子

中では，このような消光作用における立体選択性は見出されなかった。言い換えれば，立体選択性の発現には粘土への吸着が不可欠である。これは，粘土鉱物（合成サポナイト）との複合化によって Ir(III) 錯体の向きが固定され，消光剤の接近する方向が限定されたためであると推定された。

4 Ir(III)錯体の Langmuir-Blodgett 膜による気体センサー

我々はセンシングの感度と選択性の向上をめざして，ナノメータースケールの厚さを持った超薄膜の製造のために，Ir(III) 錯体のみからなる Langmuir-Blodgett 膜（LB 膜）の研究を行った[10]。そのために両親媒性で中性の Ir(III) 錯体を合成した。合成の過程で，付随したアルキル基の本数が異なる 4 種の錯体（fac-[Ir(III)(ppy)$_{3-n}$L$_n$]（n=0〜3，L=2-(3-octadecyloxyphenyl)pyridine））のすべてが単一の反応によって得られることを見出した。これは，両親媒性 Ir(III) 錯体を得る方法として有用な合成経路と考えられる。4 種の錯体はすべて光学分割され，純粋な形での Δ, Λ 体を得ることができた。次にこれら 4 種の錯体の LB 膜を製造し，気体との相互作用を比較した。LB 膜は，純水上に形成したラングミュア膜を疎水性石英基板上に移行して作製した。LB 膜中で分子は，疎水基を空気側に，親水基を水側に向けた規則配列を成している。得られた LB 膜修飾基板を石英セル中にいれ，真空下で種々の気体を導入して膜からのりん光スペクトルおよびりん光強度の時間変化を測定した。膜の発光測定から，単一層の分子膜においても十分に強い発光が発せられることがわかった。特に，図 5 に示したアルキル長鎖が 1 本鎖の Ir(III) 錯体の場合に最も安定な膜をつくることがわかった。この結果は Ir(III) 錯体のみの LB 膜としてはじめての報告である。

5 Ir(III)錯体と粘土鉱物とのハイブリッド LB 膜による酸素センサー

実用化に向けた気体センシング膜製造のためには，堅固で再現性の良い膜を製造する技術を確

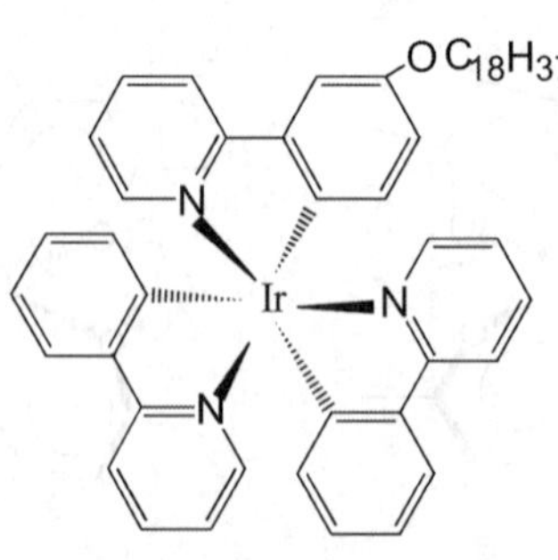

図 5　Δ-fac-[Ir(ppy)$_2$(L)]
(L=2-(3-octadecyloxyphenyl)pyridine)

第9章 錯体-層状無機ハイブリッドによる酸素センサー

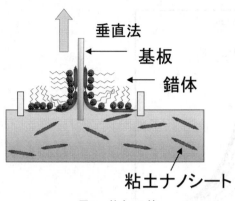

図6 粘土LB法

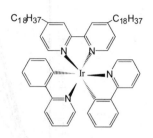

図7 Δ-[Ir(III)(ppy)$_2$(dc18bpy)]$^+$
(ppyH = 2-phenylpyridine, dc18bpy = 4,4'-dioctadecyl-2,2'-bipyridine)

立することが不可欠である。我々はそのため，粘土LB法（図6）を用いた有機・無機ハイブリッド膜の製造を進めている[11]。最近，イリジウム錯体と無機物質とのハイブリッドLB膜の報告がされるようになってきた[7,8]。ハイブリッド化によるエネルギー移動や多重発光性などの研究がされている。

我々はハイブリッド薄膜化のために両親媒性の陽イオン性Ir(III)錯体[Ir(III)(ppy)$_2$(dc18bpy)]ClO$_4$（dc18bpy = 4,4'-dioctadecyl-2,2'-bipyridine）（図7）を合成した。これを用いて剥離した粘土鉱物（合成サポナイト（(Na$_{0.77}$)[(Si$_{7.20}$Al$_{0.80}$)(Mg$_{5.97}$Al$_{0.03}$)]O$_{20}$(OH)$_4$）），モンモリロナイト（(Na$_{0.49}$Mg$_{0.14}$)[(Si$_{7.70}$Al$_{0.30}$)(Al$_{3.12}$Mg$_{0.68}$Fe$_{0.19}$)]O$_{20}$(OH)$_4$），合成ヘクトライト（(Na$_{0.70}$)[(Si$_{8.00}$)(Mg$_{3.50}$Li$_{0.30}$)]O$_{20}$(OH)$_4$）とのハイブリッドLB膜を製造した。下層に各種粘土の分散液を用いるとπ-A曲線において純水の場合と比べて立ち上がり面積や崩壊圧に違いが見られた。このことにより，気液界面において粘土・金属錯体ハイブリッドLB膜が形成されていることがわかった。単一層の膜からも十分に測定可能な強度のりん光が発せられた。水面上に浮遊する膜を親水性ガラス基板上に垂直法によって移行しLB膜を製造した。原子間力顕微鏡でガラス基板上に移行したLB膜表面を観察したところ，膜厚2～6nmの均一な膜が形成されていることがわかった。特に，モンモリロナイトとのハイブリッド化において，全面を平らなモンモリロナイトで覆われ，厚さ2nmの均一な膜を得ることができた。モンモリロナイトが1nmの厚さなので，Ir(III)錯体は1nmであると見積もられた。そのことからIr(III)錯体はアルキル基を傾けて吸着していると推定される。

このLB膜から発する発光スペクトルを励起波長430nmで真空条件で測定した。その結果，純水上から得られた金属錯体膜と比べて，粘土・金属錯体ハイブリッド膜の発光波長は下層に含ませる粘土鉱物の濃度に依存して発光のピーク位置が異なることがわかった。また，気相中の酸素の導入・排気に対応して発光の迅速かつ可逆的な強度変化が起こることがわかった。図8に合成サポナイトとのハイブリッドLB膜における酸素分圧によるりん光強度を示した。合成サポナイトとのハイブリッドLB膜においては，酸素による消光効率は分圧が30kPaに達するまで増

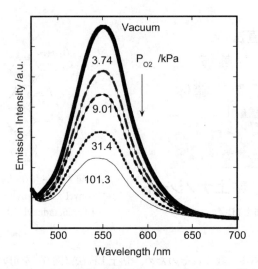

図8 合成サポナイトとイリジウム錯体（図7）とのハイブリッドLB膜による酸素センシング
膜からの発光に及ぼす酸素分圧の影響を示す。励起波長430nm

加していき，その後は分圧を増加させてもほぼ飽和してゆくことがわかった。Stern-Volmerプロットで示されるこの非線形現象は酸素消光に異なる状態が存在することが示唆され，Two-siteモデルで解析できることがわかった。3種類の粘土鉱物とのハイブリッド化の中では，合成サポナイトとのハイブリッドLB膜が最も酸素分子に関して感度が良いことがわかった。過渡解析の結果，ハイブリッドLB膜の寿命は2個の指数関数の和で表すことができ，錯体は膜上で2つの吸着状態にあることが示唆された。酸素中では真空中と比べて寿命が短くなることが確かめられた。また，寿命は合成サポナイトとのハイブリッドLB膜＞合成ヘクトライトとのハイブリッドLB膜＞モンモリロナイトとのハイブリッドLB膜の順番であることがわかった。

上記のハイブリッドLB膜と粘土を含まない錯体だけのLB膜と比較すると，酸素による消光効果は粘土とのハイブリッド化によって大きく増大した。比較のためにIr(III)錯体と粘土鉱物とのイオン交換体をキャストした膜を製造し，酸素応答を調べた。その結果，酸素の導入・排気に対応した発光強度変化はLB膜のような可逆性を示さなかった。このことより，ナノメータースケールの厚さのハイブリッドLB膜がより有効な酸素センサーになることがわかった。

6　まとめ

本報告ではシクロメタレート型イリジウム錯体を中心に層状無機物質（粘土鉱物：合成サポナイト，モンモリロナイト，合成ヘクトライト）とのハイブリッド化，特にLangmuir-Blodgett膜に関しての動向をまとめた。最近，両親媒性イリジウム錯体は単一膜でも十分高い発光性を示すことがわかってきた。貴重なレアアース物質イリジウム金属を，LB膜にすることによって用いる錯体の量を少なくできることも大きな特徴である。また，ナノメートルオーダーの膜である

第9章 錯体−層状無機ハイブリッドによる酸素センサー

ことから，短時間の迅速応答性が示され，酸素など気体センサーとして有望な材料となり得ることが示されてきた。さらに，陽イオン性のIr(III)錯体をコロイド状粘土鉱物とのハイブリッド化においては，合成サポナイトとのハイブリッド化の場合にはりん光強度の増大がおきる。また，モンモリロナイトとのハイブリッド化においては，微量の陽イオンセンシングができることも示されている。中性のイリジウム錯体，陽イオン性イリジウム錯体どちらも光学分割ができることが報告され，光キラルセンシングの可能性も示された。今後，多種類の気体を単一膜で同時にセンシングできれば，新規な応用技術として，多方面への展開が期待される。

謝辞

独立行政法人物質材料研究機構 田村堅志主任研究員，愛媛大学大学院理工学研究科 小原敬士准教授，長岡伸一教授，北海道大学大学院理学研究科 加藤昌子教授，東邦大学 山岸晧彦訪問教授に感謝いたします。

文　　献

1) J. N, Demas, B. A. DeGraft and P. B. Coleman, *Anal. Chem.* News & Features, 793A (1999)
2) K. K.-W. Lo, S. P.-Y. Li and K. Y. Zhnag, *New. J. Chem.*, **35**, 265 (2011)
3) V. Balzani, A. Juris and M. Venturi, *Chem. Rev.*, **96**, 759 (1996)
4) H. Sato and A. Yamagishi, *J. Photochem. Photobiol. C; Photochem. Rev.*, **8**, 67 (2007)
5) C. Ulbricht, B. Beyer, C. Friebe, A. Winter and U.S. Schubert, *Adv. Mater.*, **21**, 1 (2009)
6) C. Rothe, C. J. Chiang, V. Jankus, K. Abdullah, X. Zeng, R. Jitchati, A. S. Batsanov, M. R. Bryce and A. P. Monkman. *Adv. Func. Mater.*, **19**, 2038 (2009)
7) M. Clemente-León, E. Coronado, Á López-Muñoz, D. Repetto, T. Ito, T. Konya, T. Yamase, E. C. Constable, C. E. Houseroft, K. Doyle and S. Graber, *Langmuir*, **26**, 1316 (2010)
8) H. J. Bolink, E. Baranoff, M. Clemente-León, E. Coronado, N. Lardiés, Á López-Muñoz, D. Repetto and Md. K. Nazeeruddin, *Langmuir*, **26**, 11461 (2010)
9) C. Roldán-Carmona, A. M. González-Delgado, A. Guerrero-Martínez, L. De Cola, J. J. Giner-Casares, M. Pérez-Morales, M. T. Martín-Romero and L. Camacho, *Phys. Chem. Phys. Chem.*, **13**, 2834 (2011)
10) H. Sato, K. Tamura, M. Taniguchi and A. Yamagishi, *New. J. Chem.*, **34**, 617 (2010)
11) H. Sato, K. Tamura, K. Ohara, S.-I. Nagaoka and A. Yamagishi, *New. J. Chem.*, **35**, 394 (2011)
12) M. Ashizawa, L. Yang, K. Kobayashi, H. Sato, A. Yamagishi, F. Okuda, T. Harada, R. Kuroda and M. Haga, *Dalton Trans.*, 1700 (2009)
13) H. Sato, K. Tamura, M. Taniguchi and A. Yamagishi, *Chem. Lett.*, **38**, 14 (2009)
14) H. Sato, K. Tamura, R. Aoki, M. Kato and A. Yamagishi, *Chem. Lett.*, **40**, 63 (2011)

【第Ⅲ編　層状化合物材料】

第10章　層状無機化合物の形態

内藤翔太[*1]，小川　誠[*2]

1　緒言

　層状結晶へのインターカレーションを利用して様々な機能材料が設計されている[1,2]。『千の用途を持つ素材』とよばれるほどの多彩な機能を有するスメクタイト族の粘土鉱物を使った研究に触発され，またはヒントをえて，更には構造／組成の異なる様々な層状結晶の基本的特性を有効利用して，きわめて多様な機能材料が実現している[3]。機能を精密に制御するために，固体試料の粒子形状設計や組織化は重要な課題であり，また用途によっては特定の粒子形状やサイズ，更にはそれらの集積／組織化が必要条件であることもある。天然のスメクタイト族粘土鉱物では産地によって，スメクタイト類似の構造を持つ合成物では合成条件によって，粒子サイズ及ぶサイズ分布は異なる。一般にスメクタイトは非常に大きな粒径分布を持ち，また微粒子であることが多く，その膨潤性からも粒子形状とサイズの特定は難しく，それらと機能との相関に関する定量的な議論はほとんど行われていないが，用途によっては粒径を根拠とした使い分け（分散液や膜の透明性，分散安定性）が行われている。より定量的な議論を行うために，また機能の精密制御のために粒子形状を制御した合成には大きな期待がある。これはスメクタイトや類縁化合物に限ったことではなく，あらゆる粉体材料一般的な課題である。層状物質に限って言えば，単結晶や均質な薄膜が合成可能なもの（ある種の遷移金属酸素酸塩や遷移金属オキシハロゲン化物，カルコゲン化物など）がある一方で，もっぱら微粉体として合成されるものもある。本稿では機能設計が期待されている層状結晶のうち，もっとも多彩な形態設計が行われている層状複水酸化物を取り上げ，合成における工夫とその結果実現している形態的特徴について紹介する[4]。層状複水酸化物（以下LDHと略）は二価の陽イオンと三価の陽イオンからなる層状物質（以下本稿では二価（たとえばMg^{2+}），三価イオン（たとえばAl^{3+}）の組み合わせでMg-Al-LDHの様に表記する）で，水酸化物層が正に帯電しているため，陰イオンが電荷の補償のために層間に存在している（図1）。陰イオン交換能を持ち，吸着剤や触媒，ドラッグデリバリーの担体などに利用されている[5]。層状複水酸化物は水溶液からの沈殿反応で形成するので，その合成には実験室レベルで様々な工夫が可能である。

---

*1　Shota Naito　早稲田大学　大学院創造理工学研究科
*2　Makoto Ogawa　早稲田大学　大学院創造理工学研究科　教授，教育学部　教授

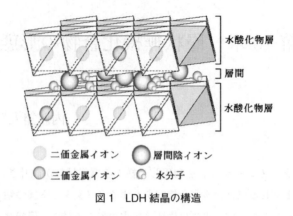

○ 二価金属イオン ○ 層間陰イオン
○ 三価金属イオン ○ 水分子

図1　LDH結晶の構造

2　層状複水酸化物の合成

2.1　共沈法

　金属塩を含む水溶液に塩基を加え合成する方法（共沈法）は，LDHの合成にもっとも広く利用されている。塩基性水溶液を金属塩水溶液に滴下することで起こるpHの上昇を利用して，LDHを沈殿させるIncrease pH methodと，金属塩を含んだ水溶液を，pHが一定な塩基性水溶液に滴下するConstant pH methodがある。これらの方法で様々な組成の炭酸型LDHが合成可能であり，同様な沈殿反応を脱炭酸した水溶液中で反応を行うことで層間陰イオンを他の陰イオンに変えることができる[6]。凝集の抑制，結晶性向上のために，水熱処理を行うこともある。最近合成条件によるNi-Al-LDHの形態の違いを比較した研究があり[7]，Constant pH method，Increase pH methodではそれぞれ10nm程の凝集した粒子が得られ，水熱処理後はオストワルト熟成の効果で結晶成長が進み粒径30nm，180nm程と大きくなっている。また尿素の加水分解を用いたものでは，80nm程の粒子が得られている（図2）。

　マイクロ波を照射することで，LDHの合成時間を短縮したという報告や[8]，結晶性が高くなるという例が報告されている[9]。これはマイクロ波の照射によって急激に加熱され，成長が短時間で起こることによるとされている。組成，反応時間，合成方法の違いによって形成するLDHのサイズ，表面積などを比較した研究がある一方で[10]，後処理にマイクロ波照射を利用し，層間にカルボン酸をインターカレートしたLDHにマイクロ波を照射し水熱処理をすることで粒径のそろった結晶性の良い沈殿を得た研究がある[11]。マイクロ波の照射による水熱処理に対してテレフタル酸をインターカレートしたLDHは安定であるが，シュウ酸をインターカレートしたLDHは不安定であり照射によってアルミニウムイオンが溶けだすことが報告されている[12]。

　超音波の照射下で合成すると，表面積が大きなLDHが得られたという報告がある[13]。エチレングリコールを含んだ原料水溶液に超音波を照射しながら合成することでBET表面積160m^2/gのLDHを大量合成し，消火剤としての利用や[14]，BET表面積220m^2/gのLDHを合成し染料の吸着に使用した研究がある[15]。

第10章　層状無機化合物の形態

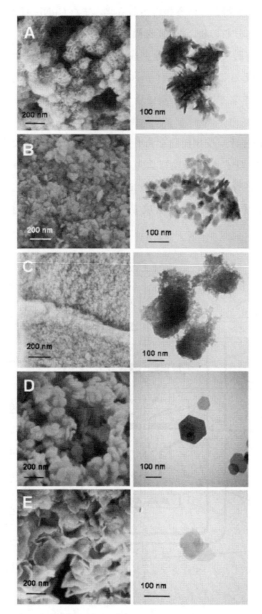

図2　合成条件による Ni-Al-LDH の形態の違い
　　　左 SEM/右 TEM
(A) Constant pH method, (B) Constant pH method-水熱処理, (C) Increased pH method,
(D) Increased pH method-水熱処理, (E) 尿素の加水分解
A Faour *et al.*, *J. Phys. Chem. Solids*, **71**, 487 (2010)

コロイドミルを利用して急速な核生成を行い，熟成のプロセスと分けることで，粒径分布の狭い，数十 nm サイズの結晶を得たという報告がある[16]。また CuNi-Al-LDH の合成にコロイドミルを利用することで，粒径分布の狭い LDH を得た報告もある[17]。

図3に示すような反応容器により核生成と熟成のプロセスを分け，ポリエチレングリコールを添加して粒子の凝集を抑えることで，数十 nm の粒径がそろった LDH を kg オーダーで大量合成した例がある[18]。この作業では濃度が濃い場合や，回転数の増加によって，さらに粒径の小さい LDH が得られている。

最近我々は OH^- 型の陰イオン交換樹脂を利用して，LDH の原料となる金属塩水溶液のアニオン（Cl^-）と樹脂の OH^- のイオン交換により pH が上昇し LDH が形成することを報告した[19]。この反応は室温で進行し，粒径数十 nm で，比較的粒径のそろった LDH が得られる（図4）。この方法は室温かつ短時間で LDH が合成でき，原料水溶液と樹脂を混ぜて振とうする簡単

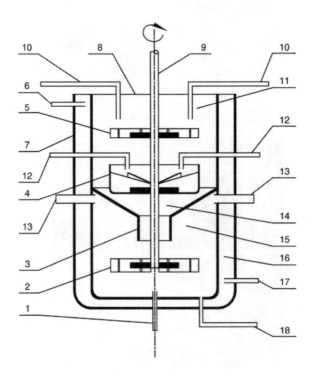

1. gas intake, 2. agitator, 3. exit of reaction chamber I, 4. scattering groove, 5. impeller mixer, 6. exit of heat exchange chamber, 7. reactor shell, 8. reactor lid, 9. drive link, 10. feeding hole I, 11. reaction chamber I, 12. feeding hole II, 13. discharge hole I, 14. funnel-shaped reaction chamber inclined wall, 15. reaction chamber II, 16. heat exchange chamber, 17. entrance of heat exchange chamber, and 18. discharge hole II.

図3　キログラムスケールの大量合成に用いた反応容器の構造図
Y. J. Liu *et al., Powder Technol.,* **201**, 301（2010）

第10章　層状無機化合物の形態

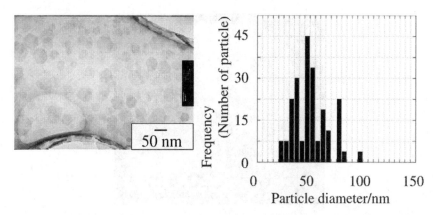

図4　イオン交換樹脂を用いたpH制御により合成したMg-Al-LDHのTEM像と粒径分布
K. Nitoh et al., Chem. Lett., **39**, 1018 (2010)

な作業で容易に行える。合成に使ったイオン交換樹脂はふるいで簡単に回収でき使用後の樹脂はOH$^-$型に再生可能であり，再利用できる。

以上の例からわかるように，共沈法では様々な工夫が可能であり，合成のスケールアップや沈殿の均質化，副生成物の抑制など，形態設計以外にも課題が多いLDHの合成に今後も新たな工夫が施されながら利用されていくものと思われる。

2.2　均一沈殿法

あらかじめ原料水溶液に溶解した尿素を加熱により加水分解してpHを上昇させる方法（均一沈殿法）もLDHの合成に有効な方法である。この方法で比較的大きい粒子が得られ，粒径25μmのMg-Al-LDHや[20]，50μm程のCo-Al-LDH（図5）を合成した報告がある[21]。尿素の加水分解速度は温度によって変わり，温度が高いほど分解が速くなる[22]。よって温度を変えることで粒径の異なったLDHの合成が可能である。尿素の加水分解をグリセロール水溶液中で行い，50℃，150日間という長時間の反応で図6に示すようにきわめて粒径のそろったLDHをえた例もある[23]。

ヘキサメチレンテトラミンは加水分解によってアンモニアとホルムアルデヒドを生じ，水溶液のpHが上昇するため，尿素と同様にLDH合成に使われ，数μm程度の比較的粒径のそろったLDHが合成された。ホルムアルデヒドが酸化し炭酸イオンを生じるため生成物は炭酸型LDHとなる[24]。この反応を80℃で行うことで硝酸型LDH[25]を，脂肪族カルボン酸塩を加えて反応させることで脂肪族カルボン酸をインターカレートしたLDHを合成できる[26]。

2.3　出発物質の工夫

金属マグネシウム，アルミニウムをそれぞれイオン交換水の入っている容器に入れ，レーザー照射を行い，その後両者を混ぜることによってLDHの合成を行った報告がある[27]。レーザー照

図5 尿素の加水分解を用いて合成した 20μm 程の Co-Al-LDH の SEM 像
M. Kayano *et al., Clays Clay Miner.*, **54**, 382（2006）

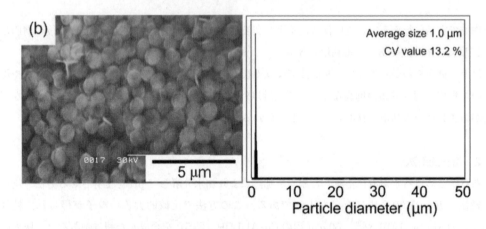

図6 グリセロール水溶液中で尿素の加水分解を用いて合成した粒径の均一な Co-Al-LDH の SEM 像とそこから得た粒径分布
Y. Arai *et al., Appl. Clay Sci.*, **42**, 601（2009）

射によって金属表面が加熱され，イオン化し，これを混ぜ合わせることによって LDH が形成する。マグネシウムに照射する時間を変えることで，形成する LDH の Mg/Al 比を変えることができ，照射時間が長いほど Mg の割合が大きいものがえられた。

マグネシウムエトキシドとアルミニウム sec-ブトキシドもしくはアルミニウムアセチルアセトナートを，塩酸の含んだ有機溶媒に入れアンモニア水で pH を一定にすることで Mg-Al-LDH を合成した研究がある[28]。またゾル—ゲル法で合成した Ni-Al-LDH と Mg-Al-LDH を共沈法で合成した LDH と比較しゾル—ゲル法合成 LDH の方が表面積が 15〜20％大きいという報告がある[29]。

原料の違いによる層間イオンと金属イオン組成の違いによって合成した LDH の形態を比較している研究もある[30]。またゾル—ゲル法で合成した LDH とさらに水熱処理した LDH を共沈法

第10章　層状無機化合物の形態

で合成したLDHや水熱処理したLDHなどとの比較を行っている研究もある[31]。

我々はマグネシウム，アルミニウムの水酸化物とデオキシコール酸を原料とし，水熱処理を行うことで，デオキシコール酸型LDHを得た[32]。この方法は通常水溶液中のpHを上昇させるために加える塩を加えなくてよいためデオキシコール酸のように水に溶けにくい，且つ層間陰イオンとしての選択性が低い陰イオンとLDHとの層間化合物を合成できるという利点がある。同様に酸化物を原料とした水熱合成も行われており，そこでは水熱反応中に酸化物が水酸化物に加水分解され，溶けだした金属イオンと反応することで，LDHが形成すると考えられている[33]。酸化亜鉛と水酸化アルミニウム，ベンゼンスルホン酸を原料とした水熱合成では，高濃度スラリーから出発することで溶液100 mlから約20 gものベンゼンスルホン酸型Zn-Al-LDHを回収できた[34]。

2.4　固相反応

固相反応は，溶媒を使わないので固液分離の手間が無いことなどの利点がある。ボールミルを使い，2 gの水酸化物に数mlの水を加えて混合することで，OH^-型Mg-Al-LDHが[35]，水酸化マグネシウムと塩化鉄（III）をボールミルで混合することで，Cl^-型Mg-Fe-LDHが得られた[36]。また水酸化物を原料とし，OH型MgNi-Al-LDHが[37]，水酸化マグネシウム，硝酸アルミニウム，水酸化ナトリウムから硝酸型Mg-Al-LDHが合成された[38]。この方法を発展させて，我々は遊星ボールミルを用い原料にギブサイトとブルーサイトを利用し，トルエンスルホン酸，シュウ酸，マロン酸を層間に含むLDHを合成した[39]。この方法では数十nm程度の微粒子が形成していて，原料の形態は生成物に直接は反映されていない。

2.5　反応場の利用

イソオクタン，ドデシル硫酸ナトリウム，水からなるエマルジョン中で，共沈法によりワイヤー状でBET表面積が194 m^2/gのLDH結晶を得た報告がある[40]。水と界面活性剤の割合によってミセルのサイズを制御することで粒径制御が行われた[41]。金属イオン及びアンモニアを含んだ2種類のミセルを用意し，それらを混合することでLDHを合成した例もある[42]。またエマルジョン中で尿素の加水分解によりZnCo-Fe-LDHの合成を行い，ワイヤー状粒子を得た研究がある[43]。この研究では反応時間や温度，尿素や界面活性剤の量がLDHの形態に対する影響を検討している。

様々な固体表面への層状複水酸化物を析出したハイブリッド材料に関する研究があり，一例として陽イオン交換樹脂の表面でLDHを合成した例がある[44]。マグネシウムやアルミニウム，コバルトイオンに交換したイオン交換樹脂とNa_2CO_3，NaOHが含まれた水溶液中との反応で，樹脂表面に150～180 nmほどのLDHが結晶化していた。またマンガンイオンやコバルトイオンの含んだ水溶液中で反応させ，アルミナの表面にLDHを合成し，温度や反応時間の違いによるLDH形成の違いを検討した研究もある[45]。層状複水酸化物の形態設計という観点に加えて複合

119

材料(特に触媒などで有望)の直接合成という意味もあり今後研究が増えていくと思われる課題である。

あらかじめ調製した層状複水酸化物を膨潤させる技術(単一層への剥離)も進歩しており、これを積層することで均質で厚さを自在に設計した薄膜が調製されている。ホルムアミドとの混合によってLDHを剥離させ、PSS (poly(sodium styrene 4-sulfonate))と複合化した薄膜を合成し、磁気光学応答を示したという報告[46]や、剥離したLDHとBSB (anionic bis(2-sulfona-tostyryl) biphenyl)を複合化させた薄膜から、温度により可逆的な蛍光色の変化が確認された例がある[47]。この技術は薄膜を得るのみではなく、剥離させた$HCa_2Nb_3O_{10}$とLDHを複合化させた例など[48]、様々なハイブリッド粒子の合成が期待できる。

3 まとめと今後の展開

以上層状結晶の形態設計という観点で層状複水酸化物を取り上げその合成の工夫と実現する形態について概観した。近年特に様々な方法が検討され、粉体合成技術としてはかなり進んだ感がある。その技術の進歩に粒子集積技術もあり、時代の要求に応える応用も実現しつつある。もちろんこのような進歩は層状複水酸化物に限ったものではなく、紙数の都合で紹介できなかったが単結晶やナノチューブなどその形態のみで実現する機能が期待される成功例もあり、この分野の進展からは目が離せない。

文　　献

1) S. M. Auerbach *et al.*, *Handbook of Layered Materials*, CRC Press (2004)
2) 黒田一幸,佐々木高義監修,無機ナノシートの科学と応用,シーエムシー出版 (2005)
3) 小川　誠監修,機能性粘土素材の最新動向,シーエムシー出版 (2010)
4) 総説としてX. Duan *et al.*, *Struct. Bond.*, **119**, 1 (2006)
5) M. Ogawa *et al.*, *Clay Sci.*, **15**, 131 (2011)
6) S. Miyata *et al.*, *Clays Clay Miner.*, **25**, 14 (1977)
7) A. Faour *et al.*, *J. Phys. Chem. Solids*, **71**, 487 (2010)
8) S. Kannan *et al.*, *J. Mater. Chem.*, **10**, 2311 (2000)
9) S. Mohmel *et al.*, *Cryst. Res. Technol.*, **37**, 359 (2002)
10) P. Benito *et al.*, *Pure Appl. Chem.*, **81**, 1459 (2009)
11) M. Herrero *et al.*, *Appl. Clay Sci.*, **42**, 510 (2009)
12) P. Benito *et al.*, *J. Solid State Chem.*, **182**, 18 (2009)
13) Y. Seida *et al.*, *Clays Clay Miner.*, **50**, 525 (2002)
14) X. M. Ni *et al.*, *Solid State Sci.*, **12**, 546 (2010)

15) X. M. Ni *et al.*, *Chem. Lett.*, **38**, 242 (2009)
16) Y. Zhao *et al.*, *Chem. Mater.*, **14**, 4286 (2002)
17) Y. J. Feng *et al.*, *Clays Clay Miner.*, **51**, 566 (2003)
18) Y. J. Liu *et al.*, *Powder Technol.*, **201**, 301 (2010)
19) K. Nitoh *et al.*, *Chem. Lett.*, **39**, 1018 (2010)
20) M. Ogawa *et al.*, *Langmuir*, **18**, 4240 (2002)
21) M. Kayano *et al.*, *Clays Clay Miner.*, **54**, 382 (2006)
22) W. H. R. Shaw *et al.*, *J. Am. Chem. Soc*, **77**, 4729 (1955)
23) Y. Arai *et al.*, *Appl. Clay Sci.*, **42**, 601 (2009)
24) N. Iyi *et al.*, *Chem. Lett.*, **33**, 1122 (2004)
25) C. A. Antonyraj *et al.*, *Chem. Commun.*, **46**, 1902 (2010)
26) N. Iyi *et al.*, *J. Colloid Interface Sci.*, **340**, 67 (2009)
27) T. B. Hur *et al.*, *Opt. Lasers Eng.*, **47**, 695 (2009)
28) T. Lopez *et al.*, *Mater. Lett.*, **30**, 279 (1997)
29) F. Prinetto *et al.*, *MicroporousMesoporous Mater.*, **39**, 229 (2000)
30) J. Prince *et al.*, *Chem. Mater.*, **21**, 5826 (2009)
31) J. S.Valente *et al.*, *J. Phys. Chem. C*, **114**, 2089 (2010)
32) M.Ogawa *et al.*, *Chem. Mater.*, **12**, 3253 (2000)
33) Z. P. Xu *et al.*, *Chem.Mater.*, **17**, 1055 (2005)
34) M. Ogawa *et al.*, *J. Ceram. Soc. Jpn.*, **117**, 179 (2009)
35) W. Tongamp *et al.*, *J. Mater. Sci.*, **42**, 9210 (2007)
36) Z. P. Cherkezova-Zheleva *et al.*, *J. Balk. Tribol. Assoc.*, **14**, 508 (2008)
37) W. Tongamp, *Fuel Process. Technol.*, **90**, 909 (2009)
38) A. N. Ay *et al.*, *Z. Anorg. Allg. Chem.*, **635**, 1470 (2009)
39) K. Kuramoto *et al.*, *Bull. Chem. Soc. Jpn.* **84**, 675 (2011)
40) J. He *et al.*, *Colloids and Surfaces A: Physicochem. Eng. Aspects*, **251**, 191 (2004)
41) G. Hu *et al.*, *J. Mater. Chem.*, **17**, 2257 (2007)
42) F. Bellezza *et al.*, *Eur. J. Inorg. Chem.*, **18**, 2603 (2009)
43) H. Y. Wu *et al.*, *Mater. Charact.*, **61**, 227 (2010)
44) Y. Du *et al.*, *J. Mater. Chem.*, **19**, 1160 (2009)
45) F. Kovanda *et al.*, *Clays Clay Miner.*, **57**, 425 (2009)
46) Z. Liu *et al.*, *J. Am. Chem. Soc.*, **128**, 4872 (2006)
47) D. Yun *et al.*, *Angew. Chem. Int. Ed.*, **50**, 720 (2011)
48) L. Li *et al.*, *J. Am. Chem. Soc.*, **129**, 8000 (2007)

第11章　層状無機化合物を用いた分子認識

小川　誠[*1], 岡田友彦[*2]

1　はじめに

　分子やイオンを認識することは生命の科学から始まり，資源，環境などでも広くみられ，かつその積極的な制御と利用が模索されている現象である。無機層状化合物を認識場とする研究も現在に至るまで広く行なわれている（Chem. Asian J., 印刷中）。層状物質の分子認識能に加え，ピラー化，有機修飾等をキーワードに分子レベルで構造設計して層状物質を足場として分子認識場を設計する研究も活発である。また吸着剤としての利用に加え，検出に展開しようという試みもある。本稿では分子認識能の発現を意図した層状物質の利用，分子認識機能発現，制御のための修飾と，化学量を検出するための構造設計について紹介する。

2　層状物質による分子認識

　スメクタイト族の粘土鉱物は吸着剤として最も広く使われている層状物質である[1]。層間の交換性陽イオンと種々の金属イオンとの交換特性について古くから調べられ[2]，アルカリ金属イオンの選択性の序列等が提案されている。

$$Li^+ < Na^+ < K^+ < Rb^+ < Cs^+$$

この序列は主として金属イオンの水和エネルギーと関わっており，水和エネルギーの小さいイオンほど強く相互作用することを意味する。

　Komarneniら[3]はスメクタイトと構造が類似したフッ素雲母（フロゴパイト，理想組成：$KMg_3Si_3AlO_{10}(OH)_2$）のK^+をNa^+と交換し，Cs^+に対するイオン交換特性を調べた。図1にNa-Csイオン交換等温線を示す。等温線は低濃度領域でも図の対角線より上側に位置しており，Cs^+に対し高い選択性を示すことがわかる。また，層状四チタン酸（$H_2Ti_4O_9$）へはLi^+，Na^+，Rb^+が共存してもCs^+を選択的に吸着することが報告されている[4]。

　層状物質によって吸着質が識別される可能性もある。筆者らは，Na型フッ素四ケイ素雲母（Na-TSM）はスメクタイト（Kunipia F，Sumecton SA）と比べEu^{3+}と強く相互作用することを吸着等温線から明らかにした。TSM構造中に電気陰性度の大きいフッ素を含むことがEu^{3+}と

[*1]　Makoto Ogawa　早稲田大学　大学院創造理工学研究科　教授，教育学部　教授
[*2]　Tomohiko Okada　信州大学　工学部　物質工学科　助教

第11章　層状無機化合物を用いた分子認識

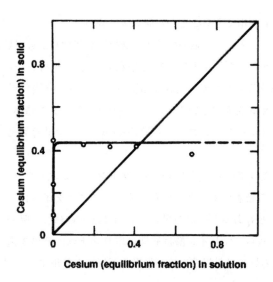

図1　Na型フロゴパイトのNa-Csイオン交換等温線
S. Komarneni *et al.*, *Science*, **239**, 1286 (1988)

の相互作用の違いに影響したと考察した[5]。またモンモリロナイト (Kunipia F) と層状ニオブ酸アルカリが混合した懸濁液中では、陽イオン性のシアニン色素がモンモリロナイトへ選択的に吸着されるという報告もある[6]。希土類金属イオンは互いに化学的性質が類似しているため、層状物質が異種の希土類金属イオンを認識するという報告例は見当たらず[7]、資源化学の観点から材料の探索がのぞまれるところである。

遷移金属イオンの濃集も資源および環境浄化の観点から重要である。筆者らはマガディアイト (層状ケイ酸アルカリの一つ $Na_2Si_{14}O_{29}$) が、Zn^{2+} と Cd^{2+} を含む擬似海水中から Zn^{2+} を選択的に吸着することを明らかにした[8]。この現象は市販の陽イオン交換樹脂だけでなく、同じアルカリケイ酸塩のオクトシリケートを用いてもみられないマガディアイトに特徴的な現象である。メカニズムの詳細は現在のところ不明であるが、イオン半径、水和エネルギーの違いがこのような特異的な吸着挙動に関係していると考えており、今後の研究が待たれるところである。すでによく知られている層状物質でも隠された分子認識機能を有する可能性があることを示すもので、今後の研究を喚起するものである。

層状複水酸化物 (以下LDHと略称) は、陰イオン交換体として知られ陰イオン交換反応について古くから系統的な検討がなされた。価数が大きく、イオン半径の小さいものほど選択的に吸着されるが、とりわけ炭酸イオン (CO_3^{2-}) に対する選択性が高いことが知られている[9]。そのため、炭酸イオンが共存しないような実験条件でイオン交換選択性の序列が検討された[10]。

陽イオン交換性を有する層状物質は有機陽イオンも吸着する。特にスメクタイトの有機陽イオン交換特性の研究は歴史が長く、陽イオンの分子構造が交換選択性におよぼす影響について系統的に検討した例もみられる[11]。また、アルキルアンモニウムのスメクタイトへの吸着について

は，後述の有機修飾にも利用できることから研究例は多い。

アルキルアンモニウムイオンは，他の陽イオン交換性層状物質にも容易に吸着される。しかしながら，色素のようなかさ高な陽イオンとの交換反応は直接は進行しないことが多い。あらかじめ交換しやすいイオンを導入してから交換する方法（ゲスト交換法）[12]があり，マガディアイトの層間Na^+と直接イオン交換しないルテニウムトリスビピリジン錯体（以下[$Ru(bpy)_3$]$^{2+}$と略）では，Na^+が配位するクラウンエーテル（15-crown-5）を共存させるとイオン交換された例もある[13]。

スメクタイトは，水だけでなく，アルコール，ケトン，アミン，アミド類など様々な有機分子を，気相または液相から吸着することで知られる[14]。スメクタイトは，固体間反応によって分子を層間に取り込むこともある[15]。この場合，液相ではみられない吸着選択性が発現することが報告された[16]。すなわち，マレイン酸は層間に取り込まれ，その構造異性体であるフマル酸は取り込まれない。吸着質の結晶構造の違いも吸着選択性を発現する一因となる点が固体間反応の特徴である。

3　層状物質からのハイブリッドによる分子認識

3.1　有機修飾

スメクタイトの層間陽イオンを有機アンモニウムイオンで交換して得られる有機修飾粘土が吸着剤として古くから検討されている。その吸着能から分子篩効果を期待したピラー化粘土（テトラメチルアンモニウムイオンなど分子サイズの小さい有機陽イオンを層間に取り込む例が多い）[17]，疎水性相互作用を期待し，長鎖アルキルアンモニウムイオンでイオン交換したいわゆるorganophilic clay[18]に分類できる。気相，液相からの吸着等温線の解析などから，分離・濃縮の可能性も検討されている[19, 20]。

有機修飾スメクタイトはナノ構造設計性をもった吸着剤であるが，化学量論的な錯体形成反応とは異なり，吸着剤と吸着質との相互作用が極めて複雑で，定量的な解釈については議論が続いている。一般にスメクタイトの層表面電荷密度，層間の有機陽イオンの構造（サイズ，化学的性質）が非イオン性有機化合物の吸着挙動に影響を及ぼすと[21, 22]，つまり吸着挙動はシリケート層と有機陽イオンからなるナノ構造を反映すると理解される。

CH_4とCO_2を分離するため，TMA修飾ピラー化粘土のガスクロマトグラフィーカラム充填剤としての利用が試みられた[23]。CH_4とCO_2ではモンモリロナイト表面との相互作用の強さが異なるため分離できたと考察しており，テトラメチルアンモニウム（TMA）は層間に空隙を形成する役割を担う。Beinらは QCM電極上で成膜した TMA修飾ヘクトライトが，気相のベンゼンとシクロヘキサンを分離できることを報告している[24]。水溶液中に存在する有機分子を分離する場合，共存する水の影響も考慮に入れるべきである。テトラメチルホスホニウムイオンで交換したモンモリロナイト（Wyoming montmorillonite，CEC＝90meq/100g）は，フェノール

第11章 層状無機化合物を用いた分子認識

と4-クロロフェノールを水溶液から吸着するが，2-および3-クロロフェノールを吸着しない[25]。そのため，フェノールまたは4-クロロフェノールを共存させると，他の塩素化フェノールと分離可能である。他方，TMAで修飾したモンモリロナイトを用いると，いずれも吸着しない。TMAイオンと比較してテトラメチルホスホニウム（TMP）は水和エネルギーが小さいためにこのような分子篩効果が発現したと考察している。

　非イオン性の芳香族化合物が効果的に吸着されることを期待した場合，芳香環を含む有機陽イオンと芳香族化合物との芳香環間相互作用も吸着駆動力として有効であると考えられる。筆者らは，Ni(II)トリスビピリジン錯体及びNi(II)トリスエチレンジアミン錯体−サポナイトを合成して，フェノールの水溶液からの吸着について調査した[26]。吸着前後で基本面間隔は変化しなかったことから，Ni(II)錯体がピラーとなって形成する層間の空隙にフェノールが取り込まれたと考えられた。2,2'-ビピリジン（bpy）を導入した層間化合物への吸着等温線はLangmuir型に従ったのに対し，エチレンジアミンを導入した層間化合物の場合，bpyをNi(II)の配位子とした場合と比較して吸着質−吸着剤相互作用は弱いことがわかった。bpy環とフェノールとの芳香環間相互作用がフェノールの吸着駆動力として寄与すると結論している。同様に，$[Ru(bpy)_3]^{2+}$−スメクタイトに対して，フェノール類（フェノール，4-クロロフェノール，2,4-ジクロロフェノール）の水溶液からの吸着を行った（ホストにはKunipia F，Sumecton SA，Na-フッ素四ケイ素雲母（Na-TSM）を用いた)[27]。この系でみられる特徴は，図2の吸着等温線からもわかるように，ホストの電荷密度が小さい方が吸着容量が大きいことである。電荷密度の違い（層間の

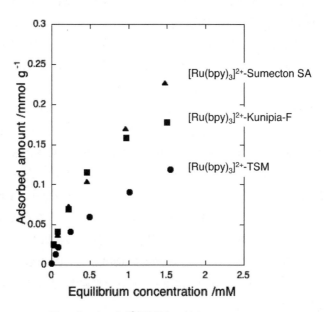

図2　$[Ru(bpy)_3]^{2+}$型粘土に対するフェノールの水溶液からの吸着等温線
T. Okada et al., Appl. Clay Sci., **29**, 45 (2005)

スキーム 1　Neostigmine の分子構造

[Ru(bpy)$_3$]$^{2+}$量）が，層間のナノ細孔や空間容積の違いを反映して吸着容量に影響を及ぼした例である。

最近，スクロースが共存する水溶液から2-フェニルフェノールを吸着できる有機修飾粘土を報告した[28]。特に neostigmine（スキーム1）で修飾した Sumecton SA は，層間の空隙が大きいことも起因して2-フェニルフェノールを効果的に吸着する。この他，芳香環間相互作用を期待した類似の物質系の吸着特性については，総説を参照いただきたい[29, 30]。ピラー化粘土への吸着挙動[31]もあわせると，有機陽イオンと芳香族化合物との芳香環間相互作用，層表面シロキサンと芳香族化合物との相互作用によって，水溶液中の芳香族化合物が吸着されることがわかってきた。吸着剤-吸着質相互作用を支配する因子は，表面の性質（組成に起因する表面酸性度の違いなど）も関係すると思われ，これを反映して吸着特性も異なることが予想できる。

スメクタイトに加えて，アルカリケイ酸塩や層状チタン酸塩を吸着剤（分子認識）のホストに用いる意義も示されている。筆者らのグループでは，マガディアイトを用い，これをシランカップリング剤との反応で有機シリル基を固定した層間化合物を合成し，その吸着特性について検討している。有機シリル基はマガディアイトと共有結合で固定されるので，水中に浸しても溶出の可能性が低いという特徴がある。加えて，n-アルカンは吸着されず，n-アルキルアルコールを吸着するという選択性が見いだされた[32]。これは，層間のOH基と有機シリル基との協同効果によってn-アルキルアルコールとの親和性を高めたためと考えられている。また，固定される有機シリル基の量が，n-アルキルアルコールの吸着挙動に影響を及ぼすことも示された[33, 34]。最近，ノニルフェノール，ノナン，フェノール混合水溶液からノニルフェノールを選択的に吸着できるという層間構造も提案されている。これは，フェニル基とオクタデシル基を層状チタン酸塩の同一平面内に固定することにより実現されており[35]，二つの化学種による協同効果が吸着の選択性を反映した興味深い事例といえる。共有結合を利用した有機修飾は，有機修飾種の種類と量を目的に応じて調節できるので，分子認識能付与の観点からも興味深い物質系である。尚，シランカップリング剤と層状アルカリケイ酸塩との反応と形成する層間化合物の特徴については，総説[36]を参照いただきたい。

層状物質の膨潤性を特定分子包摂のための構造設計として巧みに利用し，触媒反応の選択性を向上できることを最近報告した[37]。層間陽イオンおよび電荷密度の異なるいくつかの層状チタ

第11章　層状無機化合物を用いた分子認識

ン酸アルカリ（$M_xTi_{2-x/3}Li_{x/3}O_4$；M＝K，Li，Na；x＝0.61～0.76）のうち，電荷密度が小さいNa型（$Na_xTi_{2-x/3}Li_{x/3}O_4$；x＝0.61）を用いると，水和しやすくバルク水中でよく膨潤する。このチタン酸塩をフェノール，4-ブチルフェノール，ベンゼンが共存する水溶液に混ぜ，紫外線照射すると，ベンゼンのみを選択的に分解する。この反応は膨潤性に乏しいLi型，K型では進行しない。また，この反応選択性の高さは，3種の反応物のうち最も小さい分子サイズのベンゼンが，チタネート表面（層間）と接触しやすいためと考えられている。

3.2　分子認識の外部刺激応答

熱や光などの外部刺激で性質が変化する化学種を層状物質の表面に固定すると，分子認識能が外部刺激に応答して変化する例がある。疎水性のスメクタイト膜に対する蛍光プローブ（ナフタレン誘導体[38]，ピレン[39]）の分子透過特性が，温度によって，すなわち層間の長鎖アルキルアンモニウム二分子膜構造の相転移を反映して大きく変化する。最近，LDHとアニオン性色素の交互積層薄膜で発光色が温度によって可逆変化する例が報告された[40]。図3のように，系を20℃から100℃とすることで，発光スペクトルが可逆的に変化する。このサーモクロミズムは，bis(2-sulfonatostyryl)biphenylアニオンの集合構造が温度により変化するためと考察している。

アゾベンゼンの*trans-cis*光異性化を利用すると，フェノール吸着の光制御が層状物質で実現

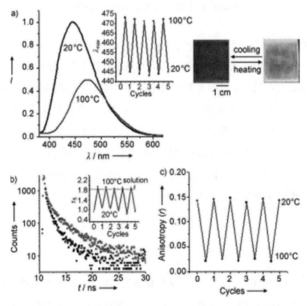

図3　Bis(2-sulfonatostyryl)biphenyl-LDH交互積層膜のサーモクロミズム
a）20℃および100℃における発光スペクトル（写真の左は青色で右側は水色），b）発光の減衰曲線（黒が20℃，灰色100℃），c）蛍光異方性の温度応答
D. Yun *et al., Angew. Chem. Int. Ed.*, **50**, 720（2011）

革新機能材料の開発と応用展開

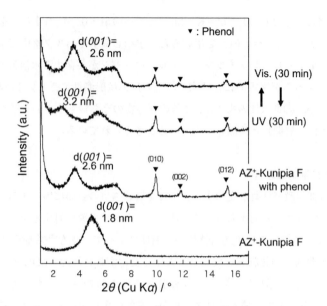

図4 陽イオン性アゾ色素（p-[2-(2-hydroxyethyldimethylammonio)ethoxy]azobenzene, AZ^+）と交換したKunipia FのXRDパターン。フェノールとの反応に続いて、紫外光および可視光照射に伴うXRDパターンの変化。
T. Okada et al., Chem. Commun., 320 (2004)

できるという例がある[41]。モンモリロナイト（Kunipia F）に陽イオン性アゾ色素を導入した層間化合物にはフェノールが取り込まれ、そこに紫外光を照射することにより、導入されるフェノール量はさらに増加した。続いて可視光を照射することにより、層間からフェノールが脱離したことをXRD、UV-visスペクトルから示した（図4）。CECが比較的小さいサポナイト（Sumecton SA）をホストとした場合、フェノールは導入されない。Sumecton SA層間では、Kunipia Fの場合と比較してアゾ色素は疎に吸着しており、その芳香環の面がシリケート層に対して平行に配列しているのに対し、Kunipia FではいわゆるJ-会合体として存在する。この構造の違いが吸着挙動に影響を及ぼしたと考えられた。

4 センサー

環境中の特定化合物の検出には、感度（検出限界）、共存物質との区別（分子認識）、応答速度、装置構成・操作性（使用環境、条件への適応）など目的によって多様な要求があり、環境管理、バイオセンシングなどの分野を中心に、新しい原理、仕組みの開発も含めて多くの研究／開発が現在も活発に行われている。一般的に化学センサーは、特定の化学種とその量を認識する部位（レセプター）とこれを何らかの信号（主として電気信号）に変換するトランスデューサーにより構成するデバイスである。化学量をとらえるために、主に目的成分の吸着が用いられる。よ

第 11 章　層状無機化合物を用いた分子認識

って，目的成分を吸着させるための層状物質の構造設計が重要となる。

4.1　粘土修飾電極による電気化学的検出

　1983 年に Ghosh と Bard[42]が，粘土フィルム－酸化スズ電極（Pt とポリビニルアルコールを含む）を作製し，[Ru(bpy)$_3$]$^{2+}$塩水溶液に浸すと，電流が流れることをサイクリックボルタンメトリーから明らかにした。その後種々の粘土修飾電極が提案され，水中の微量の陽イオン，陰イオン，分子性化合物の検出が試みられるようになった。用いられる粘土の多くは，スメクタイトである。被検物質と検出限界（感度）について 2004 年に Mousty がまとめた粘土修飾電極の総説がある[43]。

　他方，粘土に目的成分と電極表面との電子移動メディエーターを固定すると，目的成分の還元反応が促され，電流値が変化する。この原理に基づき，水中の過酸化水素やグルコース[44]，フェノール[45]の検出に応用した例がある。酵素との複合化は固定化酵素の観点で古くから研究された例である。1980 年代にはミシガン州立大学の Mortland らがモンモリロナイトに酵素を固定しその機能を評価した研究がある[46]。酵素活性を損なうこと無く固定するために溶液 pH の調整等はもちろんのこと，層間陽イオンを有機イオンで交換することによってより弱い相互作用で固定することに成功した。固定によって機能は維持されるものがあるが，酵素の欠点を補う機能が見られたわけではない。

　Forano らはバイオセンサーへの応用を念頭に LDH といくつかの酵素（urease, alkaline phosphatase, glucose oxidase）のハイブリッドを合成した[47,48]。実用的バイオセンサー実現のためにセンサーへの酵素の固定は重要なテーマであるがこれを LDH とのソフト化学的な包摂反応で実現しようというものである。包摂によって安定性は改善されており，これはモンモリロナイトとのハイブリッドに比べても有利な点である。

4.2　光学的検出

　既存のセンサーデバイスに認識部分として粘土を利用した上記例に加え，実用にはデバイス設計，評価システムの構築が必要ではあるが，光学的な変化（呈色や発光）を利用したセンサーの可能性も提案されている（表1）。目的成分の濃度（吸着量）に対応して目的成分そのものの吸光度や発光強度が変化する現象を用いる，という方法がもっともシンプルであるが，目的成分が光活性でない場合（アルカリ金属イオンや脂肪族化合物など）は検出できない。また，光照射しても（近）紫外光領域での発光しか得られない場合（単環式芳香族化合物など），認識部位からの散乱光による影響を無視することができないため，可視光領域の光を検出できるよう工夫することが重要といえる。最近では，CCD カメラを用いるもの[49]や，小型化された分光器が市販[50]されているので，目的成分に対して高感度な認識部位が設計できれば，実用化へ大きく前進すると期待できる。

革新機能材料の開発と応用展開

表1 光学的検出の検出原理と実施例

検出原理		認識部の化学種	認識部の形状	実施例 ①目的成分と検出限界，②共存物質との区別，③応答速度，④装置構成・操作性など	文献
色調変化	電荷移動錯体形成	メチルビオロゲン－スメクタイト	粉末・懸濁液	①2,4-ジクロロフェノールの水溶液濃度 0.2mM ④紫外可視分光光度計	52)
	カップリング反応	フェニレンジアンモニウム－スメクタイト	懸濁液	①2,4-ジクロロフェノールの水溶液濃度 3ppm ④可視分光光度計	53)
	極性変化	陽イオン性ポルフィリン－サポナイト	膜	①水-ジオキサン混合系（ジオキサン／水体積比 0.25, 0.67, 1.5, 4, 9）④光導波路分光装置	54)
	色素の配向変化	陽イオン性ポルフィリン－サポナイト	膜	①アセトン，ヘキサン，DMF 等種々の有機溶媒 ④可視分光光度計	56)
	粘土膜の屈折率変化	多孔性チタニア基板＋ヘクトライト膜	膜	①臭化セチルトリメチルアンモニウム 1×10^{-3}mM ③20 分以内 ④可視分光光度計（反射型）	64)
発光	ノニルフェノールから Eu(III) へのエネルギー移動	Eu(III)－スメクタイト	粉末	①4-ノニルフェノール水溶液濃度 5ppm ④蛍光光度計	61)
	Ir 錯体から金属イオンへの水分子配位効果による Ir 錯体の蛍光量子収率の増大	[Ir(ppy)$_2$dmbpy]$^+$－モンモリロナイト	懸濁液	①Li$^+$, Na$^+$, K$^+$, Cs$^+$, Rb$^+$ (20mM) Ca^{2+}, Mg^{2+} (0.02mM) ④蛍光光度計	62)
	色素とチタネート層との相互作用変化	ローダミン 3B とデシルトリメチルアンモニウム－チタネート	粉末	①水（相対湿度 50%，25℃）③2 時間以内 ④反射型蛍光光度計・チャンバー（水蒸気を含むガスフロー）	60)
消光	有機分子による蛍光寿命短縮	ピレン誘導体-モンモリロナイト	懸濁液	①ニトロベンゼン，0.2mM，ニトロメタン 1.0mM ④蛍光寿命測定装置	57)
	クロロフェノールへのエネルギー移動	亜鉛ポルフィリン＋ジアルキルアンモニウム－ヘクトライト	懸濁液	①4-クロロフェノールの水溶液中濃度，1ppm 以上 ④蛍光光度計	58)
	二酸化硫黄へのエネルギー移動	[Ru(bpy)]$_3^{2+}$－サポナイト	膜	①二酸化硫黄 30vol% ②酸素，二酸化炭素との反応ほとんどなし ③10 分以内 ④反射型蛍光光度計・チャンバー（数 mL）	59)

第11章　層状無機化合物を用いた分子認識

4.2.1　呈色反応

電荷移動相互作用をフェノール類の吸着駆動力として検出に利用する試みがある。スメクタイトと非イオン性芳香族化合物との電荷移動相互作用は古くから研究されており，遷移金属イオン（Cu(II)，Fe(III)，Ru(III)）で交換したスメクタイト（電子受容体）が，芳香族炭化水素，チオフェン誘導体（電子供与体）を気相から吸着することが知られている（総説として文献51）。筆者らは，メチルビオロゲンでイオン交換した二種のスメクタイトへ（Sumecton SA，Kunipia F）フェノールおよび2,4-ジクロロフェノールの水溶液からの吸着を行ったところ，低層表面電荷密度のSumecton SAをホストに用いた時のみ，2,4-ジクロロフェノールのみが電荷移動相互作用が駆動力となり吸着することを報告した[52]。ここでは，メチルビオロゲン-Sumecton SA（吸収極大波長：270 nm）が電子受容体，2,4-ジクロロフェノール（吸収極大波長：284 nm）が電子供与体となった。電荷移動錯体に帰属される吸収が400 nmに現れた。2,4-ジクロロフェノールのイオン化ポテンシャルがフェノールより小さいこと，メチルビオロゲンの吸着により形成する細孔サイズが，Sumecton SAをホストとした場合相対的に大きいことから，メチルビオロゲン-Sumecton SAが2,4-ジクロロフェノールのみを吸着すると考えられた（図5）。メチルビオロゲン-Sumecton SA層間で電荷移動錯体が形成することによって，メチルビオロゲン-Sumecton SAの吸収スペクトルが変化したことから，光学検出機能を併せ持つ吸着剤として期待でき，微量成分を定量する機能の付与が今後の課題である。

p-フェニレンジアンモニウム-Sumecton SAを吸着剤とした場合[53]，フェノールおよび2,4-ジクロロフェノールが層間に取り込まれ，カップリング反応によりインドアニリン色素が生成し，緑色から紫色ないし青紫色に変化した。2,4-ジクロロフェノールの場合，可視吸収スペクトルで665 nmにインドアニリン色素に帰属される吸収が現れる。この吸収帯の出現を利用すると2,4-

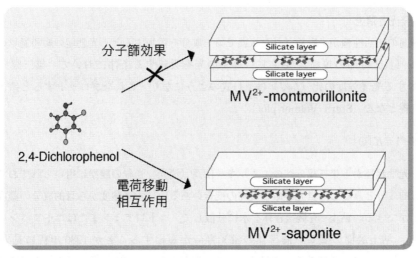

図5　MV^{2+}-スメクタイトと2,4-ジクロロフェノールとの電荷移動相互作用
T. Okada et al., Chem. Commun., 1378 (2003)

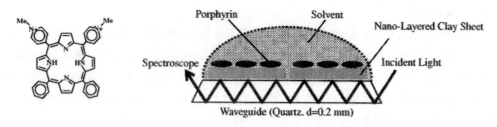

図6　cis-DPyP^{2+}の分子構造（左）とサポナイトナノシートの導波路ガラス上への展開模式図
M. Eguchi et al., Chem. Lett., **35**, 14（2006）

ジクロロフェノールの水溶液濃度が3ppm以上で検出できる。

　種々の陽イオン性ポルフィリンをサポナイト（Sumecton SA）表面上に吸着させ，溶媒の組成をかえて吸収スペクトルを測定したところ，水：ジオキサンの比によって，吸収スペクトルが変化することを高木らのグループが報告した[54]。この吸収スペクトル変化は，図6左に示す陽イオン性ポルフィリン（cis-DPyP^{2+}）を用いた場合に観測でき，サポナイト表面上でのcis-DPyP^{2+}の配向角度（シリケート層とcis-DPyP^{2+}の分子平面とのなす角）が変化したためであることを明らかにした。吸収スペクトルの測定はやや特殊な方法で行っている。図6右のような導波路ガラス上におけるエバネッセント波を利用したものである。すなわち，サポナイト膜を導波路ガラス上に配置し，導波路ガラス上に存在するエバネッセント波との相互作用を利用する方法である。この方法では，導波路ガラス内をモニター光が数十回反射するので極めて高感度な測定が可能であり，粘土シート一層のみの試料でも吸収スペクトルが測定可能である[55]。種々の有機溶媒に対するソルバトクロミズムについて，層間ポルフィリンの配向と関連づけて検討された[56]。

4.2.2　発光と消光

　粘土層間の光活性種が光励起された状態で第三成分を添加すると，光励起の緩和過程の速度が遅延する（蛍光寿命の短縮）。さらに，等量の光を吸収する条件において，第三成分の濃度[Q]に対する発光強度の比（I_0/I）は（1）式のようになり，これをプロットすると傾きK（定数）の直線となる（Stern-Volmer plot）。

$$I_0/I - 1 = K[Q] \tag{1}$$

これは，光励起種から第三成分へのエネルギー伝達（消光）過程の観察に用いられており，第三成分を目的成分とみなし，蛍光寿命の短縮の度合いあるいは蛍光強度から目的成分の濃度を見積もることができる。粘土-有機複合体を水に分散して，ニトロアミンまたはニトロベンゼンを添加すると，粘土層間のピレン誘導体の蛍光寿命が短縮することが1980年代に見いだされた[57]。最近，フェノール類の検出を目的として，亜鉛ポルフィリン-スメクタイト層間化合物を用い亜鉛ポルフィリンの蛍光消光を利用した4-クロロフェノールの水溶液中濃度の測定も試み

第11章 層状無機化合物を用いた分子認識

られており[58]，濃度1ppm以上で検出可能である。

　ガスセンサーへの応用例もある。この場合，認識部位がガスの通気・脱気で飛散劣化して発光強度測定の再現性が悪くならないように，部材化（主に膜化）が必要となる。筆者らは，$[Ru(bpy)_3]^{2+}$を層間に取り込んだサポナイト膜を認識部として，二酸化硫黄の光学検出を試みている。Sumecton SAと硝酸亜鉛とのイオン交換により得た層間化合物をガラス基板上に塗布して，続いて$[Ru(bpy)_3]^{2+} \cdot 2Cl^-$と反応させることにより，$[Ru(bpy)_3]^{2+}$-サポナイト層間化合物薄膜を調製した。$[Ru(bpy)_3]^{2+}$-サポナイト膜の発光強度（励起波長：420-490nm，発光極大波長：615nm，分解能0.5nm）は反射型分光器を用いて測定した二酸化硫黄の存在により，錯体の発光が消光され，脱気により強度は回復した（図7）[59]。この発光強度変化は，酸素，二酸化炭素が存在しても観測されないが，二酸化硫黄が高濃度（30vol%）に存在する場合でみられ，低濃度（1ppm）では消光しないので，より高感度に検出できるように，認識部位の構造を中心に検討の余地がある。

　水蒸気の吸着（相対湿度50%）に伴い，陽イオン性のローダミン3Bの発光強度減少と発光色変化が誘起されるという事例が，最近笹井らのグループにより報告された[60]。ローダミン3Bは

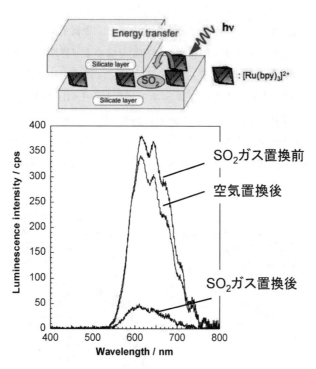

図7 （下）二酸化硫黄共存下での$[Ru(bpy)_3]^{2+}$-サポナイト膜の発光スペクトル変化（上）$[Ru(bpy)_3]^{2+}$から二酸化硫黄へのエネルギー移動の模式図
T. Okada *et al.*, *Clay Sci.*, **14**, 43 (2008)

ドデシルアンモニウムとともに層状チタン酸（$H_xTi_{2-x/4}\square_{x/4}O_4$）層間に固定されている。発光スペクトルの変化は，吸着した水分子がローダミンBとチタネート層との静電的相互作用を弱めたためと説明している。

　目的成分の吸着に伴い発光を誘起した例もある。筆者らはEu(III)で交換したモンモリロナイト（Kunipia F）の発光をノニルフェノールの検出に用いた[61]。Eu(III)は，その吸収に相当する394 nmの光を照射すると，赤色発光する（$^5D_0$-$^7F_1$および$^5D_0$-$^7F_2$遷移に帰属される592 nmおよび614 nmの発光）。Eu(III)で交換したモンモリロナイトは水溶液中のノニルフェノールを水溶液中から強く吸着する（水溶液濃度5 ppm）。ここで，ノニルフェノールが層間のEu(III)の近傍に存在するので，ノニルフェノールの吸収に相当する276 nmの光を照射すると，励起エネルギーは近くのEu(III)に移動して，Eu(III)の赤色発光がみられる（図8）。一方，ノニルフェノール吸着前の試料では276 nmの光で励起しても発光しない。また，水懸濁液を測定しても，水が消光剤として働いたために，発光しない。そのため発光スペクトル測定には，水に分散した懸濁液ではなく，粉末を用いている。多くの場合，センサーとして応用するときには消光剤となる水の寄与を考慮に入れる必要がある。

　水が有機金属錯体の消光剤として働くことを利用して，水中の金属イオンの検出を試みた例がある。目的成分としての金属イオンが存在しない状態では，水による消光のため有機金属錯体の発光が弱いが，とくに価数の大きい金属イオンを加えると，金属イオンへの水和が強く，有機金属錯体に配位している水が金属イオン側に奪われ発光を強める（感度を高める）という概念である[62]。Satoらは，水中のアルカリ（Li^+，Na^+，K^+，Cs^+，Rb^+）およびアルカリ土類金属イオン（Ca^{2+}，Mg^{2+}）の検出を目的として，フェニルピリジンIr(III)錯体誘導体を配位子にもつcyclometalated Ir(III)錯体（$[Ir(ppy)_2 dmbpy]^+$，ppy：フェニルピリジン，dmbpy：4,4'-ジメチルビピリジニウム）をモンモリロナイト（Kunipia P）層間に取り込んだ層間化合物を調製して，その検出能について検討している。その結果，アルカリ金属イオンに比べて，アルカリ土類

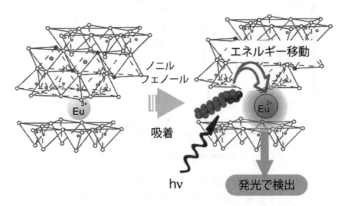

図8　Eu^{3+}からノニルフェノールへのエネルギー移動の模式図
T. Okada *et al.*, *Chem. Lett.*, **35**, 638 (2006)

第11章　層状無機化合物を用いた分子認識

金属イオンの方が高感度であったという成績を得ている。Ir(III)錯体は可視光領域で強く発光（励起波長430nm，発光波長560nm）することが知られており，有機EL素子の発光材料としての応用も検討されている。水懸濁液でも発光スペクトルで検出可能で，しかもIr(III)錯体として$6.5×10^{-6}$mol/lという少量で測定可能な点が有用性の高さを示している。

液相系での光学検出では，吸着平衡をまって（数時間から1日）測定している例が多くみられ，気相や電気化学反応と比べて検出終了までの時間スケールが長い。もともと応答速度が遅いとも考えられるが，今後は応答速度に関係なく，より低濃度での検出に対応できるようさらなる工夫が望まれる。

4.2.3　粘土膜の屈折率の変化

Siウエハなどの基板平面に対してスメクタイトのab面が平行となるような配向膜を形成する。シリケート層と層間が規則的な縞（回折格子）となり，白色光照射によってその回折格子の周期（屈折率）に合う波長だけが反射する[63]。この縞の周期はシリケート層の厚みと層間距離と対応するので，インターカレーションによる層間の拡大を利用するとセンサーになる[64]。回折格子の周期をΛ，粘土膜の有効屈折率をn_{eff}とすると，次の式(2)を満たす波長（ブラッグ波長）λ_Bで強い反射が生じ，その他の波長では透過する。

$$\lambda_B = 2\, n_{eff}\, \Lambda \tag{2}$$

粘土膜の屈折率は$n_{eff}=1.45$程度であるので，$\lambda_B=600$nm程度とするには，$\Lambda=200$nm程度にする。上式のブラッグ波長λ_Bは，屈折率n_{eff}あるいは回折格子の周期Λの変化によってシフトする（図9）。つまり，粘土層間にインターカレートするとΛがさらに大きくなるので，λ_Bがレッドシフトする。表2に，いくつかの有機化合物（ポリマー，4級アルキルアンモニウムイオン，脂肪酸塩など）を添加したときにみられるλ_Bの変化量（$\Delta\lambda$）を添加前のブラッグ波長λ_Bで割った結果を示す。この表からわかるように，陽イオンでかつジドデシルジメチルアンモニウムのようなかさ高いものでは，粘土（Laponite）膜への吸着の選択性が高く，インターカレーションによって$\Delta\lambda/\lambda_B$が大きくなることがわかる。

検出感度は，基板の屈折率および粘土膜の厚みにより強く影響される。(2)式からもわかるよ

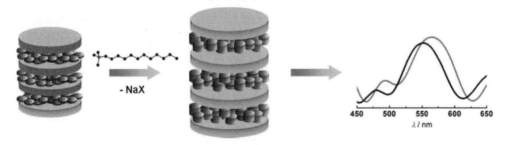

図9　有機化合物のインターカレーションに伴うヘクトライト膜のブラッグ反射スペクトル変化
B. V. Lotsch *et al.*, *Adv. Mater.*, **20**, 4079（2008）

表2 有機化合物のインターカレーションによる
ヘクトライト膜のブラッグ波長変化（Δλ）

有機化合物	$\Delta\lambda/\lambda_B$
テトラエチルアンモニウムブロミド	+0.11
テトラブチルアンモニウムブロミド	+0.15
ドデシルトリメチルアンモニウムブロミド	+0.18
セチルトリメチルアンモニウムブロミド	+0.18
ジドデシルジメチルアンモニウムブロミド	+0.25
テトラオクチルアンモニウムブロミド	+0.32
ドデシル硫酸ナトリウム	−0.01
ポリ（ジアリールジメチルアンモニウムクロリド）	+0.07
ポリオキシエチレン-10-ラウリルエーテル	+0.11
バニリン	+0.01
グルコース	±0

正の値はレッドシフトを示す

[*Adv. Mater.*, **20**, 4079 (2008)]

うに，Siウエハ基板の上にチタニアなど高い屈折率をもつものをはさむ，あるいは粘土膜を厚くして，目的成分のインターカレーションによって変化幅を大きくすることが感度を高める方法であると説明している．さらに，粘土膜をSiウエハに直接塗布するのに比べてチタニア基板をはさむことにより，剥落を防止する工夫もなされている．この系の特徴は，層間に光活性種を固定する必要がないことである．Δλ値は目的成分の層間への取り込み量と対応する．そのため取り込み量は用いるスメクタイトの種類（特に電荷密度）によって大きく影響されることに注意が必要である．

5 おわりに

スメクタイトによる陽イオンの吸着，セピオライトによるアンモニアの吸着等実用化されている吸着機能に加え，層状物質をピラー化，有機修飾することによって分子認識能を付与する試みは活発に行なわれている．本稿で紹介した検出機能を観点として研究も需要がある分野であるので今後の発展が期待される．一方で脱着特性を制御する応用（農薬・薬剤担体など）[65]も興味深く，Drug Deliveryのように少量でよい応用では所望の特性を持つ層状物質の精密合成も重要である[66, 67]．吸着をキーワードとした層状化合物の機能は広く，未知の分子認識機能がまだ見つかりそうである．

第11章 層状無機化合物を用いた分子認識

文　　献

1) 小川　誠監修，機能性粘土素材の最新動向，シーエムシー出版（2010）
2) A. Maes et al., *J. Chem. Soc. Faraday Trans. 1*, **74**, 1234（1978）
3) S. Komarneni et al., *Science*, **239**, 1286（1988）
4) Y. Komatsu et al., *Chem. Lett.*, **9**, 1525（1980）
5) T. Okada et al., *Clays Clay Miner.*, **55**, 348（2007）
6) N. Miyamoto et al., *Langmuir*, **19**, 8057（2003）
7) F. Coppin et al., *Chem. Geol.*, **182**, 57（2002）
8) Y. Ide et al., *Angew. Chem. Int. Ed.*, **50**, 654（2011）
9) a) W. T. Reichle, *Solid States Ionics*, **22**, 135（1986）; b) S. Miyata, *Clays Clay Miner.*, **31**, 305（1983）; c) T. Yamaoka et al., *Mater. Res. Bull.*, **24**, 1183（1989）
10) a) N. Iyi et al., *J. Colloid and Interface Sci.*, **322**, 237（2008）; b) T. Kameda et al., *Chem Lett.*, **38**, 522（2009）
11) T. Mizutani et al., *Langmuir*, **11**, 880（1995）
12) M. Ogawa et al., *Clay Miner.*, **33**, 643（1998）
13) M. Ogawa et al., *J. Phys. Chem. B*, **103**, 5005（1999）
14) F. Bergaya et al., (Eds.) "Handbook of Clay Science"（Eds.: B. K. G. Theng, G. Lagaly）, Elsevier Science（2006）
15) M. Ogawa et al., *Chem. Lett.*, **18**, 1659（1989）
16) M. Ogawa et al., *Chem. Lett.*, **21**, 365（1992）
17) R. M. Barrer, "Zeolites and Clay Minerals as Sorbents and Molecular Sieves", Academic Press（1978）
18) G. Lagaly, *Clay Miner.*, **16**, 1（1981）
19) R. M. Barrer, *Clays Clay Miner.*, **37**, 385（1989）
20) S. Xu et al., *Adv. Agron.*, **59**, 25（1997）
21) M. Ogawa et al., *Bull. Chem. Soc. Jpn.*, **70**, 2593（1997）
22) 小川　誠，粘土科学，**39**, 207（1999）
23) H. Lao et al., *Chem. Mater.*, **3**, 1009（1991）
24) Y. Yan et al., *Chem. Mater.*, **5**, 905（1993）
25) M. A. M. Lawrence et al., *Appl. Clay Sci.*, **13**, 13（1998）
26) T. Okada et al., *Clay Sci.*, **12**, 274（2004）
27) T. Okada et al., *Appl. Clay Sci.*, **29**, 45（2005）
28) Y. Seki et al., submitted.
29) 岡田友彦ほか，粘土科学，**45**, 19（2005）
30) T. Okada et al., *Clay Sci.*, **15**, 103（2011）
31) W. F. Jaynes et al., *Clays Clay Miner.*, **39**, 428（1991）
32) M. Ogawa et al., *J. Am. Chem. Soc.*, **120**, 7361（1998）
33) I. Fujita et al., *Chem. Mater.*, **15**, 3134（2003）
34) I. Fujita et al., *Chem. Mater.*, **17**, 3717（2005）
35) Y. Ide et al., *Angew. Chem. Int. Ed.*, **46**, 8449（2007）

36) 井出裕介ほか, 粘土科学, **46**, 200 (2007)
37) Y. Ide et al., *J. Am. Chem. Soc.*, **132**, 3601 (2010)
38) Y. Okahata et al., *Langmuir*, **5**, 954 (1989)
39) M. F. Ahmadi et al., *Langmuir*, **11**, 94 (1995)
40) D. Yun et al., *Angew. Chem. Int. Ed.*, **50**, 720 (2011)
41) a) T. Okada et al., *Chem. Commun.*, 320-321 (2004) ; b) T. Okada et al., *J. Mater. Chem.*, **15**, 987 (2005)
42) P. K. Ghosh et al., *J. Am. Chem. Soc.*, **105**, 5691 (1983)
43) C. Mousty, *Appl. Clay Sci.*, **27**, 159-177 (2004)
44) a) J. M. Zen et al., *Anal. Chem.*, **68**, 2635 (1996) ; b) S. Poyard et al., *Sens. Actuators*, **B33**, 44 (1996) ; c) S. Poyard et al., *Anal. Chim. Acta*, **364**, 165 (1998)
45) L. Coche-Guérente et al., *J. Electroanal. Chem.*, **470**, 61 (1999)
46) a) G. A. Garwood et al., *J. Mol. Catal.*, **22**, 143 (1983) ; b) S. A. Boyd, M. M. Mortland, *J. Mol. Catal.*, **34**, 1 (1986)
47) E. Geraud et al., *Chem. Commun.*, **13**, 1554 (2008)
48) C. Mousty et al., *Electroanalysis*, **21**, 399 (2009)
49) T. A. Dickson et al., *Science*, **382**, 697 (1996)
50) 例:http://www.oceanoptics.com/
51) 相馬悠子ほか, 粘土科学, **26**, 180 (1986)
52) T. Okada et al., *Chem. Commun.*, 1378 (2003)
53) T. Okada et al., *Bull. Chem. Soc. Jpn.*, **77**, 1165 (2004)
54) M. Eguchi et al., *Chem. Lett.*, **35**, 14 (2006)
55) 高木慎介, 粘土科学, **45**, 62 (2005)
56) S. Takagi et al., *Langmuir*, **26**, 4639 (2010)
57) T. Nakamura et al., *J. Phys. Chem.*, **90**, 641 (1986)
58) T. Nagase et al., *Chem. Lett.*, **31**, 776 (2002)
59) T. Okada et al., *Clay Sci.*, **14**, 43 (2008)
60) R. Sasai et al., *Bull. Chem. Soc. Jpn.*, **84**, 562 (2011)
61) T. Okada et al., *Chem. Lett.*, **35**, 638 (2006)
62) T. Sato et al., *Chem. Lett.*, **38**, 14 (2009)
63) B. V. Lotsch et al., *J. Am. Chem. Soc.*, **130**, 15252 (2008)
64) B. V. Lotsch et al., *Adv. Mater.*, **20**, 4079 (2008)
65) Y. El-Nahhal et al., *J. Agric. Food Chem.*, **46**, 3305 (1998)
66) A. I. Khan et al., *Chem. Commun.*, 2342 (2001)
67) J. H. Choy et al., *Bull. Korean Chem. Soc.*, **25**, 122 (2004)

第12章　層状無機化合物空間を利用した環境浄化材料の作製とその特性評価

笹井　亮*

1　はじめに

　世界的な環境保全活動の広がりや，先進諸国で特に問題となっている化学物質過敏症患者の急増への対処などの観点から，大気・水・大地（土壌）を浄化するための材料や技術・システムの研究・開発に大きな期待と高い要望が注がれている。わが国では特に，2011年3月11日に発生した東北大震災に伴う福島原発事故による放射性物質漏えいが，このような動きに拍車をかけている。

　ガス状有害物質に関しては，建物内などの閉鎖空間については各種空気清浄器やVOCs非含有接着剤を利用した壁紙により，屋外に関してはセルフクリーニング機能が付与されたガラス窓や壁材により対処されており，高い成果が報告されている。一方，土壌に関しては有害物質の拡散速度が遅いため，処理の経済性を不問にすれば汚染土壌を掘り起こすなどの力技による処理や，タイムスケールを不問にすればファイトリメディエーションによる低環境負荷型処理が可能である。これらに比べると環境水（海水・河川水・湖沼水・地下水など）中に拡散した有害物質の除去・浄化は，一般的に難しい。処理法としては，生物処理の一種である活性汚泥法，ゼオライトや活性炭などの吸着材料を用いた吸着処理法，凝集沈殿法などが一般的であるが，多くの場合処理後に取扱いに十分な注意が必要となる産業廃棄物が排出される。これを回避するためには，吸着と同時に有害物質を無害化できる能力を有する材料が必要となる。このような能力を有する材料として，吸着を担う多孔質材料と光照射下で高い酸化能力を示すことが知られるチタニアなどの酸化物との複合材料の創製・評価に関する研究・開発が精力的に進められている。

　筆者らは，吸着と分解を同時に進行できる材料系として，粘土のような層状無機化合物をホストとした材料の開発を進めてきた。本稿では，様々な酸化物ピラー化粘土の開発とその吸着・分解機能に関するこれまでの開発状況とともに，このような機能を有する材料に関する筆者らの研究・開発コンセプトとその成果について紹介する。現在，材料開発もさることながら，既存の吸着材料とオゾン処理，過酸化水素処理，超音波処理などを組み合わせた複合処理システムも提案・応用されているが，本稿ではこのようなシステム改良による対応に関しては取り扱わない。

---

*　Ryo Sasai　島根大学　総合理工学部　物質科学科　准教授

2 酸化物-多孔質物質複合系 [1,2]

　有害有機化合物の吸着と分解を同時に実現できる材料系である酸化物-多孔質物質複合系に関する研究には，チタニア-活性炭系 [3~6]，チタニア-メソポーラスシリカ系 [7~11]，チタニア-水酸化アパタイト系 [12,13]，チタニア架橋粘土 [14~20] などが知られている。以下では，筆者らが注目する物質系であるチタニア架橋粘土についての紹介にとどめる。他の材料系に関しては文献を参考にされたい。

　特にチタニア-多孔質物質複合系の研究開発が様々な研究者により進められている。本系の国内の先駆者である山中ら [1,21] は，チタニアゲルを塩酸で解膠することによりチタニアゾルを得，それをイオン交換反応によりモンモリロナイト層間に導入し，熱処理を施すことで，チタニア架橋粘土を作製した。塩酸／チタニア比が特性制御のパラメータとなることも明らかにしている。同様な研究を北山ら [19,22] は酢酸を用いて行っており，層間距離のそろった均質なチタニア架橋粘土を作製している。大岡ら [23~29] は，チタニア架橋粘土を作製し気相・液相に含まれる様々な有害物質の光触媒的酸化による無害化を報告している。また，水熱処理や過酸化水素により材料を処理することでチタニアの結晶性が向上し，それに伴い光触媒能の向上も引き起こされることを明らかにしている。ここまで示した成果は，ナノサイズのアナターゼ型チタニアが粘土層間に析出することにより，粘土層間を広げるとともに粒子間の架橋による会合を促し，細孔を有する比表面積の広い粒子を作製することを目的としている。この広い表面積により吸着能力が向上し，そこにチタニアを共存させることで紫外線照射により有害有機化合物が酸化分解され，媒質が浄化できることを示している。

3 チタニア架橋粘土の吸着除去能の向上

　2節で紹介したように層状粘土であるスメクタイトやモンモリロナイト層間へアナターゼ型チタニアナノ結晶を層間架橋として析出させると，水中に微量に溶け込んだ有害有機化合物の除去と紫外線照射による酸化分解を同時に実現できることがわかっている。しかし，この浄化反応自身は，有害有機化合物のチタニア表面への拡散が律速となり，単なる物理吸着に頼っているこれまでの材料では，実際の処理のように大量の汚染水を迅速に処理することは難しいと言わざるを得ない。この問題を解決するためには，単なる物理吸着に頼るのではなく，化学親和性の積極的な利用が必要となる。水中に溶け込む有害有機化合物の多くが低極性分子であることを考慮すると，利用可能な化学親和性は疎水性相互作用ということになる。大岡ら [23~29] のようにチタニアは活性向上のために焼成しない材料合成法も提案されているが，ほとんどの架橋粘土では前駆体ナノ粒子を焼成により結晶性酸化物に変換する必要がある。理想的な酸化物の表面が疎水性を示すことは知られているが，実際には表面に水酸基が存在しほとんどの酸化物は親水性を示すため，チタニア架橋粘土の細孔内は親水性に偏っていると考えられる。この空間を疎水化する有効

第12章 層状無機化合物空間を利用した環境浄化材料の作製とその特性評価

な方法には，層内への両親媒性分子の導入が考えられるが，結晶性酸化物ナノ粒子を得るための焼成温度（通常600℃以上）で処理された粘土鉱物の多くは，イオン交換特性を失うことが知られている。したがって層間に両親媒性分子を安定な状態で導入することは難しい。これを実現するために，筆者らは焼成を用いず，水熱処理による結晶性向上を目指した。水熱処理によるチタニア架橋粘土中のチタニアナノ結晶の光触媒能の向上に関しては，すでに大岡らにより検討がなされているが，彼らは処理後に得られるチタニア架橋粘土の陽イオン交換特性については言及していない。筆者ら[30]は，杉本ら[31, 32]のチタニアナノ粒子合成法を参考に，モンモリロナイト（Mont）存在下で水熱処理を行い，チタニア架橋粘土を作製した。この得られたチタニア架橋粘土の陽イオン交換特性評価のために，両親媒化合物であるセチルトリメチルアンモニウム（CTA）イオンのインターカレーションを行った。得られた試料のXRDパターンを図1に示す。水熱処理によりチタニアナノ結晶が析出していることがわかる。一方230℃で処理したものに関しては，CTAのインターカレーション量が他の温度で作製したものよりも少ないこと，層間の拡張が起こらない架橋粘土と層間の拡張が起こる架橋粘土の混相であることが分かった。し

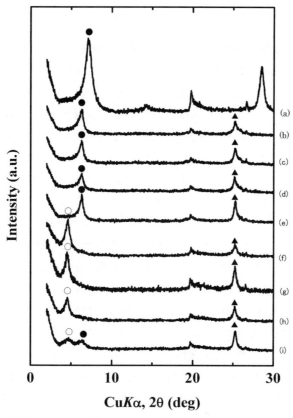

図1　Mont（a），Mont/Ti（b-e），Mont/Ti/CTA（f-i）のXRDパターン
処理温度は140（b, f），170（c, g），200（d, h），230（e, i）。○/●：Montの底面回折線，▲：アナターゼ型チタニア

革新機能材料の開発と応用展開

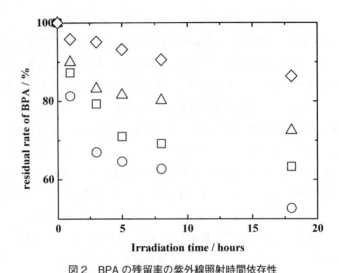

図2　BPA の残留率の紫外線照射時間依存性
CTA イオン修飾チタニア架橋粘土（水熱処理温度：140（□），170（○），200（△），230℃（◇））。

たがって，水熱処理というマイルドな処理であっても高温ではイオン交換サイトの変性が起こることが明らかとなった。さらに材料合成の最適条件を明らかにするために，ビスフェノール A（BPA）の吸着および紫外線照射下での光触媒的酸化分解能の評価を行った。吸着実験の結果は，水熱処理温度にほとんど依存せず，CTA イオンをインターカレーションした材料については高い吸着能を示した。これはチタニア架橋粘土層間が CTA イオン修飾により疎水化したことに起因する。図2に CTA イオンで層間修飾したチタニア架橋粘土の光触媒的酸化分解実験の結果を示す。一部 Mont の熱変性が観測された230℃で水熱処理したチタニア架橋粘土に関しては光触媒能が低かった。また，Mont の変性は観測されなかったが，200℃では光触媒能の低下が観測された。結果として，170℃で水熱処理した場合に得られるチタニア架橋粘土が最も高い光触媒能を示した。140〜200℃では Mont の変性が観測されなかったことから，各温度で層間のチタニアの結晶の質に違いがあり，最も光触媒能の高いチタニアが170℃で生成したものと考えられる。以上の結果から，170℃でチタニア架橋粘土を水熱処理し，層間を CTA イオンで修飾することにより，BPA のような低極性分子に対する高い吸着能と吸着した BPA 分子を光触媒的に酸化分解する高い能力を有する材料の創製に成功したといえる。また，光触媒反応実験中に炭酸ガスの発生が観測されたことから，この材料に紫外光を照射すると BPA 分子は，水と二酸化炭素にまで完全に酸化分解されていることも明らかになった。さらに，水熱法により得られるチタニアナノ結晶を触媒として用いた光触媒反応実験の結果と分解能を比較したところ，効果的な吸着に基づき CTA イオン修飾チタニア架橋粘土の方が高速かつ高い光触媒能を示すことも明らかとなった。本材料で最も問題となる点として，層間の疎水化を担う，すなわち BPA 吸着能を担う CTA イオンが紫外線照射下で共存するチタニアナノ結晶により BPA 同様に分解され，吸着能が使用に伴い低下することが挙げられる。この CTA イオンの分解の有無を明らかにするた

第12章　層状無機化合物空間を利用した環境浄化材料の作製とその特性評価

めに，光触媒反応実験を繰り返し行った。その結果，繰り返し使用により55％程度の吸着能の減少は観測されるものの，CTAイオンが完全に分解されることはないこと，この吸着能の現象に伴う光触媒的酸化分解能の低下は起こらないことが明らかとなり，この材料が繰り返し使用に耐えるものであることが分かった。

4　可視光照射により駆動できる吸着・除去材料の創製

ここまで紹介したように，筆者らが作製したチタニア架橋粘土は，高い吸着能，高い光触媒活性と繰り返し使用に対する高い耐久性を示すものであるが，チタニアがワイドギャップ半導体であること，さらに結晶粒径がナノサイズであるための量子サイズ効果により短波長の紫外線照射下でしか材料としては利用できない。さらに高効率な光照射下での浄化能を有する材料の創製のためには，紫外光のみでなく可視光をも利用可能な系の実現が望まれる。チタニアを可視光照射下で駆動させる研究は，環境浄化を目的としたものだけでなく，水分解や有機合成などへの展開も考慮され，様々な研究者により行われている[33〜35]。代表的な取り組みがチタニアの酸素の一部を窒素に置換することにより得られる窒素ドープチタニアの研究である[36, 37]。この系では，窒素ドープによりチタニアの吸収端が400nm付近まで広がり，可視光照射下でも光触媒能を示すようになる。最近では，元素ドープだけではなく，三酸化タングステン（ライム色の結晶）[38]やフェライト（褐色）[39]などとの複合化によっても可視光照射下で光触媒能が発現することが明らかになっている。

チタニアなどの無機半導体とは別に，フタロシアニンやポルフィリンは配位金属の種類によって，紫外光照射下で3重項酸素を酸化反応活性の高い1重項酸素に変換する能力を有している。このような環状有機分子を用いた有害分子の光酸化分解の検討も進められている[40〜44]。筆者らは，高い吸着能と可視光照射下で光触媒的酸化分解反応による有害有機化合物の処理が可能な材料の創製を目指して，Montに吸着場形成材であるCTAイオンと銅フタロシアニン（CuPC）を複合化した材料を作製した[45]。この材料をn-ノニルフェノール（Np）水溶液に分散し，酸素存在下で620nmの単色光を照射したところ，Npの濃度が0次反応的に減少した。この反応が0次反応的である理由は，触媒反応中に常にバルク水中からNpが定量的に吸着することにより反応場に供給されるためと考えられる。得られた反応速度定数は，複合化するCuPC量の増加とともに増加した。このことは，CuPCが光吸収により生成する1重項酸素がNpの分解に寄与していることを示すものである。処理後に得られるろ液をHPLCで分析した結果，キノンメタンと同定不能な化合物が観測された。したがってこの系でNp分子は，水と炭酸ガスに完全に分解されるのではなく，キノンメタンのような化合物が生成することが明らかとなった（図3）。このキノンメタンの生成は，光励起されたCuPCが生成した1重項酸素がNpと反応することにより生成すると考えられる。ここまで示したようにCTAイオンで修飾したMontの層間に取り込まれたCuPCは可視光照射下で効率よくNpを分解しキノンメタンなどに変換するが，水の無害

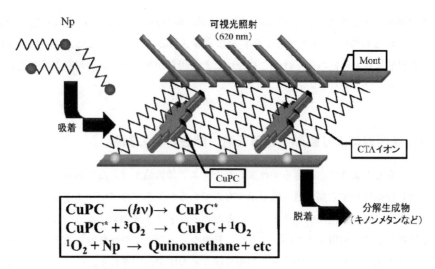

図3　CuPCとCTAイオンで層間修飾されたMontのNp分解機構モデル図

化という点では不十分と言わざるを得ない。

　環境浄化用材料ではないが，色素増感太陽電池も見方によると可視光で色素を励起し生成した電子をチタニアに受け渡す点では，可視光照射によりチタニアを駆動しているとみることもできる。このことは，色素を可視光のアンテナとして用いることで可視光駆動できる環境浄化用光触媒材料の創製が可能であることを示唆する。このような観点での研究はすでに何例か報告されている[46~49]。筆者らは，前述したCTAイオンで層間修飾したチタニア架橋粘土へCuPC誘導体イオンを複合化した材料の創製を試みた。CTAイオンで層間修飾したチタニア架橋粘土は，CTAイオンで層間修飾したMontにチタンイソプロポキシド酢酸溶液をチタン量がMontの陽イオン交換容量（CEC）の40倍となるように加え，遠心分離・洗浄することにより作製した。この疎水化チタニア架橋粘土に2価カチオン型CuPC（ヨウ化プロピルアストラブルー（PABI）：Aldrich社製）をMontのCECの10％複合化することにより，可視光応答型疎水化チタニア架橋粘土を作製した。XRD，拡散反射スペクトル，元素分析の結果，チタニア含量50.5mass％，チタニア粒径約3nm，PABI含量10％ vs CEC，CTAイオン含量90％ vs CECであった。また，これら各成分のほとんどはMont層間に取り込まれていることも確認した。被分解有機化合物としてBPAを用いて暗所におけるBPA吸着能を調査した。図4に吸着量の処理時間依存性を示す。参照としてアナターゼ型チタニアナノ結晶であるST-01の結果も示した。疎水化チタニア架橋粘土とPABIを複合化した疎水化チタニア架橋粘土ともに，非常に高い吸着能を示すことが明らかとなった。この結果は，CTAイオンによりMont層間がBPA吸着に十分な疎水性を有することを示すものである。

　図5に420nm以下の光をカットしたXeランプ（300W）からの可視光を照射したときの発生した炭酸ガス量の光照射時間依存性を示す。疎水化チタニア架橋粘土中のチタニアは，可視光で

第12章　層状無機化合物空間を利用した環境浄化材料の作製とその特性評価

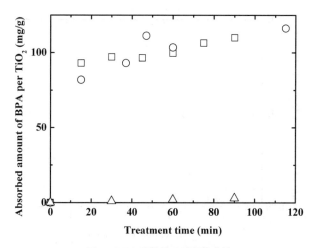

図4　BPA吸着量の時間依存性
□：疎水化チタニア架橋粘土，○：PABI含有疎水化チタニア架橋粘土，△：ST-01。

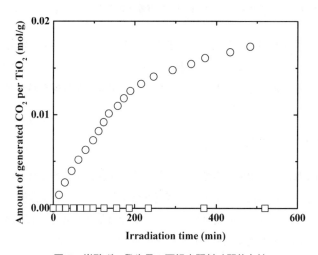

図5　炭酸ガス発生量の可視光照射時間依存性
照射光：420nm以下の光をカットしたXeランプ（300W）。
□：疎水化チタニア架橋粘土，○：PABI含有疎水化チタニア架橋粘土。

は光電荷分離状態を実現できないため，BPAが完全に酸化分解された場合に観測される炭酸ガスは全く観測されなかった。一方，PABIを含有する疎水化チタニア架橋粘土では，炭酸ガスの顕著な発生が観測された。このことは，可視光により励起されたPABI分子からチタニアが電子を受け取ることで，チタニアが活性化され，BPAの酸化分解が進んだものと考えられる。このことは，光増感色素とチタニアの組み合わせにより可視光照射下でもBPAのような有害有機化合物を光触媒的に酸化分解できる材料が創製できることを示している。さらに図6に示すように，300nm以上の光を照射した場合でもPABIの複合化の効果は観測されたことから，筆者らが作製したPABI含有疎水化チタニア架橋粘土は，低極性の有害有機化合物を水中から高効率で

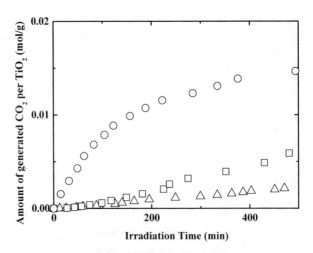

図6　炭酸ガス発生量の光照射時間依存性
照射光：300nm以下の光をカットしたXeランプ（300W）。
□：疎水化チタニア架橋粘土，○：PABI含有疎水化チタニア架橋粘土，△：ST-01。

吸着するとともに，可視光照射下で炭酸ガスまで光触媒的に酸化分解する能力を有する材料であることが明らかとなった。しかし，この実験で発生する炭酸ガスの量は，水中に存在するBPAの量から予想されるものよりも少なかった。すなわち，本材料が可視光照射下で示す光触媒反応は，

$$C_{15}H_{16}O_2 + 18O_2 \rightarrow 15CO_2 + 8H_2O$$

という化学量論的な反応では説明できないこととなる。光反応後に得られる溶液についてHPLC分析を行ったところ，光反応後に光反応前に観測されなかったピークが観測された。藤嶋らのアナターゼ型チタニアによるBPAの紫外線照射下での光触媒的酸化分解に関する報告[50]によると，彼らは光反応後の溶液のLC-MS/MS測定を行い，3-(4-ヒドロキシフェニル)-3-メチル-2-オッキソブタン酸，4-ビニルフェノール，4-ヒドロアセトフェノンなどの生成物が光反応後生じることを明らかにしている。これに基づくと，少なくとも材料中に含まれるチタニアナノ結晶によって，吸着されたBPAは上記報告と同様の化合物を生成していることは予想に難くない。一方で，筆者らの以前のCuPCを含む疎水化粘土によるNpの光酸化分解に関する報告に基づくと，PABI含有疎水化チタニア架橋粘土中に取り込まれたBPAは，PABIの光励起により生成した1重項酸素による酸化も受けていると考えられる。したがって，筆者らが作製した可視光駆動型PABI含有疎水化チタニア架橋粘土による水中のBPAの光触媒的酸化分解反応は，図7に示すようなメカニズムで進行すると予想される。

実用に向けた取り組みとして，PABI含有疎水化チタニア架橋粘土をガラスビーズ（平均粒径：2.4mm）に担持した試料を作製し（担持量は0.3g-catalyst/60g-glass beads，図8），循環流通下でBPAの光分解反応評価を行った。実験には，JIS R 1704に準拠した循環式実験装置を

第 12 章　層状無機化合物空間を利用した環境浄化材料の作製とその特性評価

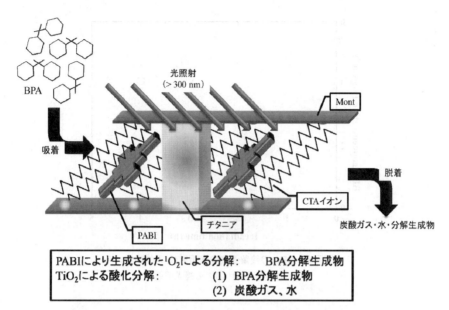

図7　PABI 含有疎水化チタニア架橋粘土による BPA 分解機構モデル図

図8　PABI 含有疎水化チタニア架橋粘土担持ガラスビーズの外観図

し，紫外光源としてはブラックライト（JIS FL20S-BLB(20W)，光強度：$1.95\,mW/cm^2$）を，可視光光源としては白色蛍光灯（JIS FL20SS-W/18(18W)，光強度：$1.3\times10^4\,lux$）をそれぞれ2本ずつ用いた。BPA 濃度は，HPLC（島津製作所社製）で展開溶媒を水／メタノール（1/1）として見積もった。また光照射は，暗所で BPA の吸着が平衡に達した後に開始した。結果を図9に示す。紫外光と可視光のどちらを照射した場合も，粉末試料を用いたバッチ式の実験の場合と同様に BPA 濃度の減少が観測された。これは，筆者らが開発した材料が実用材料としての可能

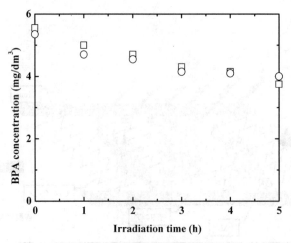

図9 BPAの残留濃度の光照射時間依存性
□：紫外光照射，○：可視光照射．

性を十分有していることを示唆するものである。一方で，図8に示すように使用回数を重ねるにしたがって，PABI由来の色である青色が徐々に薄くなってくる。これはPABIの脱着もしくは光触媒であるチタニアによる光酸化分解による劣化と考えられる。今後は，この材料の光触媒的酸化分解機構の詳細ならびに劣化機構を解明することで，材料機能の向上および耐光性の向上を目指す。

5 おわりに

ここまで示してきたように層状無機化合物である粘土が有する構造中の2次元ナノ空間に機能を有する部品を配置することで，単純な混合などでは実現困難な複合機能を発現することができる。本稿では，酸化物ナノ結晶架橋粘土をホストとした環境浄化，特に水質浄化に利用可能な光触媒材料の創製について筆者らの成果を中心に紹介してきた。吸着・光触媒機構に関してはいまだ不明な点も多いのが実状であるが，今後研究を進め材料の特性や機構の詳細を明らかにすることで，さらなる高機能化が期待できる材料系であろう。また，筆者らの材料の課題の一つである光照射による材料の劣化に関しても，特性や機構の詳細を解明することにより，改良点を見出すことが可能であろう。今後もこの魅力的な素材である層状無機化合物，特にイオン交換性を有する粘土などをホストとした安価かつ簡便な環境浄化材料創製に向けた取り組みを進める予定である。本稿を読み，このような機能の複合化や修飾が容易な本材料系に興味をもち，それを利用し尽くすような研究が推進されることを心から望む。

第 12 章　層状無機化合物空間を利用した環境浄化材料の作製とその特性評価

謝辞

　本稿中の筆者の成果に対する名古屋大学大学院工学研究科吉田寿雄准教授（触媒調製や特性評価に関する助言），名古屋市工業研究所大岡千洋博士，岸川允幸氏（ABI 含有疎水化チタニア架橋粘土担持ガラスビーズの作製と循環式実験装置による光触媒特性の実験）の協力に対し，この場を借りて謝意を示したい。また，成果の一部は科学研究費補助金特定領域研究（光機能界面：14050052）にて行ったものである。

文　　　献

1) 山中昭司，無機ナノシートの科学と応用，p.193，シーエムシー出版（2005）
2) P. Cool, E. F. Vansant, "Handbook of Layered Materials", p.261, Marcel Dekker, Inc. (2004)
3) BF. Gao, PS. Yap, TM. Lim, TT. Lim, *Chem. Eng. J.*, **171**, 1098-1107 (2011)
4) YJ. Li, W. Chen, LY. Li, *ActaPhysco-chimica Sinica*, **27**, 1751-1756 (2011)
5) N. M. Mahmoodi, M. Arami, J. Zhang, *J. Alloys Compd.*, **509**, 4754-4764 (2011)
6) W. Zhang, L. Zou, L. Wang, *Chem. Eng. J.*, **168**, 485-492 (2011)
7) J. Matos, A. Garcia, SE. Park, *Appl. Catal. A.*, **393**, 359-366 (2011)
8) M. Brigante, P. Schulz, *J. Colloid Interface Sci.*, **363**, 355-361 (2011)
9) N. Suzuki, XF. Jiang, L. Radhakrishnan, K. Takai, K. Shimasaki, YT. Huang, N. Miyamoto, Y. Yamauchi, *Bull. Chem. Soc. Jpn.*, **84**, 812-817 (2011)
10) K. Okada, A. Yoshizawa, Y. Kameshima, T. Isobe, A. Nakajima, KJD. Mackenzie, *J. Porous Mater.*, **18**, 345-354 (2011)
11) K. Inumaru, M. Yasui, T. Kasahara, K. Yamaguchi, A. Yasuda, S. Yamanaka, *J. Mater. Chem.*, **21**, 12117-12125 (2011)
12) A. Nakajima, K. Takakuwa, Y. Kameshima, M. Hgiwara, S. Sato, Y. Yamamoto, N. Yoshida, T. Watanabe, K. Okada, *J. Photochem. Photobiol. A.*, **177**, 94-99 (2006)
13) HF. Li, XN, Cheng, J. Yang, XH. Yan, HB. Sh, *J. Mater. Sci. Tech.*, **23**, 123-126 (2007)
14) K. Chen, JY. Li, WX. Wang, YM. Zhang, XJ. Wang, HQ. Su, *Appl. Surface Sci.*, **257**, 7276-7285 (2011)
15) V. Vimonses, MN. Chong, B. Jin, *MicroporousMesoporous Mater.*, **132**, 201-209 (2010)
16) XZ. Yang, XB. Ke, DJ. Yang, JW. Liu, C. Guo, R. Frost, HQ. Su, HY. Zhu, *Appl. Clay Sci.*, **49**, 44-50 (2010)
17) E. Divininov, E. Popovici, R. Pode, L Cocheci, P. Barvinschi, V. Nica, *J. Hazard. Mater.*, **167**, 1050-1056 (2009)
18) J. Menesi, L. Korosi, E. Bazso, V. Zollmer, A. Rihardt, I. Dekany, *Chemosphere*, **70**, 538-542 (2008)
19) R. Kun, K. Mogyorosi, I. Dekany, *Appl. Clay Sci.*, **32**, 99-110 (2006)
20) T. Hatamachi, T. Kodama, Y. Kitayama, *Appl. Catal. B.*, **55**, 141-148 (2005)

21) 山中昭司, 触媒, **40**, 522 (1998)
22) Y. Kitayama, T. Kodama, M. Abe, H. Shimotsuma, Y. Matsuda, *J. Porous Mater.*, **5**, 121 (1998)
23) C. Ooka, K. Iida, M. Harada, K. Hirano, Y. Nishi, *Appl. Clay Sci.*, **42**, 363-367 (2009) ; C. Ooka, H. Yoshida, K. Suzuki, T. Hattori, *Appl. Catal. A.*, **260**, 47-53 (2004)
24) C. Ooka, H. Yoshida, K. Suzuki, T. Hattori, *MicroporousMesoporous Mater.*, **67**, 143-150 (2004)
25) C. Ooka, H. Yoshida, S. Takeuchi, M. Maekawa, Z. Yamada, T. Hattori, *Catal. Commun.*, **5**, 49-54 (2004)
26) C. Ooka, H. Yoshida, K. Suzuki, T. Hattori, *Chem. Lett.*, **32**, 896-897 (2003)
27) C. Ooka, H. Yoshida, M. Horio, K. Suzuki, T. Hattori, *Appl. Catal. B.*, **41**, 313-321 (2003)
28) C. Ooka, S. Akita, Y. Ohashi, T. Horiuchi, K. Suzuki, S. Komai, H. Yoshida, T. Hattori, *J. Mater. Chem.*, **9**, 1943-1952 (1999)
29) H. Yoshida, T. Kawase, Y. Miyashita, C. Murata, C. Ooka, T. Hattori, *Chem. Lett.*, 715-716 (1999)
30) R. Sasai, Y. Hotta, H. Itoh, *J. Ceram. Soc. Jpn.*, **116**, 205 (2008)
31) T. Sugimoto, XP. Zhou, A. Muramatsu, *J. Colloid Interface Sci.*, **252**, 339 (2002)
32) T. Sugimoto, XP. Zhou, A. Muramatsu, *J. Colloid Interface Sci.*, **259**, 43 (2003)
33) SG. Kumar, LG. Devi, *J. Phys. Chem. A.*, **115**, 13211-13241 (2011)
34) HX. Chen, ZX. Wei, Y. Wang, WW. Zeng, CM. Xiao, *Mater. Chem. Phys.*, **130**, 1387-1393 (2011)
35) S. Naya, A. Inour, H. Tada, *Chem. Phys. Chem.*, **12**, 2719-2723 (2011)
36) Z. He, Y. He, *Appl. Surface Sci.*, **258**, 972-976 (2011)
37) X. Liu, ZQ. Liu, J. Zheng, X. Yan, DD. Li, S. Chen, W. Chu, *J. Alloy Compd.*, **509**, 9970-9976 (2011)
38) J. He, Q. Luo, QZ. Cai, XW. Li, DQ. Zhang, *Mater. Chem. Sci.*, **129**, 242-248 (2011)
39) FJ. Ren, K. He, YH. Ling, JY. Feng, *Appl. Surface Sci.*, **257**, 9621-9625 (2011)
40) MY. Zhang, CL. Shao, ZC. Guo, ZY. Zhang, JB. Mu, P. Zhang, TP. Cao, YC. Liu, *ACS Appl. Mater. Interface*, **3**, 2573-2578 (2011)
41) V. Iliev, A. Ilieva, *J. Mol. Catal. A.*, **103**, 147-153 (1995)
42) J. Premkumar, R. Ramaraj, *J. Photochem. Photobiol. A.*, **110**, 53-58 (1997)
43) R. Gerdes, D. Wohrle, W. Spiller, G. Schneider, G. Schnurpfeil, G. Schulz-Ekloff, *J. Photochem. Photobiol. A.*, **111**, 65-74 (1997)
44) V. Iliev, V. Alexiev, L .Bilyarska, *J. Mol. Catal. A.*, **137**, 15-22 (1999)
45) R. Sasai, D. Sugiyama, S. Takahashi, Z. Tong, T. Shichi, H. Itoh, K. Takagi, *J. Photochem. Photobiol. A.*, **155**, 223-229 (2003)
46) MY. Zhang, CL. Shao, ZC. Guo, ZY. Zhang, JB. Mu, TP. Cao, YC. Liu, *ACS Appl. Mater. Interfaces*, **3**, 369-377 (2011)
47) G. Marci, E. Garcia-Lopez, G. Mele, L. Palmisano, G. Dyrda, R. Slota, *Catal. Today*, **143**, 203-210 (2009)

第 12 章　層状無機化合物空間を利用した環境浄化材料の作製とその特性評価

48) ZY. Wang, CM. Gao, WP. Mao, B. Zhao, HF. Chen, XP. Fan, GD. Qian, *Rare Metal Mater. Eng.*, **37**, 468-472 (2008)
49) V. Iliev, *J. Photochem. Photobiol. A.*, **151**, 195-199 (2002)
50) Y. Ohko, I. Ando, C. Niwa, T. Tatsuma, T. Yamamura, T. Nakashima, Y. Kubota, A. Fujishima, *Environ. Sci. Technol.*, **35**, 2365-2368 (2001)

第13章 有機-層状無機複合型高輝度発光固体による分子検知

笹井 亮*

1 はじめに

　様々な媒体中に存在する微量物質の選択的な検知の実現が，環境保全・環境浄化分野を中心に様々な分野で求められている。これを実現する既存のデバイスとして，半導体センサーが広く用いられている。半導体センサーは還元性のガスの検知には高い能力を発揮するが，その他のガスに関しては必ずしも高感度とは言えない。また，表面へのガス種の吸着が駆動力となるため，阻害物質（水分子など）がセンサー表面を被毒すると感度が著しく低下するため，その処置のためのシステムを必要とする。このような問題点を解決するために，半導体センサー表面の修飾・改良やデバイスシステムの改良が精力的に行われているが，半導体のみですべてのニーズにこたえることは非常に困難であるといわざるを得ない。したがって，半導体センサーが不得手とするガス種に対して高い物性応答を示す材料がセンサーやインディケータの分野では切望されている。これを実現するためには，対象とするガス種を選択的に吸着することでそのガス種により物性変化を示す材料の周りに検知対象となるガス種を濃縮するか，選択的な吸着はなくとも材料自身が対象とするガス種と接触することで高い感度で物性変化を示すかのいずれか特性をもつ材料が必要となる。このような多機能的な特性を単一の物質で実現することは非常に困難である。そこでこのような多機能的な特性を同時に実現できる系として有機-無機系に大きな期待が寄せられている。

　分子認識に向けて様々な無機ホストと機能性有機化合物との複合化が検討されている中で，ナノオーダーの層厚をもつ酸化物や水酸化物の結晶性ナノシートが交換性イオンを介して積層した構造をもつ粘土に代表されるイオン交換性無機層状化合物は，層間に存在する交換性イオンを無機イオン種だけでなく有機イオン種や極性有機種と比較的容易に交換し複合材料を作製可能であることから，古くから有効な無機ホストとして利用されてきた[1~7]。特に，粘土の層間を両親媒性分子で修飾することにより得られる有機修飾粘土は，有機溶剤中で顕著な膨潤挙動を示すことでわかるように，その層間へ極性の低い有機分子を効率よく吸着することが知られている。有機修飾粘土をはじめとする，有機イオンと複合化させた層状化合物のこのような特性は，近年ますます注目されるとともに，環境の清浄化に対する世間の意識の高まりと相まってさらなる高機能化が切望されている。有機修飾した層状化合物による有機溶媒分子の吸着におけるもっとも特徴

---

* Ryo Sasai　島根大学　総合理工学部　物質科学科　准教授

第13章　有機-層状無機複合型高輝度発光固体による分子検知

的な点は，有機溶媒分子を層間に取り込む場合に，積層方向の距離（層間距離）が変化することにある。このような現象は，吸着剤として現在用いられているゼオライト，活性炭やメソポーラスシリカなどの多孔性材料には見られないものである。この積層方向の柔軟性は，有機修飾の仕方によってはゼオライトや活性炭やメソポーラスシリカなどでは吸着・除去が困難な嵩高い分子でも吸着できる材料を設計できることや，層間距離の能動的な制御により分子サイズに合わせた吸着剤を設計できることを示している。また最近では単に吸着するのではなく，吸着により誘起される特性変化により検知をも可能な材料や，吸着した分子を無害な物質（例えば，二酸化炭素や水など）に変換する材料も報告されている[7]。さらに，帯電層を有する多くの金属酸化物や金属水酸化物のナノシートコロイド懸濁液の調製が可能になったことから，粘土のような絶縁体だけではなく，半導体，光触媒活性や磁性を有する化合物など，層自身の機能も利用した材料を開発できる状況になってきた[6]。筆者らは，周囲空間に存在するターゲット分子を高感度かつ迅速に吸着し，発光変化により検知できる能力を有する材料としてイオン交換性無機層状化合物に発光性色素を複合化した固体材料を提案してきた。本稿では，イオン交換性無機層状化合物をホストとした吸着・検知材料の開発状況とともに，筆者らの研究・開発コンセプトとその成果について紹介する。

2　イオン交換性層状無機化合物をホストとした有機分子吸着材料

イオン交換性層状無機化合物と両親媒性分子を複合化して得られる層間化合物は，高い疎水性を有することから無極性および低極性有機分子を効率よく吸着することが知られる。このような材料の層間には両親媒性分子による強い疎水場が形成されているために，無極性もしくは低極性分子であればその種類・形・サイズなどに寄らず様々な媒体（気相や液相）中に存在する分子を吸着・除去できる。とにかく環境を浄化したいというニーズに対しては効果的であるが，選択的な吸着による化合物の分離を実現することは難しい。この選択的な吸着を実現するための一つの方法として，層間修飾に用いる両親媒性分子のサイズ，嵩高さ，修飾量を調節することで層内の疎水度や余剰空間容量を制御する方法が知られている。例えば，Lawrenceら[8]は，層間有機修飾剤としてtetramethylphosphoniumを用いmontmorilloniteをホストとした有機修飾粘土によるフェノール誘導体の液相吸着について検討した。その結果，この系では層間に形成されるスリット型の余剰空間と分子のサイズ並びに形状のマッチングにより，選択的な吸着挙動が観測されることが明らかとなっている。また，石井ら[9]は粘土層間にビフェニレンにより細孔を形成することによりトルエンの吸着能力を飛躍的に向上させることに成功している。この系では，ビフェニレンとトルエンとのπ-π相互作用の重要性も考察されているが，メカニズムの詳細はいまだ明らかにされていない。ここに二つの例を示したが，層間を有機修飾することにより選択的な分子吸着を実現するための材料設計指針についてはいまだ不明な点が多く，今後実験と理論の両面からのアプローチが必要不可欠となろう。

3 イオン交換性層状無機化合物をホストとした有機分子検知材料

　私たちの生活空間や作業空間の清浄化に対する過剰とも言える意識の高まりから，これらの空間中に存在しうる様々な有害物質の効率的な除去が望まれる昨今，前述したような吸着・除去のみに特化した材料だけではなく，その空間に有害物質が存在した場合にそれを高感度かつ迅速に検知し知らせる機能を有する材料が切望されている。このような特定の化学物質を検知できる材料には，化学物質を吸着する部位と材料中に化学物質が吸着したことを物理信号（何らかの物性変化）に変換する部位の両方が必要となる。そのような材料を実現するために，(a) 吸着部位に選択性を付与する方法と (b) 特定の化学物質によってのみ物性変化を示す部位を組み込む方法の二通りの材料設計が考えられる。(a)では，ターゲットとする化学物質の特性を考慮した層間の特性や立体構造の精密な制御が必要となる。前節で紹介した有機分子ピラーによる分子篩効果の発現などが一つの例である。この場合，吸着の有無を知らせる物性変化はどんなものでも構わないことになる。もっとも単純な物理量変化として重量変化が挙げられる。最近では水晶振動子を用いた高感度リアルタイムモニタリングも可能となってきている。実際に白鳥ら[10, 11]は，水晶振動子上に層状 α-リン酸ジルコニウム多孔性膜を作製することにより重量変化によるガスセンサーを報告している。最も認知されており研究開発の盛んな半導体ガスセンサーに選択性を導入しようとする研究も見られる。半導体表面を修飾し分子選択性を付与するとセンサー感度が下がる場合が多いが，伊藤らは半導体として還元処理によりイオン交換性を付与した層状モリブデン酸ナトリウムを用い，その層間にポリアニリン誘導体を複合化することにより，アルデヒド類が吸着した場合にのみ大きな抵抗変化を示す材料の創製に成功している[12, 13]。(b)の方法の代表的な例は，酸化スズを用いた還元性ガスセンサーである。還元性化学物質と酸化スズ表面の酸素が反応することで，酸化スズの電気伝導性が変化することを利用したものである。しかし，この系では精密な分子選択性を発現させるのは困難である。高い分子選択性の実現を目指し，近年物性変化として光学特性を利用したものが報告されている。例えば，小川らは陽イオン交換粘土の層間にビオロンゲン誘導体，ルテニウムビピリジル錯体やユーロピウムイオンを導入した複合体により分光学的な特性変化により化学物質の検知に成功している[14~18]。これらの系では，吸着した化学物質が層間の発色団と光化学的に反応することで分光学特性が変化すると結論付けられている。

　筆者はレーザー色素として知られるローダミン系色素を粘土などの層間に両親媒性化合物とともに複合化することで，発光量子収率約80％という高い値をしめす固体発光材料の創製に成功している。ここで用いたローダミン系色素の発光特性は，色素同士の分子会合やpH上昇によるラクトン型生成により著しい変化を示すことが知られている。このような色素の変化を筆者の材料内で分子吸着により誘発できれば，この材料は分子吸着に応答する材料として利用することが可能となる。以下に筆者らの最近の成果を紹介する。

第 13 章　有機-層状無機複合型高輝度発光固体による分子検知

4　粘土／ローダミン系色素／アルキルトリメチルアンモニウムハイブリッドによる分子検知 [19~23]

粘土としてラポナイトを用い，その層間にアルキル鎖長の異なるアルキルトリメチルアンモニウム（CnTMA）とローダミン系色素を導入した材料を作製した。ここでローダミン系色素の導入量は，ラポナイトの陽イオン交換容量の 0.1%，CnTMA は 70% とした。ローダミン系色素としては，ローダミン 6G（R6G），ローダミン 3B（R3B）とローダミン 123（R123）を用いた（図 1 内に分子構造を示す）。この材料の乾燥状態と水分子を飽和吸着した試料の発光特性を評価した。図 1 に乾燥状態と水飽和吸着状態での発光量子収率の比（ϕ^{wet}/ϕ^{dry}）をアルキル鎖内の炭素数（n）に対してプロットしたものを示す。色素の種類に寄らずアルキル鎖長の長い CnTMA（$n>10$）の場合には，周辺の相対湿度の影響は受けない，すなわち水分子の吸着がほとんどないと考えられる。一方で，アルキル鎖長が短い場合や CnTMA を導入しない場合には，色素の種類により水の吸着による影響が異なることが明らかとなった。$n=6$ の場合，R3B は水の影響をほとんど受けなかったが，R123 は水の吸着により発光増強が，R6G は水の吸着により発光消光が観測された。これは，それぞれの色素の水と C6TMA との親和性が異なるためと説明することができる。すなわち，R6G は水とも C6TMA とも親和性が低いため，層内で R6G 分子同士が会合体を形成し発光が消光，R3B は C6TMA との親和性が高く水が吸着したとしても影響を受けない。一方で R123 は水との親和性が高いため乾燥状態で会合していた色素が水の吸着により会合がかい離したと考えられる。このような現象は光吸収スペクトルからも支持

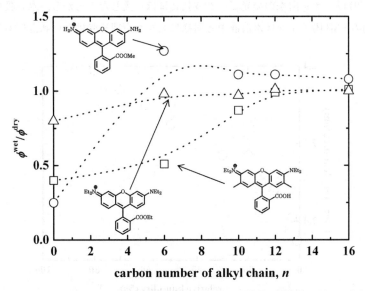

図 1　発光量子収率比（ϕ^{wet}/ϕ^{dry}）のアルキル鎖内の炭素数に対する依存性
□：R6G, ○：R123, △：R3B。$n=0$ は，TNS/R3B ハイブリッド。

されるものである。水の吸着がこのように層内に取り込まれた色素の状態や発光特性に大きく影響を与えることから，他の有機溶剤蒸気に対してもこの材料が発光応答することが期待されるが，この粘土／ローダミン系色素／CnTMA系は水以外の有機溶剤蒸気の吸着による発光特性変化は観測されなかった。有機溶剤蒸気に対して発光応答を示さなかった理由については明確ではないが，層内に吸着した有機溶剤蒸気が色素と接触しないようなサイトに吸着しているものと考えられる。

5　チタン酸ナノシート／ローダミン系色素／アルキルトリメチルアンモニウムハイブリッドによる分子検知[20~22, 24)]

佐々木らの手法により調製したチタン酸ナノシート（TNS）コロイド懸濁液に，チタン酸ナノシートの陽イオン交換容量（CEC：4.12 meq./g）に対して0.02%のR3Bと100%のC10TMAを加え生じる沈殿を回収することでTNS/R3B/C10TMAハイブリッド材料を調製した。得られたハイブリッド中には，R3BとC10TMAがTNSのCECに対してそれぞれ0.02%と50%含まれていた。この材料への水蒸気吸着の影響を実験した。層間隙（XRDから求めた底面距離から層厚を差し引いた値）の湿度依存性を図2に示す。低湿度下での急激な層間隙の拡大の後，40%以上で湿度の増加に伴い緩やかな拡大が観測された。この結果は，TNS/C10TMA/R3B中に少なくとも吸着平衡定数の異なる二種類の水分子吸着サイトがあることを示唆する。

図3に乾燥状態と水分子を飽和吸着させた試料の発光スペクトルを示す。発光ピークのブルーシフトが観測された。水分子を飽和吸着させたハイブリッドの発光スペクトルのピーク波長が水溶液中でのR3B陽イオン由来の発光ピーク波長とほぼ一致したことから，水の吸着が起こることにより層間のR3B陽イオンは水溶液中と同様に大きな束縛を受けない状況にあると考えられ

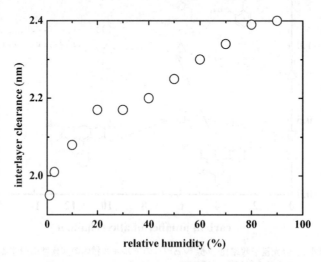

図2　TNS/R3B/C10TMAの層間隙の相対湿度依存性

第13章　有機-層状無機複合型高輝度発光固体による分子検知

る。このことは，少なくとも TNS 系が有する水吸着サイトの一つは TNS 層表面であり，ここへ水が吸着することにより層間の R3B と層表面に存在するイオン交換サイト間の静電相互作用が弱まったことが示唆される。

　R3B 陽イオンが周囲の pH の増加により無発光性のラクトン体へ分子内環化反応により変化することを考慮すると（図4），水分子が吸着した状態で塩基性分子を層間へ吸着させることができれば，TNS 系ハイブリッド材料はその発光消光という形で塩基性分子の吸着を検知できることが予想できる。図5に乾燥状態および水蒸気存在下でアンモニア分子を吸着させた場合の発光スペクトルを示す。図5から明らかなように約90％という高い消光率で発光消光が観測された。このことは，予想通り層間が塩基性条件になったことを示す。しかし，R3B 陽イオンを飽和アンモニア水中に溶解した場合にはこのような大きな消光効果は観測されない。一方で，ローダミン系色素を塩基水溶液とジメチルエーテルに加えると，ローダミン系色素はジメチルエーテ

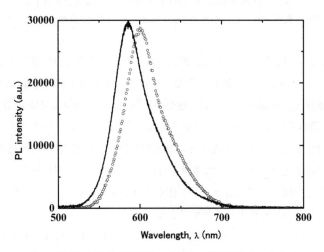

図3　TNS/R3B/C10TMA ハイブリッドの発光スペクトル
○：乾燥試料，実線：水吸着試料。

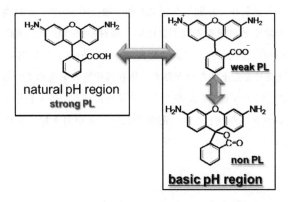

図4　ローダミン色素の pH 変化に伴う分子内構造変化

革新機能材料の開発と応用展開

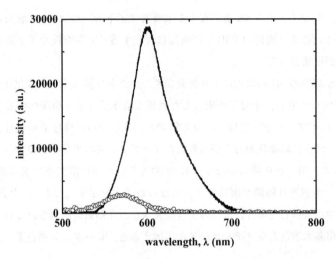

図5　TNS/R3B/C10TMA ハイブリッドの発光スペクトル
実線：乾燥試料，○：水蒸気存在下でアンモニア分子を吸着させた試料。

ルヘラクトン体として溶解し退色することが知られている。この二相分離溶液を激しく振るとジエチルエーテルと水との界面が増加し，界面にてラクトン体の分子内開環反応が進行し発色する。この発色は静置後，界面の減少により速やかに退色する（カメレオン溶液）。このような色素の性質と TNS 系ハイブリッドの層内の分子構成とを考慮すると，ハイブリッドの顕著な消光は，水分子が吸着することにより層表面との静電相互作用から解放された R3B 陽イオンが吸着水にアンモニアが溶け込むことにより塩基性条件に曝され，分子内環化反応によりラクトン体に変化するとともに，中性分子であるラクトン体がより安定に存在しうる C10TMA が形成する無極性空間に移動したためと解釈することができる。

　TNS/R3B/C10TMA ハイブリッドに対する他の有機溶剤蒸気の吸着の影響を調べた結果を，乾燥試料の発光強度を100とした場合の相対強度として図6に示す。その結果，有機溶剤蒸気に応じた発光変化が観測された。先に示した通りアンモニア-水蒸気中では顕著な蛍光消光（消光率90％）が，エタノール蒸気中では顕著な蛍光増強（増強率150％）が観測された。アルコール系では，メタノールを除くと誘電率の低下に伴い，相対強度の減少が観測され，1-Propanol を境に増強から消光へ挙動が変化した。これは層間の極性変化による R3B の状態変化と考えられるが，各分子の吸着量などまだ不明な点が多く，現在機構解明を進めているところである。各分子蒸気に試料を晒すことにより層間距離が，その分子長に応じた拡大を示すことから，少なくとも分子の層間への吸着がきっかけとなり，R3B の状態変化が引き起こされていることだけは確かである。

第13章　有機-層状無機複合型高輝度発光固体による分子検知

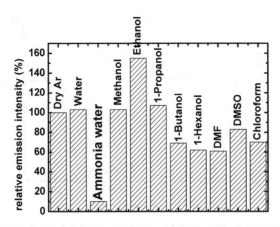

図6　TNS/R3B/C10TMAハイブリッドの相対発光強度への有機溶剤蒸気吸着の影響

6　層状複水酸化物／フルオロセイン／アルキル硫酸塩ハイブリッドによる分子検知[25]

層状複水酸化物（LDH）に発光色素としてフルオロセイン（Fl）とブチル硫酸イオンを導入することにより作製した材料について，乾燥および水蒸気存在下で光吸収色の変化および発光強度を測定したところ，顕著な変化が観測された。この現象の詳細を明らかにするために，水蒸気存在下で拡散反射および発光スペクトルの測定を行った。図7に乾燥および水分子を飽和吸着させた試料の拡散反射および発光スペクトルを示す。乾燥条件では，2価陰イオンFC由来の吸収および発光が観測されないのに対し，水を吸着することにより2価陰イオンFC由来の吸収および発光が顕著に観測された。FC分子は水溶液中でpHの低下に伴い2価陰イオン，1価陰イオンさらには中性分子という変化を示し，これに伴い発光性が消失することが知られている。したがって本ハイブリッド中でFCは，乾燥状態で1価陰イオンもしくは中性型として，水吸着状態では2価陰イオンとして存在すると考えられる。このようなLDH層間でのFCの分光学的特性の変化は，C4Sが共存しない場合（図8 (a)）や分子内環化反応を示さないFC類似色素を用いた場合（図8 (b)）には観測されなかったことから，ハイブリッドの水吸着に対する挙動は①C4Sが必須であること，②分子内環化反応が乾湿に対して可逆的に起こるためであることが明らかとなった。これは，C4Sが共存することでC4Sが層空間を疎水化するため，乾燥状態ではFCが2価陰イオンとして存在することが困難になり，分子内環化反応が自発的に起こり中性型分子へと構造変化し，安定化される。一方，水が吸着すると層空間中にナノサイズオーダーの水滴が形成され，その水滴にFCが溶解し安定化するために2価陰イオンに構造変化する。そのためFC由来の吸収色と発光が発現したものと考えられる。以上の結果から，本ハイブリッドは空間中の水蒸気の存在をハイブリッド中のFCの分子内構造変化に伴う分光学的特性変化として検知できる材料であることが明らかとなった。

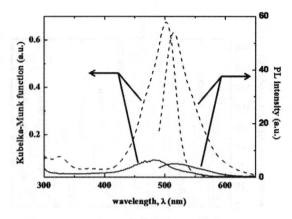

図7 LDH/Fl/C4S の拡散反射および発光スペクトル
実線：乾燥状態，破線：水吸着試料。

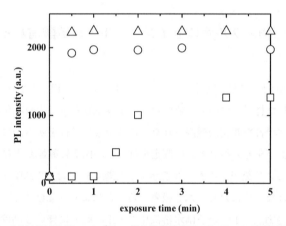

図8 LDH/Fl/C4S ハイブリッドの発光強度のアンモニア暴露時間依存性
アンモニア濃度：11 mg/dm^3（□），105 mg/dm^3（○），319 mg/dm^3（△）。

　水吸着の結果から，LDH/Fl/C4S ハイブリッドも TNS/R3B/C10TMA ハイブリッドと同様に塩基性分子であるアンモニアを吸着させると Fl の分子内構造変化が顕著に誘発され，発光特性変化によりアンモニアを検知できることが予想できる。図8にハイブリッド粉末を湿潤アンモニア蒸気雰囲気に暴露した場合の発光強度の経時変化を示す。図から明らかなようにアンモニアの吸着時にも水を吸着させた場合と同様に発光強度の増大が観測された。さらにこの発光の増強率は空間中のアンモニア濃度に応じたものとなった。この現象は，本ハイブリッド中にアンモニアが水とともに吸着することにより，層空間でアンモニア水が形成され空間の pH が増加することが原因と考えられる。以上の結果から，本ハイブリッド材料は水のみならず，アンモニアをも発光強度変化により検知できる材料であることが明らかとなった。LDH/Fl/C4S ハイブリッドに関しては，現在他の有機溶剤蒸気に対する応答性を検討中である。

第 13 章　有機－層状無機複合型高輝度発光固体による分子検知

7　おわりに

本稿では，イオン交換性無機層状化合物をホストとした吸着・検知材料の開発状況とともに，筆者らの研究・開発コンセプトとその成果について紹介した。本稿で紹介したような系についてはまだ十分な解析が進んでいない点が多いが，今後様々な分子を吸着させた場合のデータを積み重ねることで，物質検知や分離の究極目標ともいえる「分子選択性」実現に近づけるものと考える。

謝辞

本研究の一部は，JST 地域イノベーション創出総合支援事業重点地域研究開発促進プログラム H19 年度シーズ発掘試験「発光性色素／粘土ハイブリッド固体材料を用いた温湿度センサーの開発」の支援を受けて行ったものです。この場をお借りして御礼申し上げます。

文　献

1) J. M. Thomas, *Intercalation Chemistry* ed. by M. S. Whittingham and A. J. Jacobsn, pp.55-99 Academic Press, New York（1982）
2) 山中昭司，金丸文一，季刊化学総説 No. 40 分子集合体—その組織化と機能，日本化学会編，pp.65-81　学会出版センター（1983）
3) 季刊化学総説 No.21 マイクロポーラス・クリスタル，日本化学会編，学会出版センター（1994）
4) 季刊化学総説 No.42 無機有機ナノ複合物質，日本化学会編，学会出版センター（1999）
5) S. M. Auerbach, K. A. Carrado and P. K. Dutta, *Handbook of Layered Materials*, Marcel Dekker, Inc.,（2004）
6) 無機ナノシートの科学と応用，黒田一幸，佐々木高義監修，シーエムシー出版　東京（2005）
7) 機能性粘土素材の最新動向，小川誠監修，シーエムシー出版　東京（2010）
8) M. A. M. Lawrence, R. K. Kukkadapu and S. A. Boyd, *Appl. Clay Sci.*, **13**, 13（1998）
9) 石井亮，粘土科学，48, 70（2009）
10) 井浪雄之，高井広和，櫛田慎也，白鳥世明，信学技報，**OME2001-51**, 37（2000）
11) B. Ding, J. Kim, Y. Miyazaki and S. Shiratori, *Sens. Actuat. B*, **101**, 373（2004）
12) 伊藤敏雄，松原一郎，村山宣光，マテリアルインテグレーション，**21**, 26（2008）
13) T. Itoh, J. Wang, I. Matsubara, W. Shin, N. Izu, M. Nishibori and N. Murayama, *Mater. Lett.*, **62**, 3021（2008）
14) T. Okada and M. Ogawa, *Chem. Commun.*, 1378（2003）
15) T. Okada, T. Morita and M. Ogawa, *Clay Sxi.*, **12**, 277（2004）
16) T. Okada and M. Ogawa, *Bull. Chem. Soc. Jpn.*, **77**, 1165（2004）

17) T. Okada, T. Morita and M. Ogawa, *Appl. Clay Sci.*, **29**, 45 (2005)
18) T. Okada, Y. Ebara and M. Ogawa, *Chem. Lett.*, **35**, 638 (2006)
19) 笹井亮, 未来材料, **6**, 37 (2006)
20) 笹井亮, 材料の科学と工業, **46**, 112 (2009)
21) 笹井亮, セラミックス, **45**, 622 (2010)
22) 笹井亮, ゼオライト, **28**, 2 (2011)
23) R. Sasai, T. Itoh, W. Ohmori, H. Itoh and M. Kusunoki, *J. Phys. Chem. C*, **113**, 415 (2009)
24) R. Sasai, N. Iyi, H. Kusumoto, *Bull. Chem. Soc. Jpn.*, **84**, 562 (2011)
25) 笹井亮, 森田理夫, 粘土科学, **49**, 1 (2011)

【第Ⅳ編 複合化材料】

第14章　新規機能性有機−無機複合体の合成と評価

童　志偉[*]

1　はじめに

　光活性有機及び無機化合物の光化学反応あるいは光学用分子デバイスへの応用，また更に種々の有用な分野への応用研究開発は勢力的に行われている。また有機−無機ナノ複合体は幾何学的及び化学環境を制御することによって，フォトクロミズム或いは光触媒機能を付与させることも可能な材料である。そこで，本章では，図1に示した層状複水酸化物及び層状金属酸化物半導体をホスト材料とし，種々のゲスト化合物を作用し，新規機能有機−無機複合体の合成及び得られた生成物の評価を以下に記述する。

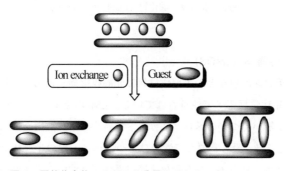

図1　層状化合物へのゲスト分子のインターカレーション

2　無機層状材料の特性

2.1　層状複水酸化物（LDH）

　陽イオン交換粘土とは対照的にLDHは負に帯電しているので，図2に示したように陰イオン交換粘土と呼ばれている。モンモリロナイトの場合と同様に，LDHは収容するアニオンの大きさに応じて，粘土の単位グラム当たりの陰イオン交換容量が決まる。LDHの化学組成は一般に$[M^{+2}_aM^{+3}_b(OH)_{2a+2b}]X_b^- \cdot nH_2O$で表され，$M^{+2}/M^{+3}$の比は1-5である。ここで，$M^{+2}$はMg, Mn, 及びFeまた$M^{+3}$はAl, Cr及びMnの金属イオンである。このグループの材料は陰イオン交換体，吸着剤あるいは触媒としての機能を持つことが知られている。その他，LDHの

---

　[*]　Zhiwei Tong　Department of Chemical Engineering　Huaihai Institute of Technology

ような陰イオン交換粘土は様々なアニオン種をインターカレションさせることも出来る。その方法として[1～5]、①LDHのイオン交換法、②焼成したLDHの使用、③膨潤剤の使用及び④直接合成等が知られている。

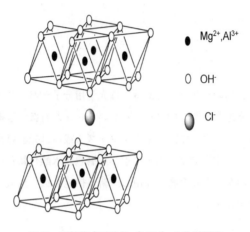

図2　層状複水酸化物（LDH）の化学構造

2.2 層状金属酸化物半導体（LMOS）

層状ニオブ酸塩、チタン酸塩などの半導体材料は光触媒機能を持ち、光励起により水分解やレドックス過程を経る光化学反応等で注目されている。LMOSとして、$K_4Nb_6O_{17}$、$KTiNbO_5$、アルカリ金属チタン酸塩等いくつかのペロベスカイト型層状ニオブ酸塩などはイオン交換性層状材料として知られている[6～9]。最も重要な特性のひとつはホスト層の半導体である。図3に示したように、ニオブ酸カリウムは陽イオンと酸化物層で構成されている。また層状ニオブ酸塩は水の分解用光触媒として機能するし、また光化学反応場としての機能を持っている。

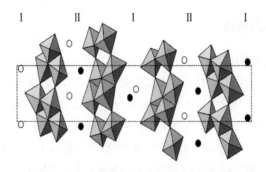

図3　$K_4Nb_6O_{17}$の基本ユニットⅠ、Ⅱの交互積層構造
破線の直方体は、NbO_6八面体を表している。なお、○印と●印は中間層内で交換性陽イオン（K^+）を示している。

第14章　新規機能性有機−無機複合体の合成と評価

3　ポルフィリン分子の光化学

3.1　ポルフィリン類

　ポルフィリン類の金属錯体は全ての生体組織に見出される。例えば，クロロフィルは光合成に重要な役割を持っており，ヘム鉄ポルフィリンは，筋肉系の血液中とミオグロビンにおけるヘモグロビンによる酸素分子の輸送に不可欠である。呼吸サイクルにおける電子輸送はシトクロムのポルフィリンが適用されている。

　P-450は代謝プロセスにおいて重要な酵素及び蛋白質の生成に関与している。その驚くべき機能の中で，植物やバクテリアの光合成は，特に注目が集まっている。効果的な不可逆的多段階過程を経る電子輸送中のエネルギー伝達と光合成反応では，光エネルギー収穫系の研究が対象になっている。分子機能の観点から，ポルフィリンは大規模なπ電子系，金属原子の関与，配位子及びポルフィリン環配位子と置換基の両方がポルフィリン平面上に本質的な空間を生成するので，化学的に興味深い複数の機能を持っている。即ち，大規模なπ共役ポルフィリン環によって，光子の吸収により誘導される特殊な空間でのユニークな化学反応が特徴付けられる。

3.2　ポルフィリン類の光化学特性

　ポルフィリンは22π電子を有する芳香族分子である。18π電子は分子間の共鳴に大きく貢献し，双方のπ電子はヒュッケル則を満たしている。各炭素間の結合距離は0.135-0.144 nmであり，分子はほぼ平面構造を有している。ポルフィリンの置換誘導体や金属ポルフィリンは一般的に可視領域で強いπ-π^*吸収帯を持っている。5,10,15,20-テトラキス-N-メチル-ピリジニウム4-イル-21H,23H-ポルフィリン（TMPyP）の典型的吸収スペクトルを図4に示した。

　ポルフィリン及び金属ポルフィリンの吸収スペクトルは4つの軌道準位間遷移に基づく。図5に示したように[10]，ポルフィリン環上のMO計算で得られた分子の電子状態から，可視領域の吸収バンドは2つの最高占有π軌道と2つの最低非占有π^*間遷移によると説明されている。$a_{1u}\pi$-$e_g\pi^*$と$a_{2u}\pi$-$e_g\pi^*$の遷移は二重縮退の4つの励起配置を生じる。4つの励起状態間の配置間相互作用は低エネルギーのQ状態と，より高いエネルギーのB状態の2つ縮退セットを与える。Bの状態への遷移は対称許容であり，400 nm付近に強い吸収が観測される。Soret帯Bは許容遷移であり，モル吸光係数として$\sim 4\times 10^5$もしばしば記録されている。それはポルフィリン核でπ電子が完全に共役されており，この大環状共役の特性とみなすことができる。480-650 nm付近の比較的弱い吸収帯はQバンドと呼ばれ，対称禁制遷移で説明されている。Qバンドは4つのI-IV振動の極大値を持ち，4つのピークの相対強度はIV，II，III，Iの順になっている。

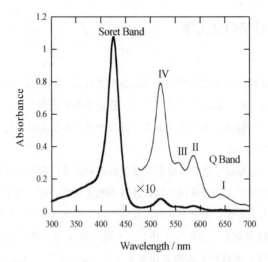

図4 TMPyP^{4+}水溶液の吸収スペクトル

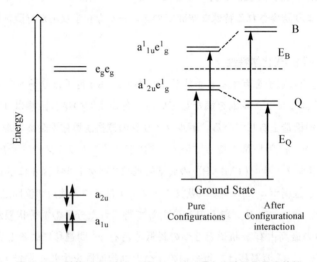

図5 MO 計算による D$_{4h}$ ポルフィリン環上の分子の電子状態

4 LDH 層状複水酸化物との MnTSPP インターカレーションとその酸化触媒作用

4.1 MnTSPP/LDH 層状複水酸化物複合体の合成

スルホン化ポリフィリン MnTSPP を，LDH 層状複水酸化物 [$Al_2Mg_{4.5}(OH)_{13}$]Cl_4H_2] と混合・加熱処理し，MnTSPP/LDH 複合体を合成した。このハイブリッドを ICP で分析した結果 [$Al_{2.3}Mg_{3.7}(OH)_{12}$]$(MnTSPP)_{0.5}Cl_{0.3}$・$xH_2O$ の分子式になった。また出発原料である LDH 及び MnTSPP/LDH 複合体を XRD で調べた結果を図6に示した。XRD から，MnTSPP/LDH 及び

第14章 新規機能性有機−無機複合体の合成と評価

LDHの低面間隔を求めた結果はそれぞれ2.37nm及び0.48nmであることから，MnTSPP/LDHはLDHよりも1.89nm層間が広がっていることが分かった。このことと，MnTSPPの分子幅からMnTSPP（図7）はLDHにほぼ垂直にインターカレイションされていると推定した[11, 12]。

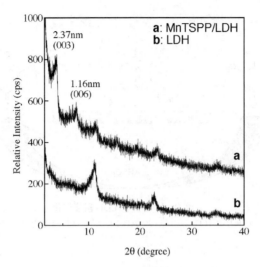

図6 粉末X線回折パターン
(a) MnTSPP/LDH, (b) LDH

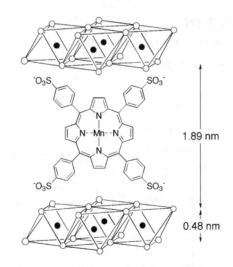

図7 LDH層間で［MnTSPP］陰イオンの吸着配向

4.2 MnTSPP/LDHの酸化触媒機能

図8に示したように，2,4,6-トリクロロフェノール（TCP）は$KHSO_5$によって酸化され，2,6-ジクロロキノン（DCQ）を生成することが知られている。MnTSPP/LDHを使用し，TCPを酸

化させると,DCQ が高選択的・高収率で生成することが分かった。この効果は,次のように説明される。即ち,MnTSPP/LDH 複合体の層間距離 2.37 nm になり,反応物と触媒接触十分であり,反応濃度が均一触媒よりたかいので,触媒が層間に固定され,選択性も向上している。

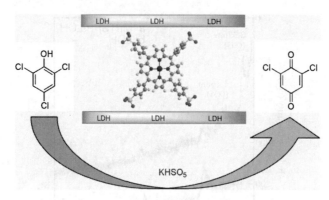

図8 MnTSPP/LDH 触媒酸化
2,4,6-トリクロロフェノールから 2,6-ジクロロ-1,4-ヒドロキノン

5 CoTMPyP-Nb$_6$O$_{17}$ ナノコンポジット複合体の合成とその機能

5.1 CoTMPyP-Nb$_6$O$_{17}$ の合成

K$_4$Nb$_6$O$_{17}$ を 2MHCl で処理しプロトン体,H$_4$Nb$_6$O$_{17}$ とした後,n-プロピルアミンで処理して (PrNH$_3^+$)$_4$Nb$_6$O$_{17}$ を得た。次に生成した (PrNH$_3^+$)$_4$Nb$_6$O$_{17}$ をコバルトトリメチルポリフィリン

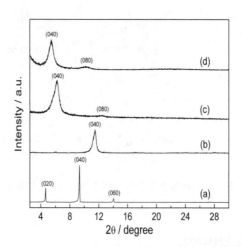

図9 粉末 X 線回折パターン
(a) K$_4$Nb$_6$O$_{17}$,(b) H$_4$Nb$_6$O$_{17}$,(c) PrNH$_3^+$-Nb$_6$O$_{17}$ 及び
(d) CoTMPyP-Nb$_6$O$_{17}$

第14章　新規機能性有機−無機複合体の合成と評価

(CoTMPyP) と暗所で反応させた後，遠心分離して得られた生成物を充分に水で洗浄し，CoTMPyP-Nb_6O_{17} と推定されるナノコンポジットを得た。この生成物を分析した結果，その組成は $(CoTMPyP)_{0.3}H_{2.8}Nb_6O_{17}·12H_2O$ であることが分かった。図9に $K_4Nb_6O_{17}$，$H_4Nb_6O_{17}$，$PrNH_3^+$-Nb_6O_{17} 及びナノコンポジットを XRD で調べた。図9からも分かるように，出発物質である $K_4Nb_6O_{17}$ の（040）ピークに比較し，$(PrNH_3^+)_4Nb_6O_{17}$ 及びナノコンポジットの（040）ピークは低角側に，また $H_4Nb_6O_{17}$ のそれは高角側にシフトしている。この結果により，層間イオン交換できるイオンの大きさは異なる。また MM2 計算によって，ナノコンポジットの最適化された構造を求めた。その結果は図10に示したように，CoTMPyP は Nb_6O_{17} シートに対し45°の角度で挿入されていると推定した。

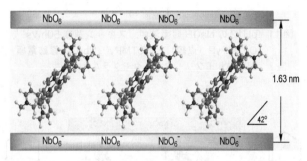

図10　ニオブ酸ナノシートの間 CoTMPyP イオンの吸着配向

5.2　ナノコンポジットの性質

図11には，リン酸緩衝液中（PH＝12），スキャン速度 $50 mVs^{-1}$ で，ナノコンポジット及び CoTMPyP の CV 測定により，酸化還元特性を比較した。ナノコンポジットは −0.8V と −0.6V 付近に酸化還元ピークが確認されている。しかしながら，CoTMPyP は顕著な酸化還元ピークが確認されなかった。すなわち，ニオブのシートは，電極プロセス中 CoTMPyP の電荷移動を促進することを示している。また，ナノコンポジット複合体をシクロヘキセンの酸化触媒として，酸化効率や選択性を酸素1気圧で室温下で行った。図12のように，シクロヘキセンからシクロヘキセンエポキシドへの変換率は約 92.5％であった。また反応後，ナノコンポジットをアセトニトリルで洗浄後，再度触媒として使用が可能であった。ちなみに，6回以上再利用してもシクロヘキセンエポキシドへの変換効率は98％で，触媒機能はほとんど変わらなかった。

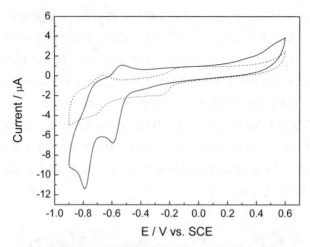

図11 pH12のNaOH緩衝液中，スキャン速度50mVs^{-1}，でCoTMPyP（点線）とCoTMPyP-Nb$_6$O$_{17}$修飾電極（実線）のサイクリックボルタモグラム

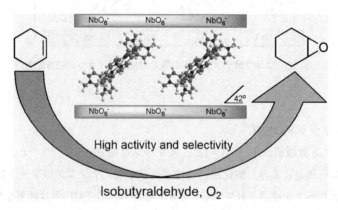

図12 CoTMPyP-Nb$_6$O$_{17}$触媒酸化

6 おわりに

本章は2種の新型無機-有機複合材料の合成と触媒機能を紹介した。その一つは層状複水酸化物（LDH）と金属ポルフィリン複合体であり，もう一つは半導体無機層状酸化物と金属ポルフィリン複合体である。これらの材料に類似する材料は光化学，環境化学及び電子工業領域で広く応用されることが期待される。

第 14 章　新規機能性有機−無機複合体の合成と評価

文　　献

1) I. Y. Park, K. Kurda, C. Kato, *Chem. Lett.*, 2057 (1989)
2) M. A. Drezdzon, *Inorg. Chem.*, **27**, 4628 (1988)
3) M. E. Perez-Bernal, R. Ruano-Casero, T. J. Pinnavaia, *Catal. Lett.*, **12**, 55 (1991)
4) K. Chibwe, W. Jones. *J. Chem. Soc., Chem. Commun.*, 926 (1989)
5) E. D. Dimotakis, T. J. Pinnavaia, *Inorg. Chem.*, **29**, 2393 (1990)
6) Z. Tong, S. Takagi, H. Tachibana, K. Takagi, H. Inoue, *J. Phys. Chem. B.*, **109**, 21612 (2005)
7) Z. Tong, T. Shichi, Y. Kasuga, K. Takagi, *Chem. Lett.*, 1206 (2002)
8) Z. Tong, T. Shichi, K. Takagi, *J. Phys. Chem. B.*, **106**, 13306 (2002)
9) Z. Tong, S. Takagi, T. Shimada, H. Tachibana, H. Inoue. *J. Am. Chem. Soc.*, **128**. 684 (2006)
10) R. A. Binstead, M. J. Crossley, N. S. Hush, *Inorg. Chem.*, **30**, 1259 (1991)
11) Z. Tong, T. Shichi, K. Takagi, *Mater. Lett.*, **57**, 2258 (2003)
12) Z. Tong, T. Shichi, Z. Guozhen, K. Takagi, *Res. Chem. Intermed.*, **29**, 335 (2003)

第15章 有機-無機複合フォトクロミック材料の作製と反応制御

錦織広昌*

1 はじめに

　光異性化により色が変化するフォトクロミック分子は，アゾベンゼン，スピロピラン，スピロオキサジン，ジアリルエテン，フルギド類などのように数多く発見され，多方面で研究されている[1,2]。例えば，無色の分子にその分子が吸収する紫外光照射により着色する反応は，光着色グラス等の調光材料に利用することができる。またこの反応は，光学スイッチング素子や光記録材料へ応用することも可能である[1〜7]。光異性化によるフォトクロミズムを示す分子のほか，光照射により金属イオンとの錯体形成で着色する分子もある[8〜14]。

　フォトクロミック分子の反応を上記のようなデバイスへ応用することを考えると，固体化することが求められる。その方法には主に2つがある。1つはフォトクロミック分子の結晶固体を生成することである。近年，ジアリルエテンの単結晶がフォトクロミズムのみならず光照射により結晶の形状が変化する光メカニカル機能を示すとして注目されている[15〜23]。しかし，単結晶を生成する分子は限られ，材料の大きさや形状の制御が難しい。2つ目の方法は固体マトリックスに分散させることである。これに関しては，有機分子を粘土鉱物の層間へ挿入したり[24〜26]，ゾル-ゲル法を用いて酸化物ゲル固体にドープする[27〜29]など，固体にその光機能を付与する研究が広く行われている。比較的簡単な方法により，バルク体や薄膜の作製などにおいて形状制御が可能である。特に可視光域に吸収のない無機材料にその微視的構造や機械的特性を変えることなく光機能を付加することが容易であり，少量の光機能性有機分子を無機材料と複合化することができる。

　しかし，分子の動きが制限される固体の中での反応を制御するのは容易ではない。分子の異性化に必要な空間と化学環境が必要である。実際に無機固体中におけるスピロオキサジン類の関連化合物のフォトクロミック反応は溶液中と比較すると非常に遅い。分子とマトリックスとの相互作用を理解し，適切な環境を構築することが重要である。本章では，さまざまなフォトクロミック分子を複合化した有機-無機フォトクロミック材料の作製法と特性評価，またその反応制御法についての研究例を紹介する。

---

*　Hiromasa Nishikiori　信州大学　工学部　環境機能工学科　准教授

第15章　有機−無機複合フォトクロミック材料の作製と反応制御

2　粘土鉱物との複合化

　天然の粘土鉱物にはさまざまな構造のものが存在するが，代表的な鉱物は主にアルミノケイ酸塩のシートが重なった層状構造を有する[30]。このシートはアルミニウムまたはシリコンが他の低価数金属と置き換わることにより電荷のバランスが崩れ，負電荷を帯びている。その電荷を保障するために層間に陽イオンを含んでいる。この陽イオンを有機カチオンと交換するインターカレーション反応により，複合化が可能となる[24~26]。また，人工の粘土においては電荷密度の制御により，層間にインターカレートする分子の量を制御することができる[31]。高密度記録材料の作製を考えればできるだけ多くの分子を取り込むことが必要であるが，光機能性材料としてみれば発光や増感作用など目的の機能を発揮するための適度な分子密度が必要となる。

　ナノサイズの二次元空間をもつ粘土鉱物層間において，有機化合物の立体構造変化を制御できれば，高機能な有機−無機複合系のフォトクロミックナノ材料としての応用が期待できる。粘土層間は親水性が高い性質をもっているが，カチオン性界面活性剤をインターカレートすることにより，疎水場を形成することができる。図1のように界面活性剤を用いて粘土層間の疎水化を行い，疎水性相互作用でゲスト分子を挿入することにより，フォトクロミック反応を制御した例が多く報告されている。Ogawaらは疎水化したマイカ層間に固相反応によりアミノ基を有するアゾベンゼンのインターカレートを行い，可逆的なフォトクロミック反応を観測した[32]。また，有機溶媒からアゾベンゼンのインターカレートを行い，光定常状態における高いシス体の収量を得た[33]。Sekiら[34]およびTakagiら[35, 36]はモンモリロナイトおよびアルキルアンモニウム塩で修飾したモンモリロナイト層間にスピロピラン誘導体を挿入した系において，親水性の高いスピロピランのメロシアニン型異性体の安定性に関して親水場・疎水場の制御により，異性化を制御した。界面活性剤のアルキル鎖は層間の空間を広げるとともにホスト分子の凝集を防ぎ，均一に分散させる効果がある。これにより単分子のフォトクロミック反応を示すことができる。

　一方，Sasaiらは界面活性剤を用いず，2つのカチオン官能基を有するジアリルエテンをインターカレートすることにより，高密度に分子配向した粘土複合体薄膜を作製した[37]。粘土鉱物の懸濁液をガラス基板上にスピンコーティングすることにより，ガラス基板表面に配向した粘土

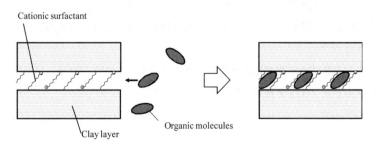

図1　界面活性剤を用いて疎水化した粘土層間への有機分子のインターカレーション

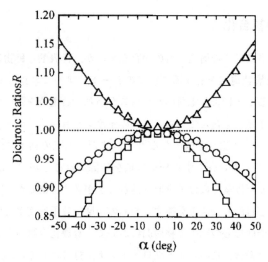

図2　ジアリルエテン(1)をインターカレートした粘土薄膜の二色比 R の入射角 α 依存性：$[1]/[Clay]=1(□)$, $5(○)$, $10(△)$ mol%

層にさらに配向したジアリルエテン分子を確認した。図2は二色比の基板についての入射角度依存性を示している。理論解析によりジアリルエテン分子の粘土層に対する傾き角は，その吸着量に依存して増加した。粘土のイオン交換容量に対して飽和吸着させた場合の傾き角が約 45° であった。図3に示すように，この系におけるジアリルエテン分子は可逆的なフォトクロミック特性を示したが，界面活性剤を共吸着させると，嵩高い構造をもつジアリルエテンの光不活性な異性体であるパラレル体への変化が立体的に抑制され，繰り返し耐久性が向上した。また，ジアリルエテン－粘土複合体をゼラチンに分散させた透明薄膜でも，ゲスト分子は配向性を維持したまま粘土層間に存在し，可逆的なフォトクロミック反応を示した[38]。さらに，1つのカチオン官能基を有するジアリルエテンに紫外光照射し，着色体である閉環構造で粘土層間にインターカレートすることにより，開環構造の1つであるパラレル体を生成を抑制すると，可逆性が向上することも明らかになっている[39]。

筆者らも，粘土層間を界面活性剤により疎水化することにより，イオン性ではないスピロオキサジン分子をインターカレートした[40]。また，金属イオンと配位子とを同時にインターカレートすることもできる。光異性化により錯体を形成するスピロオキサジンは，金属イオン存在下で光照射することにより，錯体として疎水化した粘土層間に取り込み，可逆的な光キレート化をおこすことができた[40, 41]。

以上に述べたような粘土鉱物層間のほかに，ゼオライトのような三次元の規則構造中のメソ細孔を利用したフォトクロミック反応も報告されている[42~44]。

第15章 有機−無機複合フォトクロミック材料の作製と反応制御

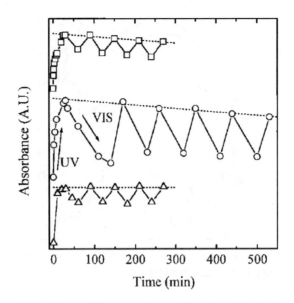

図3 ジアリルエテン(1)または1およびラウリルピリジニウムクロリド(Lpy)をインターカレートした粘土薄膜の紫外および可視光照射にともなう吸光度（600nm）の変化：[1]/[Clay]=0.2（□），1.0（○），[1]：[Lpy]：[Clay]=0.2：0.8：1.0（△）

3 ゾル−ゲル法によるシリカとの複合化

フォトクロミック分子を無機固体のマトリックスに取り込む方法の1つとして，ゾル-ゲル法を用いた酸化物ゲル固体へのドープにより，固体にその光機能を付与する研究が広く行われている[27〜29]。ゾル-ゲル法はシリコンアルコキシド，金属アルコキシドまたは金属塩等の出発原料の溶液からゾルの生成，ゲル化を経て乾燥，焼成により比較的均一な状態を保ちながら低温で多孔質の酸化物ゲル固体を作製する方法である[45]。出発溶液に有機分子を溶解させることにより，細孔内に有機分子をドープしたゲル固体を作製することができる。

さまざまな分子をドープしたシリカゲル中におけるフォトクロミック挙動が報告されている[46, 47]。しかし，粘土層間と同様に無機固体マトリックスに有機分子を閉じ込めると，構造変化は妨げられる。アルキル基を導入した原料を用いることにより，取り込んだ分子周辺の空間制御が可能となる。一般的にはゲル細孔表面には水酸基が多く存在するため，極性が高く親水性が高い。図4に示すように，アルキルシリコンアルコキシドを用いて作製したゲル細孔表面には，水酸基とアルキル基が共存する。アルキル鎖の大きさおよび密度により，細孔表面の極性，親水性環境が変化する。Raboinらは有機修飾シリカマトリックスを用いることにより疎水性のメソ構造をつくり，スピロオキサジンの可動性を高めた[48]。また，極性環境により反応性が変わることもわかっている。例えば，中性分子であるスピロピランおよびスピロオキサジン類は極性の低い環境で安定であるが，これらの光異性体であるメロシアニン体は，両性イオン構造を共鳴構

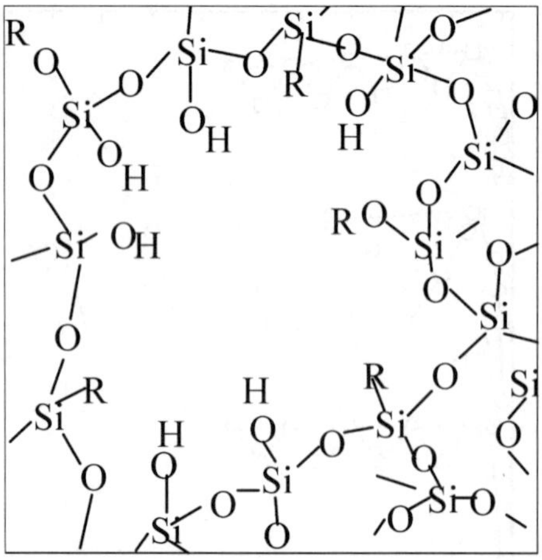

図4 シリコンアルコキシドおよびアルキルシリコンアルコキシドから作製したゲルの細孔表面構造

造に含むために，極性の高い環境で安定化される[49~52]。Kimらは有機修飾により極性とゲル細孔の大きさを変化させ，ゲスト分子の反応制御を可能にした[53]。有機フォトクロミズムでは有機分子に紫外光を照射するため，ゲスト分子の光分解が問題となる。Pardoらの研究によると，スピロピランはゲル細孔の水酸基と反応して分解するため，有機修飾およびゲスト分子の充填密度の増加により水酸基との相互作用を抑制すると光耐久性が向上することがわかっている[50]。

パーヒドロポリシラザン（PHPS）およびポリメタクリル酸メチル（PMMA）を用いて，シリカ–PMMA複合膜にスピロピランをドープした例もある[54~56]。図5はこの薄膜の可視光および紫外光照射によるメロシアニン体の吸光係数の変化を示したものである。シリカのみでは細孔内の極性が高いためスピロピランは異性体のメロシアニン体として安定に存在するが，PMMAの量を増加させると極性の低下によりスピロピランの安定性が増加する。可視光および紫外光照射にともない吸光度は可逆的に変化するが，PMMAが60%以上になると変化が大きくなる。また，PMMAの量の増加とともにその柔軟性によりゲスト分子の構造変化も促進されるが，メロシアニン体のH型会合体形成により光分解もおこりやすくなる[56]。

通常はシリコンアルコキシドの溶液にドープするゲスト分子を溶解した系を用いるが，ゲスト分子を共有結合したシリコンアルコキシドを原料に用い，高濃度のフォトクロミック分子を含むゲルを作製した例もある[57~59]。アルキル鎖を介してゲスト分子をシリコンに結合させ，空間の確保と極性の制御を行うことにより，繰り返し耐久性の高い安定した反応を得た。また，Biteauらはジアリルエテン分子をアルキル鎖を介してシリカに結合させたシリコンアルコキシドを用いて作製したゲル薄膜において，フォトクロミック反応とともに屈折率の変化を生じさせた[57]。この薄膜の可視光および紫外光照射後における785 nmの光の反射率の入射角依存性を調べることにより，屈折率が無色体の1.533から着色体の1.573へと変化することがわかった。この変化

第15章 有機-無機複合フォトクロミック材料の作製と反応制御

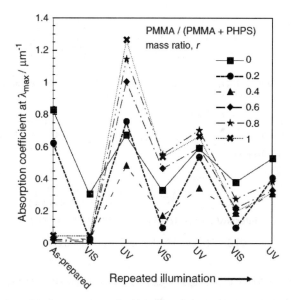

図5 スピロピランをドープした種々のr値のシリカおよびシリカ-PMMA複合膜の紫外および可視光照射によるUV-vis吸収スペクトルのλ_{max}における吸収係数の変化

は光照射のみでおこり,光学リライタブル記憶媒体としての応用が期待できる。

ゾル-ゲル法によって得られる酸化物ゲル固体は等方的であるため,ゲスト分子を配向させることは難しいが,異方性化合物と複合化させることにより分子配向が可能となる。シリカのゾル-ゲル反応系と粘土鉱物を組み合わせた材料におけるフォトクロミック反応も報告されている。Takagiらは有機化合物を二次元に配向させた粘土をゾル-ゲル法によってシリカゲル中に分散させ,内部の有機化合物の偏向分光観測によって粘土の高い分散性と配向性を示した[60, 61]。

4 金属錯体形成を利用したフォトクロミック反応

通常の光異性化のみではなく,光により分子が金属イオンと相互作用する構造に異性化し,錯体を形成することによって,着色したり発光したりする現象がある[8~14]。この場合,分子の異性化反応だけでなく金属イオンの配位環境もかかわるため,高度な反応場制御が必要となる。

フォトクロミック分子としてよく知られるスピロオキサジン(SO)類は,ある種の金属イオンを含む溶液においてSO種の吸収領域である紫外光照射を行うとメロシアニン体(MC)へと異性化し[4, 7],蛍光性の金属錯体(MC-M)を形成する[8, 9]。極性溶媒中ではSO種のスピロ環を形成するC-O結合が開裂した構造でMC種とは異なる非平面構造をもつ中間種(X)が存在し,蛍光を発する[62~65]。図6にスピロナフトオキサジン(SNO)の異性化と金属キレート錯体形成の反応を示す。ここではこの反応の制御に注目する。

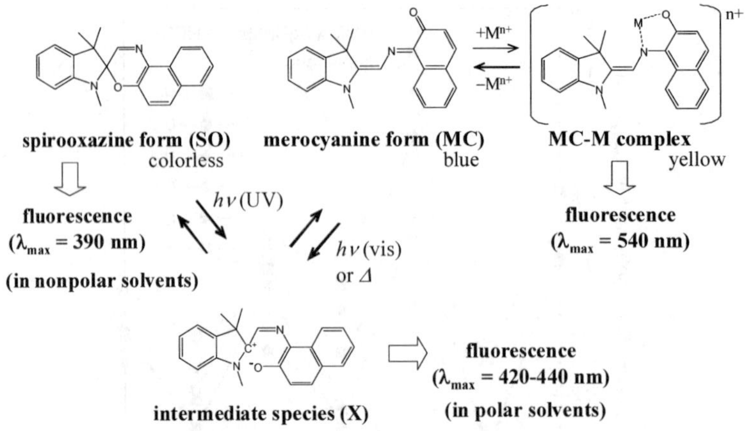

革新機能材料の開発と応用展開

図6 SNOの異性化と金属キレート化反応

フォトクロミック分子の反応に関する基礎研究は一般的に溶液中で行われる。反応の分析には紫外可視吸収スペクトルの測定を用いるが，蛍光性の分子については蛍光スペクトル測定でも可能である。SNOと塩化亜鉛の混合アセトン溶液にSO種の吸収領域である350 nmの光を照射すると，450 nm付近に吸収，540 nm付近に蛍光を示すMC-Zn錯体が増加する。この錯体は非常に安定であり，特にCl$^-$を対イオンにもつ場合には，熱でも，MC-Zn錯体の吸収領域である450 nmの光照射でも解離しない。しかし，2座以上の配位子となるNO$_3^-$やClO$_4^-$が対イオンの場合は，光または熱でゆっくりと解離し，SO種を再生することが知られている[8, 9, 66, 67]。

特にフォトクロミック分子の金属イオンとの反応場を与えるには，無機固体中に取り込むことが最も容易であると考える。しかし，分子の動きが制限される固体の中では，分子の異性化に必要な空間と化学環境が必要である。筆者らはSNOと塩化亜鉛を含む透明なシリカゲル試料をゾル-ゲル法により作製し，350 nmおよび450 nmの光照射時間にともなう蛍光スペクトルの可逆的変化を観測した[68]。Pardoらが作製したアミノフェニル基導入シリカゲルでは，紫外光照射により高い反応効率でSO種が減少し，同時にMC-Zn錯体の形成が進行した[51]。可視光照射を行うと高い反応効率の逆過程を観測した[51]。溶液中では安定なMC-Zn錯体を形成するため，光照射をしてもMC-Zn錯体を解離させることは困難であるが，シリカゲル中のように酸化物ネットワーク中に結合しているZnとは比較的弱く配位した錯体を形成するため，可視光照射により解離がおこりやすく，可逆的な過程が観測された。また，シリカゲル中にはSNOが異性化するのに必要な空間体積があることが予想される。

界面活性剤を用いたアルキル基の修飾により疎水化したモンモリロナイト粘土層間[40, 41]およびゾル-ゲル法によって作製したシリカゲル細孔中[69]では，十分な空間体積と極性環境のために，未修飾の条件に比べて高効率でX種とMC-Zn錯体との間の可逆的なフォトクロミック反応がおこることが明らかになっている。SNOとZnの系では，極性を低くすればSO種，高くすればMC-Zn錯体の形成が有利になる。

第15章 有機-無機複合フォトクロミック材料の作製と反応制御

　SO類と金属との反応を制御するためには，両者の適度な結合性を必要とする。筆者らは，MC種と酸化物ネットワーク中のZnとの結合の程度を調べるため，塩化亜鉛を含む透明なシリカゲルをSNOのアセトン溶液に浸漬し，ゲル部分の蛍光スペクトルを測定した[70, 71]。350 nm光照射中，照射停止後および450 nm光照射中におけるMC-Zn錯体の蛍光強度の変化について，SNOとZnを共ドープしたシリカゲル試料の結果とともに図7に示す。350 nmの光照射にともない，MC-Zn錯体の蛍光強度が増加し，溶液中に存在するSO種またはX種がMC種に異性化した後にゲル中のZnと結合し，MC-Zn錯体の形成が進行することを確認した。光照射をやめると，MC-Zn錯体の減少がみられた。450 nmの光照射を行うと，MC-Zn錯体の減少は加速した。

　光照射により生成したMC種はシリカゲル細孔内でネットワーク中のZnと錯体を形成する。MC種とZnとの結合は通常の溶媒中に比べ弱く，またゲル細孔は溶媒で満たされているため，錯体は容易に解離する。450 nmの光照射により錯体の解離は促進される。SNOとZnを共ドープしたシリカゲル試料では，8割程度のMC-Zn錯体が狭い細孔内に取り込まれているため解離できない。これに比べSNO溶液に浸漬したZnドープシリカゲル試料では，分子のゲル内部への拡散が必要なため反応速度は遅いが，比較的大きな細孔内での反応であるためMC-Zn錯体の形成と解離によるスペクトル変化は大きい。

　PardoらはシリカゲルХ細孔にアミノフェニル基を導入することによりMC構造を安定化させ，MC-Zn錯体の形成を促進させた[51]。この系では逆反応も光で容易に促進ができ，有機官能基による反応空間体積の確保と，極性官能基によるイオン種の安定化だけではなく，アミノ基がZn^{2+}イオンに配位することによるZn^{2+}イオンの束縛効果も反応に関与していると考えられる。

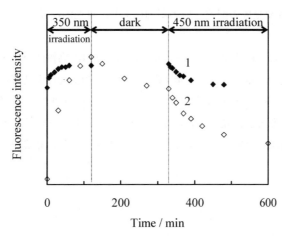

図7　SNO-Zn共ドープシリカゲル(1) およびSNOのアセトン溶液に浸漬したZnドープシリカゲル(2) の350 nm光照射中，照射後および450 nm光照射中におけるMC-Zn錯体の蛍光強度変化

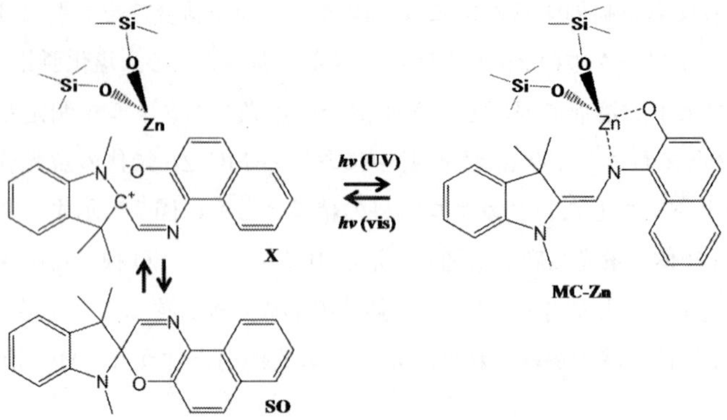

図8 シリカゲル中におけるSNOの金属キレート化反応

SO種の異性体のMC種は溶液中のZn^{2+}とは安定な錯体を形成するが，図8に示すように，第3成分に結合しているZnとは比較的弱く配位した錯体を形成するため，解離がおこりやすく可逆的過程が観測される。この反応はZnの束縛状態による配位特性に強く依存すると考えられる。すなわち，束縛状態を変えることができれば反応を制御することが可能である。

5 まとめ

フォトクロミック分子を無機固体マトリックスに分散させることにより，有機－無機フォトクロミック材料を作製することができる。粘土層間やゾル-ゲルマトリックス中におけるこの種の分子の光異性および金属とのキレート錯体形成反応は，反応空間の大きさ，親水性および金属の束縛状態よる配位環境に強く依存する。無機マトリックスのゲスト空間のモルフォロジー，アルキル基を用いた疎水場や金属の配位状態の制御により，可逆的な光反応を達成することができる。

固体マトリックス中におけるゲスト分子の反応制御技術は，高機能な光メモリや光スイッチングデバイスに応用可能である。さらに，光反応により分子の蛍光性を制御するフルオロクロミズム[40, 41, 68, 69, 72]やゲスト分子の構造変化をマトリックスの屈折率[57, 58]あるいは磁性変化[73, 74]に利用するための方法なども研究されている。ゲスト分子の反応を決める因子をさまざまな物理的・化学的視点から詳細に研究し明らかにしていくことで，目的の光機能を示す固体材料の創製が期待される。

第15章　有機-無機複合フォトクロミック材料の作製と反応制御

文　献

1) 入江正浩, 季刊化学総説　有機フォトクロミズムの化学, p.1, 学会出版センター (1996)
2) H. Dürr, "Photochromism: Molecules and Systems", Elsevier, p.1 (2003)
3) M. Irie, *Chem. Rev.*, **100**, 1683 (2000)
4) G. Berkovic, V. Krongauz, V. Welss, *Chem. Rev.*, **100**, 1741 (2000)
5) S. Kawata, Y. Kawata, *Chem. Rev.*, **100**, 1777 (2000)
6) K. Matsuda, M. Irie, *J. Photochem. Photobiol. C: Photochem. Rev.*, **5**, 169 (2004)
7) W. Yuan, L. Sun, H. Tang, Y. Wen, G. Jiang, W. Huang, L. Jiang, Y. Song, H. Tian, D. Zhu, *Adv. Mater.*, **17**, 156 (2005)
8) J. Zhou, F. Zhao, Y. Li, F. Zhang, X. Song, *J. Photochem. Photobiol. A: Chem.*, **92**, 193 (1995)
9) M. J. Preigh, F. Lin, K. Z. Ismail, S. G. Weber, *J. Chem. Soc., Chem. Commun.* **1995**, 2091.
10) K. Kimura, *Coord. Chem. Rev.*, **148**, 41 (1996)
11) H. Görner, A. K. Chibisov, *J. Chem. Soc., Faraday Trans.*, **94**, 2557 (1998)
12) V. V. Korolev, D. Y. Vorobyev E. M. Glebov, V. P. Grivin, V. F. Plyusnin, A. V. Koshkin, O. A. Fedorova, S. P. Gromov, M. V. Alfimov, Y. V. Shklyaev, T. S. Vshivkova, Y. S. Rozhkova, A. G. Tolstikov, V. V. Lokshin, A. Samat, *J. Photochem. Photobiol. A: Chem.*, **192**, 75 (2007)
13) S. Kumar, D. Hernandez, B. Hoa, Y. Lee, J. S. Yang, A. McCurdy, *Org. Lett.*, **10**, 3761 (2008)
14) M. Natali, L. Soldi, S. Giordani, *Tetrahedron*, **66**, 7612 (2010)
15) M. Irie, S. Kobatake, M. Horichi, *Science*, **291**, 1769 (2001)
16) S. Kobatake, S. Takami, H. Muto, T. Ishikawa, M. Irie, *Nature*, **466**, 778 (2007)
17) S. Takami, L. Kuroki, M. Irie, *J. Am. Chem. Soc.*, **129**, 7319 (2007)
18) T. Fukaminato, M. Tanaka, L. Kuroki and M. Irie, *Chem. Commun.*, 3924 (2008)
19) M. Morimoto, S. Kobatake, M. Irie, *Chem. Commun.*, 335 (2008)
20) M. Irie, *Bull. Chem. Soc. Jpn.*, **81**, 917 (2008)
21) M. Irie, M. Morimoto, *Pure Appl. Chem.*, **81**, 1655 (2009)
22) H. Ohara, M. Morimoto, M. Irie, *Photochem. Photobiol. Sci.*, **9**, 1079 (2010)
23) M. Irie, *Photochem. Photobiol. Sci.*, **9**, 1535 (2010)
24) M. Ogawa, T. Handa, K. Kuroda, C. Kato, T. Tani, *J. Phys. Chem.*, **96**, 8116 (1992)
25) S. Takagi, D. A. Tryk, H. Inoue, *J. Phys. Chem. B*, **106**, 5455 (2002)
26) K. Takagi, T. Shichi, H. Usami, Y. Sawaki, *J. Am. Chem. Soc.*, **115**, 4339 (1993)
27) A. Slamaschwok, M. Ottolenghi, D. Avnir, *Nature*, **355**, 240 (1992)
28) C. Y. Shen, N. M. Kostic, *J. Am. Chem. Soc.*, **119**, 1304 (1997)
29) T. Fujii, K. Kodaira, O. Kawauchi, N. Tanaka, H. Yamashita, M. Anpo, *J. Phys. Chem. B*, **101**, 10631 (1997)
30) M. F. Brigatti, E. Galan, B. K. G. Theng, "Handbook of Clay Science", Elsevier, P.19 (2006)

31) M. Ogawa, T. Matsumoto, T. Okada, *J. Ceram. Soc. Jpn.*, **116**, 1309 (2008)
32) M. Ogawa, H. Kimura, K. Kuroda, C. Kato, *Clay Sci.*, **10**, 57 (1996)
33) M. Ogawa, M. Hana, K. Kuroda, *Clay Miner.*, **34**, 213 (1999)
34) T. Seki, K. Ichimura, *Macromolecules*, **23**, 31 (1991)
35) K. Takagi, T. Kurematsu, Y. Sawaki, *J. Chem. Soc., Perkin Trans. 2*, 1517 (1991)
36) K. Takagi, T. Kurematsu, Y. Sawaki, *J. Chem. Soc., Perkin Trans. 2*, 1667 (1995)
37) R. Sasai, H. Ogiso, I. Shindachi, T. Shichi, K. Takagi, *Tetrahedron*, **56**, 6979 (2000)
38) R. Sasai, H. Itoh, I. Shindachi, T.Shichi, K. Takagi, *Chem. Mater.*, **13**, 2012 (2001)
39) I. Shindachi, H. Hanaki, R. Sasai, T. Shichi, T. Yui, K. Takagi, *Res. Chem. Intermed.*, **33**, 143 (2007)
40) H. Nishikiori, R. Sasai, N. Arai, K. Takagi, *Chem. Lett.*, **2000**, 1142.
41) H. Nishikiori, R. Sasai, K. Takagi, T. Fujii, *Langmuir*, **22**, 3376 (2006)
42) I. Casades, S. Constantine, D. Cardin, H. García, A. Gilbert, F. Márquez, *Tetrahedron*, **56**, 6951 (2000)
43) C. Schomburg, M. Wark, Y. Rohlfing, G. Schulz-Ekloff, D. Wöhrle, *J. Mater. Chem.*, **11**, 2014 (2001)
44) M. Gil, M. Ziółek, J. A. Organero, A. Douhal, *J. Phys. Chem. C*, **114**, 9554 (2010)
45) C. J. Brinker, G. W. Scherer, "Sol-Gel Science: The Physics and Chemistry of Sol-Gel Processing", Academic Press, p.1 (1990)
46) D. Levy, *Chem. Mater.*, **9**, 2666 (1997)
47) R. Pardo, M. Zayat, D. Levy, *Chem. Soc. Rev.*, **40**, 672 (2011)
48) L. Raboin, M. Matheron, J. Biteau, T. Gacoin, J. P. Boilot, *J. Mater. Chem.*, **18**, 3242 (2008)
49) M. Zayat, R. Pardo, D. Levy, *J. Mater. Chem.*, **13**, 2899 (2003)
50) R. Pardo, M. Zayat, D. Levy, *J. Photochem. Photobiol. A: Chem.*, **198**, 232 (2008)
51) R. Pardo, M. Zayat, D. Levy, *J. Mater. Chem.*, **19**, 6756 (2009)
52) R. Pardo, M. Zayat, D. Levy, *C. R. Chimie*, **13**, 212 (2010)
53) C. W. Kim, S. W. Oh, Y. H. Kim, H. G. Cha, Y. S. Kang, *J. Phys. Chem. C*, **112**, 1140 (2008)
54) A. Yamano, H. Kozuka, *J. Phys. Chem. B*, **113**, 5769 (2009)
55) A. Yamano, H. Kozuka, *J. Sol-Gel Sci. Technol.*, **53**, 661 (2010)
56) A. Yamano, H. Kozuka, *Thin Solid Films*, **519**, 1772 (2011)
57) J. Biteau, F. Chaput, K. Lahlil, J. Boilot, G. M. Tsivgoulis, J. Lehn, B. Darracq, C. Marois, Y. Lévy, *Chem. Mater.*, **10**, 1945 (1998)
58) S. Kucharski, R. Janik, *Optical Mater.*, **27**, 1637 (2005)
59) M. Serwadczak, M. Wübbenhorst, S. Kucharski, *J. Sol-Gel Sci. Technol.*, **40**, 39 (2006)
60) K. Sonobe, K. Kikuta, K. Takagi, *Chem. Mater.*, **11**, 1089 (1999)
61) K. Kikuta, K. Ohta, K. Takagi, *Chem. Mater.*, **14**, 3123 (2002)
62) S. Schneider, *Z. Phys. Chem. Neue Folge*, **154**, 91 (1987)
63) M. G. Fan, Y. C. Liang, Y. F. Ming, J. X. Chen, T. Ye, Q. Y. Zhang, B. A. Xu and S. Jin,

第 15 章　有機－無機複合フォトクロミック材料の作製と反応制御

  Res. Chem. Intermed., **24**, 961（1998）
64) X. D. Sun, M. G. Fan and E. D. Knobbe, *Mol. Cryst. Liq. Cryst.*, **297**, 57（1997）
65) H. Nishikiori, N. Tanaka, K. Takagi, T. Fujii, *Res. Chem. Intermed.*, **29**, 485（2003）
66) S. H. Kim, S. Wang, C. H. Ahn, M. S. Choi, *Fibers Polymers*, **8**, 447（2007）
67) Z. Tian, R. A. Stairs, M. Wyer, N. Mosey, J. M. Dust, T. M. Kraft, E. Buncel, *J. Phys. Chem. A*, **114**, 11900（2010）
68) H. Nishikiori, N. Tanaka, K. Takagi, T. Fujii, *J. Photochem. Photobiol. A: Chem.*, **183**, 53（2006）
69) H. Nishikiori, N. Tanaka, K. Takagi, T. Fujii, *J. Photochem. Photobiol. A: Chem.*, **189**, 46（2007）
70) 錦織広昌, *Bull. Jpn. Soc. Coord. Chem.*, **57**, 77（2011）
71) 錦織広昌・手嶋勝弥, *J. Soc. Inorg. Mater. Jpn.*, **18**, 206（2011）
72) N. Sanz-Menez, V. Monnier, I. Colombier, P. L. Baldeck, M. Irie, A. Ibanez, *Dyes Pigments*, **89**, 241（2011）
73) T. Yamamoto, Y. Umemura, O. Sato, Y. Einaga, *Chem. Mater.*, **16**, 1195（2004）
74) T. Yamamoto, Y. Umemura, O. Sato, Y. Einaga, *J. Am. Chem. Soc.*, **127**, 16065（2005）

第16章 有機−無機複合LB法による金属酸化物薄膜の作製と光機能

宇佐美久尚*

1 有機−無機複合Langmuir-Blodgett膜の製膜原理

Langmuir-Blodgett法は水の表面張力により両親媒性分子の溶液を単分子膜状に引き延ばし，固体基板上に移し取ることにより製膜する手法である[1]。水面上の単分子膜にかかる表面圧をモニターしながら機械的に圧縮して製膜するため，ナノスケールで平滑な膜を作ることができる（図1a）。展開する両親媒性物質を選択すればLB膜の積層順序を自由に制御できるため，色素を励起エネルギーの順に積層した多層LB膜を作製し，その中での連鎖的な励起エネルギー移動過程が報告されている[2]。

しかし，両親媒性分子のみを単純に積層したLB膜は熱的，機械的に不安定なため，古くからCd^{2+}やCu^{2+}のような多価イオンとの静電的相互作用に基づいた安定化が検討されてきた[1]。金属錯体クラスターのように価数が多いイオンの場合には静電的な相互作用は価数に比例して増加し，さらに分子内の電荷数が多い高分子電解質や無機層状イオンの場合には多点結合を形成するので，極めて安定な複合単分子膜を形成する（図1b）[3〜7]。例えば，アルミニウムと珪素の複合酸化物である層状粘土化合物は，多点間の静電的相互作用により安定な積層LB膜を与える。ほとんどのLB膜では，両親媒性分子を展開する下層溶液には水溶液を用いるため，無機前駆体イオンは酸化物や水酸化物を形成しやすい。そこで，本章では金属酸化物多価イオンで安定化した

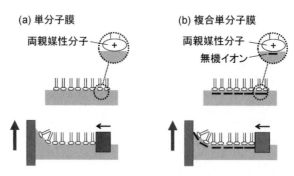

図1 Langmuir-Blodgett膜の製膜過程
(a) 有機分子のみのLB膜，(b) 有機−無機複合LB膜

---

* Hisanao Usami 信州大学 繊維学部 化学・材料系 材料化学工学課程 准教授

第16章 有機−無機複合LB法による金属酸化物薄膜の作製と光機能

複合LB膜の構造と光機能，特に無機酸化物の光機能に注目して紹介する。

2 オキソ酸クラスター有機両親媒性分子の複合LB膜

モリブデン，タングステン，バナジウムのオキソ酸は$X_aM_bO_c^{n-}$（M＝Mo，W，V等；X＝P，As，Si，Ge，B，Co，Fe等のクラスターイオン）のような種々の元素を骨格に組み込んだ多価アニオンを形成する。有機層のカチオンに一価のアンモニウムを用いる場合，イオン対として電荷が中和されるためには，1個のオキソ酸$X_aM_bO_c^{n-}$に対してプロトンと上記アンモニウムイオンが合計n個結合することになる。この時，有機カチオンと無機クラスターイオンのサイズが全体として歪みなく配置できることも重要な因子となる[8]。例えば，三価の負電荷を持つオキソ酸$[PMo_{12}O_{40}]^{3-}$とジオクタデシルジメチルアンモニウムイオン（DODA$^+$）の複合LB膜の場合には，電荷的中性の条件から気液界面で$H^+_x(DODA^+)_{3-x}[PMo_{12}O_{40}]^{3-}$の対を形成する。このオキソ酸の直径は約1nmであるが，LB膜を製膜する最密充填条件下でも気液界面でのDODA一分子あたりの占有面積は0.45nm^{2}である[9]。直径1nmの上記オキソ酸イオンの占有面積を少し大きめに0.85nm^{2}と見積もった場合，最密充填したDODA単分子膜の約70％を占有していることに相当し，オキソ酸としては細密充填していないことになる。DODA-$[PMo_{12}O_{40}]^{3-}$複合LB膜は固体基板上に任意層数を積層することができるが，DODA単独では積層膜が得られないことから，オキソ酸による膜の安定化効果が確認された。

より大きなサイズのナノ粒子として，$[Mo_{154}O_{462}H_8(H_2O)_{70}]^{20-}$とDODAとの複合LB膜が報告された[10]。このポリイオンは外形3.7nm，厚さ1.5nm，中央に2nmの穴が開いたドーナツ型錯体であり，分子とミクロビーズの中間のサイズに相当する。DODAとのイオン対は水面上でドーナツのリングが最密充填された単分子膜を形成し，これを雲母やシリコンウエハ上に製膜すると，アルキル鎖を相互貫入して積層方向の厚さが約4nmの層状構造を形成する。吸収スペクトルの異方性から，リングは基板に対して並行に配列していることが示された。

希土類イオンをオキソ酸に包埋した錯体を複合LB法で製膜すると発光性の膜が得られる。ユーロピウムを含むオキソタングステン酸（$Na_9EuW_{10}O_{36}$）を臭化セチルトリメチルアンモニウム等と気液界面で複合化して基板上に製膜すると，紫外光励起によってユーロピウム特有の590〜698nmの赤色領域の発光が観測された[11]。また，対称な二つのイオン部位を有するジェミニ界面活性剤（図2，ImC$_{17}$Cn，n＝2〜10）と$[EuW_{10}O_{36}]^{9-}$との複合LB膜は[12]，界面活性剤のアルキル鎖長と発光特性の間に相関が見られた。二つのイミダゾールを連結するアルキル鎖長がn＝2のときに崩壊圧が最高となって安定化するが，発光強度はn＝8のときに最大となった。この原因として，鎖長によりユーロピウムイオンに対する配位構造の対称性が変化することが挙げられている。

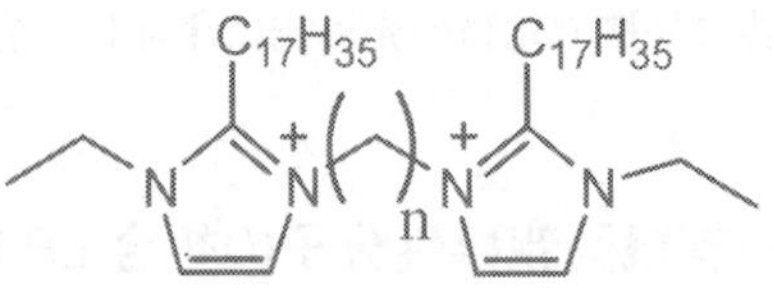

$ImC_{17}Cn$ (n = 2 ~ 10)

図2 ジェミニ界面活性剤[11]

3 微粒子との複合LB膜

ナノメートルからマイクロメートル程度の微粒子を疎水化し，両親媒性分子と同様に水面に展開してLB法で製膜すると，微粒子の最密充填膜が得られる。ナノからマイクロメートルへの階層構造を構築する上で有用な構造単位として注目される。

金属酸化物微粒子は金属アルコキシドを原料として比較的簡単に調製できるため，複合LB膜の構造単位として興味深い。例えば，直径460nmまたは680nmのシリカ微粒子の表面をアリルトリメトキシシランなどのシランカップリング剤で修飾し，水面上に展開するとπ-A等温曲線は極めて急峻な立ち上がりを示し，臨界面積は粒子サイズに相当することから密に充填される[13,14]。両親媒性分子と比較して，粒子のサイズは約500倍にも及ぶので，粒子間に働く引力のみではこのサイズのシリカ粒子を二次元的に保持することは困難である。しかし，バリアの機械力で圧縮することにより，六方最密に充填された単粒子層が得られる。シリカ粒子を有機溶媒へ分散させ，水面に展開された時にも会合することなく均一に広げることを考慮すると，適度な疎水性と親水性を兼備した表面を形成するアリルトリメトキシシランが最適とされた[14]。ドデシルオキシ基を置換したスチルベンカルボン酸またはスチルベンリン酸（順にG0-C, G0-P）によりFe_3O_4（d=39nm）ナノ粒子の表面を修飾し，この微粒子を水面に展開してπ-A等温線が測定された[15]。極限面積は粒子サイズから予測される面積の6分の1であり，分散液中あるいは製膜中に凝集したと考えられる。水面上の単分子膜のブリュースターアングル顕微鏡での観察及びシリコンウエハ上に転送した膜のSEM観察の結果，G0-Cの方が平均的な被覆率が高くなったが，G0-Pでは小片が一層緻密に凝集した局部構造を持つことがわかった。しかし，この粒子は気液界面で極めて凝集しやすいため，単粒子膜を形成することが困難である。シリカと同様に適切な親水性を持つ表面に改質すれば，均質な膜が得られると考えられる。

酸化チタンナノ粒子を長鎖アルキルアンモニウム（セチルトリメチルアンモニウム，CTAB）で疎水化し，ヘキサンに分散して水面上に展開すると，同様にLB法で単粒子膜を積層できる[16]。表面圧を高めると粒子間隔が狭まり，より稠密な単粒子膜が得られる。透明電極上に製膜して電位を印加すると，伝導帯の電子密度が高まり見かけ上のバンドギャップが広がるBerstein効果および伝導帯電子に特有の780nm付近の吸収帯が観測され[17]，各粒子はバルクの多結晶酸化チタンと同様の性質を持つことが明らかにされた。

第16章　有機−無機複合LB法による金属酸化物薄膜の作製と光機能

　これらの結果は，均質で欠陥の少ない膜を得るために，粒子表面に適切な親水性を持たせて気液界面における自己会合を抑制しながら，バリアによる機械的な圧縮により気液界面で粒子間隔を加減できることを示している。より安定で均質な無機酸化物膜を得るためには，次の2つの方法が考えられる。①クラスターイオンのサイズを拡大する。製膜性を考慮すると，球状や立方体ではなく二次元的に拡張したナノシート形状が好ましい。②前駆体イオンを緻密に凝集させた後に，その形状を保持したまま界面で強固に結合させる。これは気液界面の分子配列を鋳型とする *in-situ* の無機化合物合成といえる。これらの例を，以下の4，5節で紹介する。

4　無機層状化合物との複合LB膜

　無機層状化合物と複合化したLB膜は，スメクタイト粘土と長鎖アルキルアンモニウムとの複合膜として報告された[5〜7]。このうち，Inukai[5]らとKotov[6]らはナノ微粒子の疎水化と同様に長鎖アルキルアンモニウムとスメクタイトを複合化し，疎水性溶媒に分散して水面に展開した。一方，Uchida[7]らはスメクタイトのコロイド水溶液表面に，両親媒性分子を展開して界面で結合させた。Umemuraらは両親媒性分子の鎖長と製膜性の関係を詳細に検討し，両親媒性分子と無機層状化合物の共同効果により安定な複合LB膜が得られることを明らかにした[18]。スメクタイトとアルキルアンモニウムとの相互作用は粘土の恒常的な負電荷に起因する静電気力であるため，結合生成速度が速く，ナノ粒子の修飾に用いたアルキルシランやCTABと比較して強固で定量的な修飾が可能となる。スメクタイトの薄膜状の結晶構造の中には，恒久的な負電荷が概ね1nmの間隔で分布しているので，平均粒子径が500nmとしても一枚の層表面に20万個以上の負電荷を持つ。ジオクタデシルジメチルアンモニウム（DSA）のような二鎖型界面活性剤を用いれば，分子の断面積と1nm間隔で分布する電荷密度とを合わせて考慮すると，有機層と無機層のサイズが合致して歪みの少ない膜となりうる。スメクタイト表面の電荷密度と分子の電荷位置とのサイズマッチング効果は，分光学的に詳細に確認されている[19]。無機層状化合物の水溶液表面に両親媒性分子を展開して複合化する手法は，層状チタン酸[20,21]や層状ニオブ酸[22]等の単一層膜に剥離分散できる無機層状化合物の複合LB膜にも適用できる。

　例えば，層状チタン酸との複合膜では，層状チタン酸表面の負電荷密度がスメクタイトより高いので，両親媒性分子は気液界面で一層緻密に配列され，安定な膜が得られる[20]。さらに，層状チタン酸は酸化チタン類似の光触媒活性を持つことが，紫外線の照射により有機層のみを分解除去することから実証された[21]。層状チタン酸層の厚さは1nm足らずであるので，積層数を加減すれば無機層の膜厚を1nm単位で自在に制御できることになり，常温・常圧下での新しいドライエッチング手法としても興味深い。

5 前駆体分子または前駆体イオンとの複合LB膜

　配位結合や脱水縮合により前駆体のイオンや分子が界面で重合する条件を整えると，前駆体イオンの水溶液を原料として気液界面で層状構造が形成されるので，原理的に平滑で欠陥の少ない膜が得られる。

　ペンタシアノ（4-ジドデシルアミノピリジン）Fe(III) 錯体を塩化ニッケル水溶液の表面に展開することにより，この錯体の単分子膜を作製すると，圧縮過程でシアノ配位子の一部が脱離して，Fe-CN-Fe の層状マトリクスが形成され膜は安定化する[23]。この膜を $[Fe(CN)_6]^{3-}$ の水溶液と塩化ニッケルの水溶液に交互に浸漬すると，LB膜の鋳型を足がかりとしてプルシアンブルーが形成される。塩化ニッケルの替わりに塩化鉄等の二価イオンの水溶液に浸漬すると，交互吸着法と同じ原理でプルシアンブルー薄膜が成長する。しかし，錯体形成を伴う交互吸着法であるため，膜の荒さ（ラフネス）は数十 nm となり平滑性はそれほど高くない。気液界面における両親媒性分子の電荷配置を安定に保持できれば，LB法を適用できる可能性がある。

　そこで，スメクタイト粘土の一種であるモンモリロナイトにより安定化したLB膜を基板面に併用する方法が考案された[24]。まず，アニオン性無機層状化合物であるモンモリロナイトを剥離分散した水溶液の表面にカチオン性のジドデシルアンモニウムイオン（DDA）を展開し，DDA-モンモリロナイト複合単分子膜を形成して水平付着法にて基板に転写する。この基板を塩化コバルトの水溶液に浸漬すると，モンモリロナイト表面との静電的な相互作用により Co^{2+} イオンが吸着し，続いてフェロシアン化カリウムの水溶液に浸漬するとプルシアンブルーの第1層が形成される。以後，塩化コバルトとフェロシアン化鉄の交互吸着によりプルシアンブルー膜が形成できる。金属イオンへの配位部位を四か所有する配位子として 4'-(4-pyridyl)-2,2' : 6',2"-テトラピリジンを Co^{2+}，Zn^{2+}，Eu^{2+} または Fe^{2+} の水溶液表面に展開し，界面で集積型錯体と類似の繰り返し配位した単分子膜を形成した[25]。この膜の特徴は長鎖アルキル鎖を含まない点であり，エネルギー移動や電子移動に適した膜として期待される。

　一方，気液界面における局所的な脱水縮合を利用すると，欠陥が少ない膜を生成できる。例えば，水和バナジン酸（$V_2O_5・nH_2O$）はpHと濃度条件を加減すると自発的に脱水縮合して糊状の水和酸化物を生じる。そこで，メタバナジン酸ナトリウムをイオン交換して濃縮し自発的に脱水縮合させると水和バナジン酸を形成する。バナジン酸の濃度を数十 μM に調製し，この水面にアルキルアンモニウムを展開すると静電的な相互作用により脱水縮合と加水分解を可逆的に制御できる。この希薄溶液の表面にジオクタデシルアンモニウム（DODA）を展開すると，バルク水溶液中ではモノマー的なバナジン酸 HVO_3 が界面に濃縮され，図3のように，その場で単分子膜状に脱水縮合しながらバナジン酸－DODA複合単分子膜が気液界面で形成される[26, 27]。バナジン酸は，濃縮と希釈を繰り返すと，これと対応して短波長側の吸収帯が可逆的に生成－消失することから，脱水縮合と加水分解を可逆的に繰り返すことができる。この濃厚水溶液の吸収スペクトルが，ガラス基板上に作製した多層膜の吸収スペクトルと類似していることから，製膜

第16章　有機−無機複合 LB 法による金属酸化物薄膜の作製と光機能

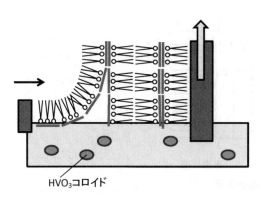

図3　ジアルキルアンモニウム−バナジン酸複合 LB 膜の製膜過程の模式図

時に脱水縮合が起こることが示唆された[27]。π-A 等温曲線を比較すると純水表面に展開した場合よりもバナジン酸水溶液表面上に展開した場合のほうがより稠密にパッキングされ，極限面積は概ね DODA の分子断面積と同等になることからバナジン酸の大きさや形状は DODA が最密に会合した膜を形成することが示された。しかし，界面上で圧縮して緻密な膜を形成して脱水縮合すると，表面圧を下げても加水分解は起こり難いため，表面を疎水化したシリカ粒子に見られるような可逆的な圧縮と膨張過程[13, 14]は観測されなかった。その結果，シリコンウエハ上に製膜した単分子膜を AFM で観察すると $1\mu m$ 平方の領域で最大高低差 1nm 以下となる平滑な構造の膜が得られた。積層を繰り返した多層膜の XRD では高次の回折ピークが観察され，層状の規則的な構造が確認された。この複合膜を 400℃ で焼成すると層状の規則性は失われたが，バンドギャップは 2.3eV を示した。このバンドギャップ値はバルクの酸化バナジウムと同等であることから，焼成により積層したバナジン酸薄膜は隣接層間で相互作用し，ナノスケールで膜厚を制御したバナジン酸薄膜を製膜できることを示している。

可視光応答する両親媒性分子として $Ru(bpy)_3^{2+}$ に二本の長鎖アルキル基を導入した誘導体を合成し，バナジン酸と複合化した LB 膜を作製した[26]。アルキル鎖の炭素数 13～19 の類縁体で安定な LB 膜が得られ，XRD 的にも層状構造が確認された。アルキルアミンの系と同様に，π-A 等温曲線は色素単独膜よりもバナジン酸と複合化した方がより緻密な膜となることから，色素とバナジン酸イオンとの静電的な相互作用に加えて，バナジン酸自身の濃縮と脱水過程により色素の会合が促進されると考えられる。この膜をビオロゲン水溶液に浸漬して電気化学測定を行った。図4のスキームに示すように，ルテニウム錯体の吸収帯（450nm）を照射するとビオロゲンの還元電流が観測されたことから，バナジン酸層を介して電子移動可能であることが示された。

同様の手法により，酸化スズ膜の製膜も可能である。スズ酸ナトリウム（Na_2SnO_3）の水溶液上にオクタデシルアミン（ODA）を展開し，気液界面での静電的な相互作用により $ODA-SnO_3$ 複合酸化物が製膜された[28]。有機成分は焼成により除去されるので酸化スズのナノ薄膜が生成した。この膜の XPS は SnO_2 と概ね等しくなり，バンドギャップはバルクより少し大きな

革新機能材料の開発と応用展開

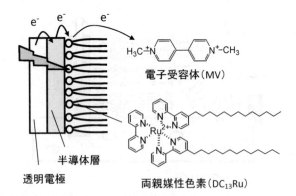

図4　DCRu-VO複合膜による還元電流の光スイッチング

3.95 eV と見積もられた。

　これらの有機・無機複合膜は有機層または無機層の光反応により二次元的なパターンを作製することも可能である。例えば，炭酸カルシウムの飽和溶液の表面にステアリン酸とアクリル酸アミド類縁体の混合膜を製膜すると，層分離と部分的な架橋により炭酸カルシウムの析出をマスキングできる[29]。また，アクリル酸のシルセスキオキサンエステルとアクリルアミドのコポリマーのLB膜では，deepUVランプで照射すると主鎖とシルセスキオキサンが共に光分解して有機部位が消失し，照射部は SiO_2 の薄膜となる[30]。このシリカ部は有機溶媒にも不溶であり，ポジ型のホトレジストとなりうる。先述のアルキルアンモニウムとチタン酸複合膜では，マスクをつけて照射すると絶縁膜や半導体層のパターニングが可能となり，ナノ光・電子回路への応用も期待される。

文　献

1) 福田清成，中原弘雄，加藤貞二，柴崎芳夫，超薄分子組織膜の科学—単分子膜からLB膜へ，講談社（1993）
2) I. Yamazaki, N. Tamai, T. Yamazaki, A. Murakami, M Mimuro, Y. Fujita, *J. Phys. Chem.*, **92**, 5035 (1988); I. Yamazaki, N. Tamai, T. Yamazaki, *J. Phys. Chem.*, **94**, 516 (1990); N. Tamai, H. Matsuo, T. Yamazaki, I. Yamazaki, *J. Phys. Chem.*, **96**, 6550 (1992)
3) K. Naito, A. Miura, M. Azuma, *J. Am. Chem. Soc.*, **113**, 6386 (1991)
4) D. B. Mitzi, *Chem. Mater.*, **13**, 3283 (2001)
5) K. Inukai, Y. Hotta, M. Taniguchi, D. Tomura, A. Yamagishi, *J. Chem. Soc., Chem. Commun.*, **1994**, 959 (1994)
6) N. A. Kotov, F. C. Meldrum, J. H. Fendler, Tombacz, Dekany, *Langmuir*, **10**, 3797

第16章 有機-無機複合LB法による金属酸化物薄膜の作製と光機能

(1994)
7) Y. Uchita, T. Endo, H. Takizawa, M. Shimada, 粉体及び粉末冶金, **41**, 1185 (1994)
8) M. Clemente-León, E. Coronado, A. Soriano-Portillo, C. Mingotaud, J. M. Diminguez-Vera, *Adv. Colloid Interface Sci.*, **116**, 193 (2005)
9) M. Clemente-Leon, B. Agricole, C. Mingotaud, C. J. Gómez-Garcıá, E. Coronado, P. Delhaes, *Langmuir*, **13**, 2340 (1997)
10) T. Akutagawa, R. Jin, R. Tunashima, S. Noro, L. Cronin, T. Nakamura, *Langmuir*, **24**, 231 (2008)
11) M. Jiang, M. Liu, *J. Colloid Interface Sci.*, **100**, 316 (2007)
12) M. Jiang, X. Zhai, M Liu, *Langmuir*, **21**, 11128 (2005)
13) S. Reculusa, S. Ravaine, *Chem. Mater.*, **15** 598 (2003)
14) S. Reculusa, R. Perrier-Cornet, B. Agricole, V. Heroguez, T. Buffeteau, S. Ravaine, *Phys. Chem. Chem. Phys.*, **9**, 6385 (2007)
15) F. Mammeri, Y. L. Bras, T. J. Daou, J. -L. Gallani, S. Colis, G. Pourroy, B. Donnio, D. Guillon, S. Begin-Colin, *J. Phys. Chem. B*, **113**, 734 (2009)
16) N. A. Kotov, F. C. Meldrum, J. H. Fendler, *J. Phys. Chem.*, **98**, 8827-8830 (1994)
17) S. Doherty, D. Fitzmaurice, *J. Phys. Chem.*, **100**, 10732-10738 (1996)
18) Y. Umemura, A. Yamagishi, R. Schoonheydt, A. Persoons, F. D. Schryver, *Langmuir*, **17**, 449-455 (2001)
19) S. Takagi, T. Shimada, T. Yui, H. Inoue, *Chem. Lett.*, 128-129 (2001)
20) T. Yamaki, K. Asai, *Langmuir*, **17**, 2564-2567 (2001)
21) Y. Umemura, E. Shinohara, A. Koura, T. Nishioka, T. Sasaki, *Langmuir*, **22**, 3870-3877 (2006)
22) K. Saruwatari, H. Sato, T. Idei, J. Kameda, A. Yamagishi, A. Takagaki, K. Domen, *J. Phys. Chem. B*, **109**, 12410-12416 (2005) ; K. Saruwatari, H. Sato, J. Kameda, A. Yamagishi, K. Domen, K., *Chem Commun (Camb)*, 1999-2001 (2005)
23) J. T. Culp, J. -H. Park, I. O. Benitez, Y. -D. Huh, M. W. Meisel, D. R. Talham, *Chem. Mater.*, **15**, 3431 (2003)
24) T. Yamamoto, Y. Umemura, O. Sato, Y. Einaga, *Chem. Lett.*, **33**, 500 (2004)
25) C. -F. Zhang, A. liu, M. Chen and D. -J. Qian, *Chem. Lett.*, **37**, 444 (2008)
26) H. Usami, T. Itakura, A. Nakasa, E. Suzuki, *J. Chem. Eng. Jpn.*, **38**, 664 (2005)
27) H. Usami, Y. Iijima, Y. Moriizumi, H. Fujimatsu, E. Suzuki, H. Inoue, *Res. Chem. Intermed.*, **33**, 101 (2007)
28) S. Choudhury, C. A. Betty, K. G. Girija, *Thin Sold Films*, **517**, 923 (2008)
29) H. Muller, R. Zentel, A. Janshoff, M. Janke, *Langmuir*, **22**, 11034 (2006)
30) Y. Kim, F. Zhao, M. Mitsuishi, A. Watanabe, T. Miyashita, *J. Am. Chem. Soc.*, **130**, 11848 (2008)

第17章　層状酸化物半導体複合体の光機能

由井樹人[*1]，土屋和芳[*2]，高木克彦[*3]

1　はじめに

　酸化物半導体の二酸化チタン（TiO_2）を水中で紫外光照射すると，水分解により水素と酸素が生成する現象が，1972年報告された[1]。いわゆる，"Honda-Fujishima Effect" として発表されたこの現象は，光を化学エネルギーに直接変換可能なことを明確に示した画期的な反応であり，この報告を契機として，酸化物半導体を用いた光機能の研究が活発に行われて来ている[2]。しかし，TiO_2 は，400 nm 以下の紫外光領域にしか吸収を持たないため，太陽光の主要部分である可視光域を利用できないという解決すべき課題を有している。この点を克服するため，TiO_2 自身に窒素などの不純物をドープすることで発現する不純物準位[3~5]や，TiO_2 表面に金属担持を行うことで発現する電荷移動吸収帯[6,7]を利用した可視光応答型の TiO_2 類縁体が開発されている。また TiO_2 以外の酸化物半導体の探索も行われており，例えばチッ化ガリウムと酸化亜鉛の固溶体（$Ga_{1-x}Zn_x$）（$N_{1-x}O_x$）は，420-440 nm の可視光照射に伴い，量子収率2.5%で水を水素と酸素へと完全分解することが報告されている[8]。

　一方，金属錯体や π 共役系有機色素は，合成的手法により光吸収波長域や酸化還元電位幅を自在に制御可能である。このように必要とする物性を賦与した色素分子は，適切な酸化物半導体との複合化により，新規な可視光応答性・光機能性の実現が可能である。Grätzel らが開発した色素増感太陽電池は，色素—酸化物半導体複合体の顕著な例であり，酸化物半導体表面に吸着した色素が可視光吸収し，続いて酸化物半導体へ注入された電子が外部回路を通って対極に戻るという太陽電池機能が発現する[9]。

　Na_2TiO_3，$K_2Ti_4O_9$，KNb_3O_8，$K_4Nb_6O_{17}$，$KTiNbO_5$ および $CsTi_2NbO_7$ などの層状酸化物半導体（LMOS）は，表面が負電荷を帯びた結晶性の酸化物半導体シートが積層した構造を採っている。厚みが1nm 以下で二次元的に数百 nm^2 もの広い平面を持つ酸化物半導体シートは，TiO_2 に類似した半導体光触媒特性を示す[10~13]。例えば，Domen らは LMOS の一種である $K_4Nb_6O_{17}$ にニッケル微粒子を担持させ紫外光照射すると，水の分解に伴い水素と酸素が化学量論的に生成することを報告している[14,15]。また一般に LMOS は，酸化物ナノシートの負電荷を補償する層間アルカリ金属イオンを含んでいるが，適切な色素カチオン種と置換でき，色素の LMOS 複合

[*1] Tatsuto Yui 東京工業大学　大学院理工学研究科　化学専攻　特任准教授
[*2] Kazuyoshi Tsuchiya 東京工業大学　大学院理工学研究科　化学専攻　博士研究員
[*3] Katsuhiko Takagi ㈶神奈川科学技術アカデミー　専務理事

第17章　層状酸化物半導体複合体の光機能

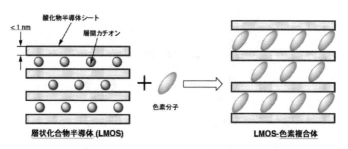

図1　層状酸化物半導体（LMOS）と色素分子の複合化

体を得ることができる（図1）[10〜13]。LMOS-色素複合体の特徴は，ナノサイズの交互積層構造のため平面的に大きく広がった層状空間に色素が存在するが，その配向構造は酸化物シートの高い規則性を反映するため，バルク酸化物半導体―色素複合体とは異なった物理・化学的特性を示す。本章では，LMOSと色素からなる複合体の持つ特異な光化機能について概説する。

2　LMOS-色素複合体の電子移動

メチルビオローゲン（MV^{2+}；1,1'-dimethyl-4,4'-bipyrinium）は，高い電子受容能を有する有機カチオン種であり，光反応における有機電子受容体や電子伝達剤として広く用いられている。また，MV^{2+}の一電子還元体であるラジカルカチオン（$MV^{+\cdot}$）は，青色の特徴的な吸収（395 nm，610 nm）を持つが，酸素により再酸化され無色のMV^{2+}に戻るクロミック挙動を示す分子である（図2）。MV^{2+}とLMOSの複合化および，紫外光照射によるLMOSのバンドギャップ励起に伴うMV^{2+}の還元（式(1)，(2)）が，$K_2Ti_4O_9$，$HTiNbO_5$，$K_4Nb_6O_{17}$，$HCaNb_3O_{10}$，$H_{0.7}Ti_{1.825}O_4$などのLMOSとMV^{2+}複合系で報告されている[12, 13, 16〜21]。

$$LMOS + h\nu (UV-light) \rightarrow e^-_{cb} \qquad (1)$$
$$e^-_{cb} + MV^{2+} \rightarrow MV^{+\cdot} \qquad (2)$$

ここでe^-_{cb}は，LMOSの伝導帯電子を示す。前述の様に$MV^{+\cdot}$は酸素によりMV^{2+}に戻るが，LMOSの層間に存在する$MV^{+\cdot}$が長寿命化することが報告されている。特に，LMOSとして層状二酸化チタン（TNS：$H_{0.7}Ti_{1.825}O_4$）とポリビニルアルコール（PVA）の混合系を電気泳動法により堆積させMV^{2+}と複合化を行った膜では，大気中における$MV^{+\cdot}$半減期寿命が9時間と長く，PVA/MV^{2+}混合系と比べて約18倍も長寿命であることが観測された[19]。この結果は，TNSのナノ空間での酸素濃度低下や酸素拡散の抑制など酸化的雰囲気が低下しているためと予想される。また，ビオローゲン誘導体と層状リン酸ジルコニウムからなる透明複合膜（ZrPV(X)）の合成とビオローゲンの光還元が報告されている[22〜24]。ZrPV(X)複合体もLMOS-MV^{2+}と同様に光照射に伴うビオローゲンの還元が量子収率（ϕ）〜0.15と比較的好効率で進行している。

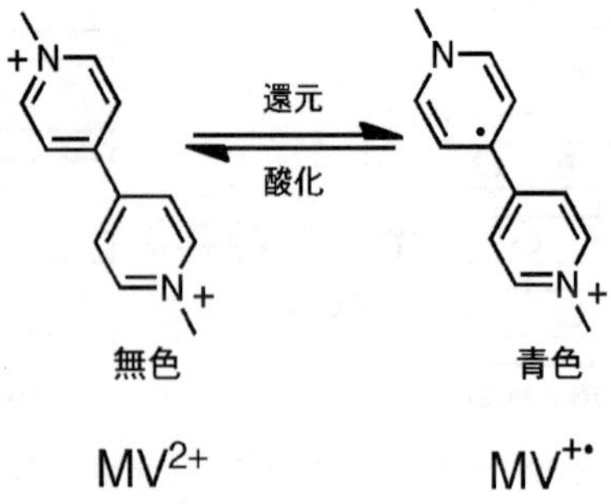

図2 メチルビオローゲン（MV^{2+}）の
エレクトロクロミズム

Ogawa らはシアニン色素誘導体（Cy^+；5,5'-dichloro-3,3',9-triethyl-thiacarbocyanine）とTNS の複合体における電子移動反応について報告している。Cy^+-TNS 複合体と比較物質である Cy^+-粘土複合体における Cy^+ の発光を比較すると，Cy^+-TNS 複合体では明瞭な発光消光が認められた。また，Cy^+-TNS 複合体中の Cy^+ 分子が選択的に光を吸収する 420 nm の光を照射すると，Cy^+ の一電子酸化体（$Cy^{+\cdot}$）の生成を示す ESR 信号が観測された。これらの結果は，励起状態の Cy^+ から TNS の伝導帯（CB）へと電子移動が生じたことを強く示唆する。また，伝導帯電子（e^-_{cb}）が TNS の半導体シート中を素早く拡散するため，Cy^+ と e^-_{cb} の再結合が抑制された結果，TNS 層間における $Cy^{+\cdot}$ の寿命が 246 min と大幅に向上することを観察している。

3 LMOS-色素の光反応

ルテニウムトリスビピリジン（$Ru(bpy)_3^{2+}$，bpy = 2,2'-bipyridine）およびその誘導体（図3a）は，金属—配位子電荷移動（MLCT）遷移に基づく強い吸収帯を可視部に有し，様々な LMOS の CB 電位に対して発熱的に電子注入可能な酸化還元電位を有している。そのため，光照射により酸化還元反応を駆動できるレドックス光増感剤として広く用いられている。Mallouk らは，カルボン酸基を有する $Ru(bpy)_3^{2+}$ の誘導体と様々な LMOS との複合化を行い，可視光照射での水の分解による水素発生を検討している[25, 26]。ニオブ酸系 LMOS の KNb_3O_8，$K_4Nb_6O_{17}$，$KTiNbO_5$ および $CsTi_2NbO_7$ を用いた場合，ヨウ化水素（HI）共存下，400-500 nm の可視光照射を行うと $\phi \sim 0.003$ で水素が発生した。光励起状態の Ru 錯体から LMOS の CB への電子注入が起こり，LMOS が水素還元触媒として機能している（図4）。LMOS の電子注入により酸化された Ru 錯体は，HI により還元され，基底状態の Ru 錯体へと回復する。一方，チタン酸系の Na_2TiO_3 および $K_2Ti_4O_9$ を用いた場合は水素発生が認められず，ニオブ酸系より負側に CB を有するチタン酸系 LMOS では Ru 錯体からの電子注入が進行しないと考えられる。さらに，LMOS 表面と強く相互作用するフォスフォン酸基を有する Ru 錯体

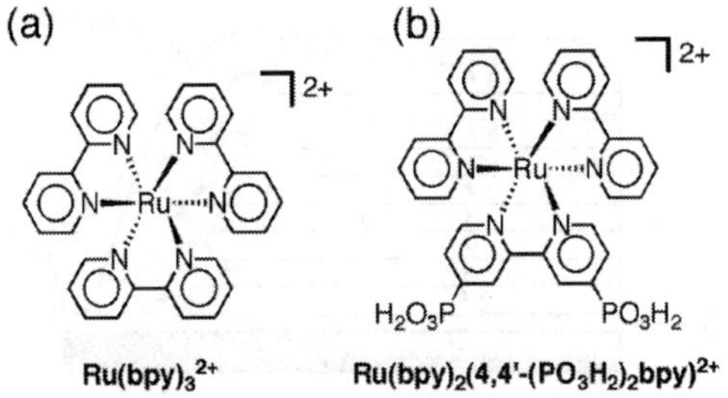

第17章 層状酸化物半導体複合体の光機能

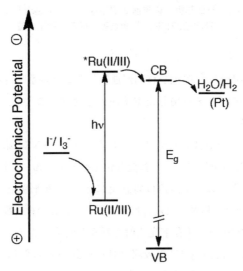

図3 ルテニウム錯体の構造

図4 Ru錯体-LMOS複合体のエネルギー図
ここでVBは価電子帯を示す

($Ru(bpy)_2(4,4'-PO_3H_2)_2bpy)^{2+}$；図3b）とニオブ酸カルシウムナノシート（R-$HCa_2Nb_3O_{10}$）もしくはニオブ酸ナノシートが渦巻状に丸まったニオブ酸ナノスクロール（NS-$H_4Nb_6O_{17}$）を複合化させた系では，犠牲還元剤であるEDTA存在下で420nm以上の光を照射するとϕ＝20-25%で水素の発生が認められた[27]。Ru錯体だけでなくアニオン性のポルフィリン誘導体（ZnTCPP^{4-}）をレドックス増感剤とし，界面活性剤で修飾した$Nb_6O_{17}^{4-}$を用いた可視光水素発生も報告されている[28]。

Usamiらは，酸化バナジウムゲル（V_2O_5）と長鎖アルキルアンモニウム型界面活性剤をLangmuir-Blodgett（LB）法により複合化を行い，得られた複合薄膜がn^-型の半導体特性を示すことを明らかにしている[29]。さらに，$Ru(bpy)_3^{2+}$の末端に長鎖アルキル鎖を導入したDC$_n$Ru（n＝7, 13, 19）の合成を行い，LB法にてV_2O_5との複合化に成功している。透明電極であるITO上にDC$_n$Ru-V_2O_5複合膜を作製し，MV^{2+}共存下，電極に－0.45Vのバイアス電圧を加えて光照射を行ったところ，明瞭な光電流とMV$^{+\cdot}$の生成が認められた[30]。この結果は，励起状態の

革新機能材料の開発と応用展開

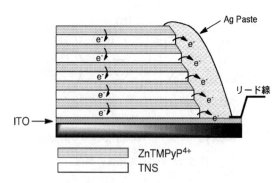

図5 ITO基板上に積層し導電性ペースト処理した
TNS-ZnTMPyP^{4+}複合膜の構造と電子の流れ

DC$_n$RuからバルクＭ溶液中のMV^{2+}の電子移動が進行したことが示唆される。また，酸化状態のDC$_n$RuはITOからV$_2$O$_5$のCBを経由した電子注入を受けることで，始状態であるDC$_n$Ruへと戻っていると考えられる。

Hagaらは層状酸化チタンを剥離したチタニアナノシート（TNS；第1章を参照）とカチオン性ポルフィリン誘導体（ZnTMPyP^{4+}）との複合化を行っている[31]。LB法と交互積層（LbL；第1章を参照）法を併用することで，ITO電極上にTNSの単層膜とZnTMPyP^{4+}の単分子膜（TNS-ZnTMPyP^{4+}）が交互に積層した複合膜を作製した。この複合膜電極を犠牲還元剤であるトリエタノールアミン（TEOA）共存下光照射を行うと明瞭なアノード電流が観測され，光電応答の作用スペクトルはZnTMPyP^{4+}の吸収と良い一致が認められたことから，励起状態のZnTMPyP^{4+}からTNSのCBへの電子注入が生じている。TNS-ZnTMPyP^{4+}の積層数を増加させると4層積層までは積層数の増加に伴う光電流の増加が認められたが，更なる積層を行うと光電流は逆に減少した。この結果は，電極からとは逆側に積層したTNS層にも電子が流入しているためと予想された。この点を改善するため，TNS-ZnTMPyP^{4+}の端面に導電性ペーストを塗布しITOとの導通を行うと（図5），450nmの光照射で5μAcm^{-2}の電流応答が観測された。この電流量は導通を行っていない複合膜の電流量の約2.5倍である。

4 LMOS-色素複合積層体

天然の光合成系では，複数の機能性分子間でエネルギー移動および電子移動反応を進行させ高効率な光合成反応が進行している。効率よくエネルギー移動と電子移動を進行させるには，機能性分子の配置を精密に制御する必要がある。LMOSの規則性の高い構造により，複数の化学種を積層・配置することで光エネルギー移動もしくは電子移動を制御した例が報告されている。

Takagiらは，HTiNbO$_5$を用いることで，増感剤および電子供与体となりうるカチオン性ポルフィリン（H$_2$TMPyP^{4+}；図6）と電子受容体であるMV^{2+}を複合させた3成分膜の合成と可視

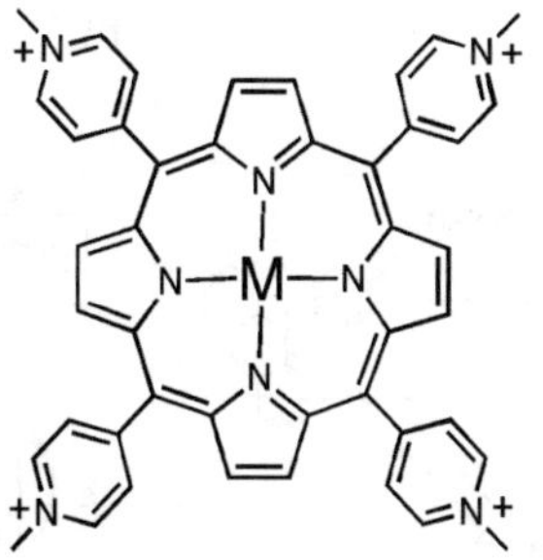

第17章　層状酸化物半導体複合体の光機能

MTMPyP^{4+}: M = H$_2$, Zn, Co

図6　カチオン性ポルフィリン MTMPyP^{4+}
（M=H$_2$, Zn, Co）の構造

光誘起電子移動について検討している[32]。HTiNbO$_5$層間に MV^{2+} を導入した複合膜をガラス基板上に堆積させた後，HTiNbO$_5$層間に H$_2$TMPyP^{4+} を含む複合体を積層した。この複合積層膜に H$_2$TMPyP^{4+} のみが光吸収する 420 nm 以上の可視光を照射すると，H$_2$TMPyP^{4+} の酸化を示唆する脱色と MV^{2+} の還元種（MV$^{+\cdot}$）が同時に生成したことから，HTiNbO$_5$ の CB を介して励起状態の H$_2$TMPyP^{4+} から MV^{2+} への電子移動が進行したと考えられる。

Mallouk らは，天然光合成の模倣系を報告している。すなわち，ポリカチオンとポリアニオンの交互積層（LbL）法により，5成分系のナノ積層体の合成し，その積層体での光エネルギー・電子移動共役系を検討している（図7a）[33]。ナノ層状無機化合物である α-ZrP を用いて，光エネルギーを捕集・集約するアンテナ系として機能するクマリン（Coum-PAH），フルオロセン（Fl-PAH）色素のポリマーおよびポルフィリン誘導体（PdTSPP^{4-}）を積層させた。得られた積層膜の上に，LMOS の一種である HTiNbO$_5$ を用いて，増感剤および電子供与体として PdTSPP^{4-}，電子受容体としてポリマー型ビオローゲン（Vio）を分離積層させた膜を合成した（図7b）。定常吸収スペクトル・定常発光スペクトル測定から，主に Coum-PAH→Fl-PAH→PdTSPP^{4-}→Vio を経由したエネルギー／電子移動が量子収率 0.61 で進行しており，筆者らはこの系を"Inorganic Leaf"と命名している。また，時間分解拡散反射スペクトル測定から，PdTSPP^{4-} の酸化および Vio の還元，すなわち両者の間の電荷分離状態（CS）が生成しており，その CS 寿命が約 900 μs と非常に長寿命化するという興味ある特徴を示した。この結果から半導体性の HTiNbO$_5$ シートが励起状態の PdTSPP^{4-} から Vio への電子伝達に重要な役割を果たしていることが分かる。

Yui らは，ナノサイズの細孔構造を有するメソポーラスシリカ（MPS）と TNS とを複合積層化した無機—無機積層膜による H$_2$TMPyP^{4+} と MV^{2+} の分離積層配置と光誘起電子移動を検討している[34, 35]。ナノ構造を持つメソポーラスシリカ（MPS）とチタニアナノシート（TNS）という化学的表面形態が異なる2種の多孔質材料を用いることで，TNS 層間に MV^{2+} のみを，MPS 細孔内部に H$_2$TMPyP^{4+} のみを導入した複合積層膜（(MV^{2+}-TNS)/(H$_2$TMPyP^{4+}-MPS)；図

革新機能材料の開発と応用展開

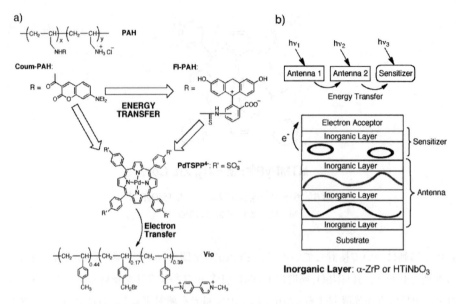

図7 Mallouk により提案された"Inorganic Leaf"の模式図
(a) 有機分子の構造およびエネルギー／電子移動の方向性，ここで太い矢印はエネルギー移動を，細い矢印は電子移動の方向性を示す。(b) 積層膜の構造と膜中での機能。

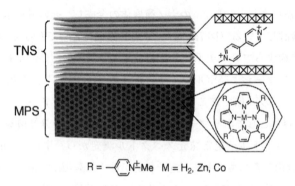

図8 (MV^{2+}-TNS)/(H_2TMPyP^{4+}-TNS) 複合積層膜の構造

8) を製造した。このように作製した (MV^{2+}-TNS)/(H_2TMPyP^{4+}-MPS) 膜を TNS のみが選択的に吸収される紫外光照射すると，MV^+ の吸収と H_2TMPyP^{4+} の退色が同時に観測された。また，(MV^{2+}-TNS) 層と (H_2TMPyP^{4+}-MPS) 層との間に絶縁材料のポリスチレン (PS) を導入した (MV^{2+}-TNS)/PS/(H_2TMPyP^{4+}-MPS) 複合膜の紫外光照射では，MV^{2+} の1電子還元は単独で起こるが，(H_2TMPyP^{4+}-MPS) メソ孔内の H_2TMPyP^{4+} は全く変化しないことから，PS がない (MV^{2+}-TNS)/(H_2TMPyP^{4+}-MPS) 系では MPS 層と TNS 層に分離吸着された $TMPyP^{4+}$ と MV^{2+} 間での電子移動の証拠が得られた[36]。また，MPS に代わり単一粒径のメソポーラスシリカ粒子 (sMPS) を用い，TNS と sMPS の接触面積を変化させたところ，TNS と

第17章 層状酸化物半導体複合体の光機能

sMPSの接触面積が小さい場合は電子移動反応が進行しなかったことから[37]，TNSとsMPS界面で電子の授受が生じていると思われる。

$(MV^{2+}-TNS)/(H_2TMPyP^{4+}-MPS)$ 系では，光反応の進行に伴い H_2TMPyP が退色してしまうため，吸収スペクトルから H_2TMPyP^{4+} の変化を追跡することは困難である。そのため，H_2TMPyP^{4+} に代わり $CoTMPyP^{4+}$ を用いて EPR 測定を行ったところ，光照射に伴い $CoTMPyP^{4+}$ の酸化を示す EPR 信号が観察された[36]。さらに，透明導電膜上に積層させた $(MV^{2+}-TNS)/(H_2TMPyP^{4+}-MPS)$ 膜の光電流応答[38, 39] や，その他の比較対称実験[35, 40] から MPS 細孔内に存在する H_2TMPyP^{4+} は酸化に伴い脱色していると結論した。光照射に伴いTNS層間の MV^{2+} は還元種を，MPS 細孔内の H_2TMPyP^{4+} は酸化種を生成したことから，MV^{2+} と H_2TMPyP^{4+} 間での電荷分離（CS）が生成していると考えられる。また，紫外光照射に伴いCSを生成させた後，暗所に静置したところ始状態である $(MV^{2+}-TNS)/(H_2TMPyP^{4+}-MPS)$ への回復が認められた（図9）[36]。このような可逆なCS状態の生成と消滅の原因は，現在のところ不明であるが，H_2TMPyP^{4+} の酸化体は不可逆な分解をせずに，MPS 細孔内で安定化されていることを示唆する。興味深いことに，光照射後における H_2TMPyP^{4+} 酸化体から H_2TMPyP^{4+} への回復から見積もったCS寿命は，大気中で2.5時間であった。通常の溶液中におけるCS寿命は長くてもミリ秒程度であり，光合成の反応中心で観測されるCS寿命でさえも1秒程度であることから，CS状態がTNS/MPS複合膜内で大幅に安定化されている。このような長寿命CSを

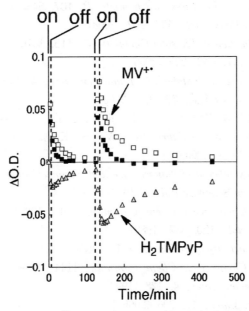

図9　$(MV^{2+}-TNS)/(H_2TMPyP^{4+}-TNS)$ 複合膜の光照射および暗所静置下における $MV^{+\cdot}$（四角）と H_2TMPyP（三角）の吸光度変化

用いることで，人工 Z-機構の模倣や光エネルギー蓄積材料としての応用が期待される。

5 おわりに

層状酸化物半導体（LMOS）と色素からなる複合体を用いた，光機能材料について概説を行った。粘土鉱物などの無機層状化合物と色素の複合系による光機能についても様々な報告があるが，LMOS は色素担持材料としての機能に加え，自身の光触媒機能や電子伝達機能があるため，より多彩な光機能が創出可能な点で他の無機層状化合物とは異なる。今後も，新たな複合化や積層化手法の開発に伴う新規光機能が創成されることが期待される。

文　献

1) A. Fujishima et al., *Nature*, **238**, 37（1972）
2) 橋本和仁，大谷文章，工藤昭彦編 "光触媒〜基礎・材料開発・応用〜", NTS（2005）
3) H. P. Maruska et al., *Solar Energy Materials*, **1**, 237（1979）
4) R. Asahi et al., *Science*, **293**, 269（2001）
5) H. Irie et al., *The Journal of Physical Chemistry B*, **107**, 5483（2003）
6) H. Irie et al., *Chem. Phys. Lett.*, **457**, 202（2008）
7) H. Irie et al., *The Journal of Physical Chemistry C*, **113**, 10761（2009）
8) K. Maeda et al., *Nature*, **440**, 295（2006）
9) M. Gratzel, *J. Photochem. Photobiol. C: Photochem. Rev.*, **4**, 145（2003）
10) 由井樹人ほか，日本写真学会誌, **66**, 326（2003）
11) 黒田一幸，佐々木高義編, "無機ナノシートの科学と応用", シーエムシー出版（2005）
12) T. Yui et al. "Bottom-up Nanofabrication, Vol. 5" K. Ariga & H. S. Nalwa eds., p35, American Scientific Pubs.（2009）
13) R. Sasai et al. "Encyclopedia of Nanoscience and Nanotechnology, Vol. 24" H. S. Nalwa eds., p303, American Scientific Pubs.（2011）
14) K. Domen et al., *J. Chem. Soc., Chem. Commun.*, 1706（1986）
15) A. Kudo et al., *J. Catal.*, **120**, 337（1989）
16) T. Nakato et al., *Reactivity of Solids*, **6**, 231（1988）
17) T. Nakato et al., *J. Chem. Soc., Chem. Commun.*, 1144（1989）
18) T. Nakato et al., *Chem. Mater.*, **4**, 128（1992）
19) T. Yui et al., *Chem. Mater.*, **17**, 206（2005）
20) N. Miyamoto et al., *Angew. Chem. Int. Ed. Engl.*, **119**, 4201（2007）
21) T. Nakato et al., *J. Phys. Chem. B*, **113**, 1323（2009）

第17章 層状酸化物半導体複合体の光機能

22) L. A. Vermeulen *et al., Nature,* **358**, 656 (1992)
23) L. A. Vermeulen *et al., J. Am. Chem. Soc.,* **115**, 11767 (1993)
24) J. L. Snover *et al., J. Am. Chem. Soc.,* **116**, 765 (1994)
25) Y. I. Kim *et al., J. Am. Chem. Soc.,* **113**, 9561 (1991)
26) Y. I. Kim *et al., J. Phys. Chem.,* **97**, 11802 (1993)
27) K. Maeda *et al., J. Phys. Chem. C,* **113**, 7962 (2009)
28) Y. Yamaguchi *et al., Chem. Lett.,* **30**, 644 (2001)
29) H. Usami *et al., Res. Chem. Intermed.,* **33**, 101 (2007)
30) H. Usami *et al., J. Chem. Eng. Jpn.,* **38**, 664 (2005)
31) K. Akatsuka *et al., Langmuir,* **23**, 6730 (2007)
32) Z. Tong *et al., J. Phys. Chem. B,* **106**, 13306 (2002)
33) D. M. Kaschak *et al., J. Am. Chem. Soc.,* **121**, 3435 (1999)
34) T. Yui *et al., Langmuir,* **21**, 2644 (2005)
35) T. Yui *et al., Bull. Chem. Soc. Jpn.,* **79**, 386 (2006)
36) T. Yui *et al., Bull. Chem. Soc. Jpn.,* **82**, 914 (2009)
37) T. Yui *et al., Phys. Chem. Chem. Phys.,* **8**, 4585 (2006)
38) T. Hirano *et al., J. Nanosci. Nanotechnol.,* **9**, 495 (2009)
39) T. Yui *et al., J. Photochem. Photobiol. A: Chem.,* **207**, 135 (2009)
40) T. Yui *et al., ACS Appl. Mater. Interfaces,* **3**, 931 (2011)

【第Ⅴ編　材料のプロセス化と微細加工】

第18章　自己組織化膜中の有機化合物とその分子集合体構造変化

大谷　修*

1　はじめに

　両親媒性製化合物は，水になじみやすい部位となじみにくい部位のそれぞれの親水基と疎水基と呼ばれる部位から構成される。この両親媒性化合物は，水溶液中で疎水基と親水基のバランスからミセル，ラメラ，ベシクル，そしてガラス基板上ではラメラ層などの様々な自己組織化集合構造を形成することが知られている。そのような自己組織化特性は，媒体と同様に凝集構造中での相互作用による内包されたゲスト分子の光化学反応プロセスを制御する重要な因子となる[1]。
　光機能材料への応用では，ラメラ層の固体でのモルフォロジー変化は内包ゲスト分子の光化学変換によって引き起こされる。固体薄膜の光機能特性は注目されており，非線形光学システム[2~4]，光記憶材料システムや光磁気応答材料[5~7]など様々な材料への応用が期待されている。最近の具体的な自己組織化膜中での検討例を以下に示す。関らは共有結合でつながったアゾベンゼン共重合体の単分子膜を作製し，光照射によりミクロ相分離構造を誘発し，光パターン形成を報告した[8]。栄長らは金などのナノ粒子にアゾベンゼン部位を有する自己組織化膜で修飾することで，アゾベンゼンのE-Z光異性化反応で磁性特性を制御できることを報告した[9]。
　材料への応用を検討するためには，光反応と自己組織化膜との関係を明確にする必要があると考えた。ここで我々が検討をした自己組織化膜と光反応の関係について2つの例について紹介する。
1) 桂皮酸部位のEからZへの光異性化反応による分子集合構造の変化
2) スチルバゾリウムの光二量化反応による分子集合構造の変化とその光学部材への応用

2　有機分子の光化学反応

　アゾベンゼンやスチルバゾリウム，桂皮酸では光反応により二重結合の周りで置換基の位置が入れ替わるE-Z光異性化反応がある[10]。しかし，この光異性化反応では分子が回転するための自由体積が必要なため，固体中で起こるEZ異性化反応の例はごく限られている（図1）。
　桂皮酸やスチルバゾリウム塩では，光異性化反応に加えて，2分子間による[2+2]のシクロ

＊　Osamu Ohtani　オムロン㈱　エレクトロニック＆メカニカルコンポーネンツビジネスカンパニー　エンジニアリングセンタ　リレー技術グループ　主事

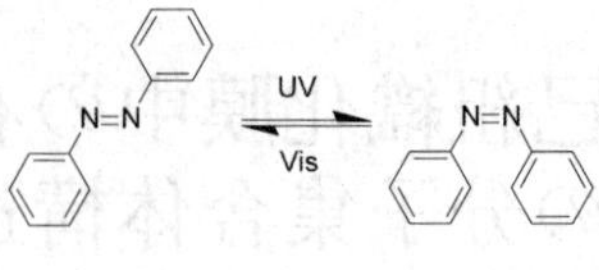

図1 アゾベンゼンの光異性化反応

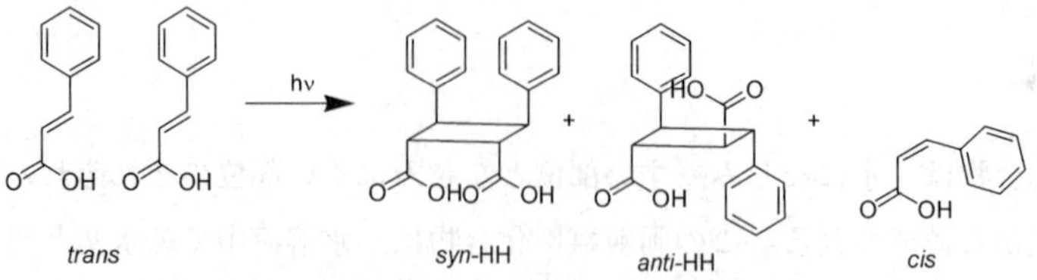

図2 桂皮酸分子の光化学反応

付加反応による光二量化反応がある（図2）[11]。一般的に，2分子反応は，光異性化反応よりも遅いが，その反応は固体状態では加速される。実際に，桂皮酸は固体状態で光二量化反応が進むことが報告されている。この光二量化反応の場合，2分子間の距離が3から4Å以内であることが必要である。分子間の距離がこの距離より遠くなると，光異性化反応のみしか確認されない。よって，このような特徴を有するために，桂皮酸やスチルバゾリウムは，自由体積や分子間距離を確認するためのプローブ分子として用いられることがある。さらに，この光化学反応は産業分野でも重要な技術である。特に桂皮酸やスチルベンの光二量化反応は，材料化学分野でフォトリソグラフィー技術に応用されている[12]。

3 ジオクタデシルジメチルアンモニウム－桂皮酸イオン対の光異性化反応と自己組織化膜構造の関係

国武らは，生体膜を模倣してジオクタデシルジメチルアンモニウムブロマイド（DODAB）を合成し，二分子膜構造を形成することを証明した[13]。我々はこの特異的な構造である2分子膜中での光異性化反応について検討を行うこととした。光化学反応性を示す分子としてE型の桂皮酸分子（*trans* Cin）を用いることとした。*trans* Cin は，光照射により，2分子間の距離に依存して様々な反応物を与える。2分子間の距離が0.4 nm以下だと，二量体が生成される。一方，2分子間の距離が0.4 nm以上になると，Z体を与えることが知られている。はじめにで述べたように，分子間の距離に依存して選択的に化合物を得ることができるため，プローブ分子して用いられている。

桂皮酸部位とアルチルアンモニウム部位（DODAB）のイオンの解離を排除するために，イオン対 C18 *trans* Cin（図3）を作製した。C18 *trans* Cin の水分散液をガラス基板上に展開し，水分を風乾により除去し，キャスト膜を作成した。このキャスト膜にパイレックス管（$\lambda >$

第 18 章 自己組織化膜中の有機化合物とその分子集合体構造変化

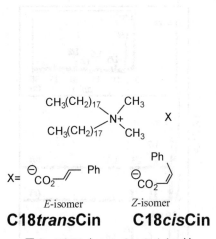

図3 DODA と transCin のイオン対

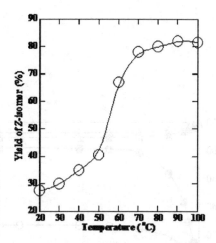

図4 熱処理温度と光異性反応との関係

280 nm）を通して水銀ランプにより光照射をした。光定常状態での得られた生成物では，二量体が確認されず，27％程度の Z 体のみであった。上記に述べたように trans Cin の 2 分子間の距離は 4Å 以上離れていると考えられる。

3.1 光反応性

我々は，このキャストフィルムを任意の温度（20℃～100℃）で 30 分間加熱処理をし，その加熱処理後のキャストフィルムの光反応について検討した（図 4）。熱処理温度が 55℃以上になると，急激に，Z 体の収率が増加する傾向が確認された。この急激な変化は，55℃以上の加熱によりフィル内での分子集合構造が変化したと考えられる。

さらに C18 *trans* Cin（桂皮酸：E 体のみ）と C18 *cis* Cin（桂皮酸：Z 体のみ）の 80℃で熱処理したときとしないときキャストフィルムの光照射時間と光反応性生物と関係を検討した（図 5）。熱処理ありなしに関わらず，150 分間程度で光定常状態になることを確認された。加熱処理しないキャストフィルムでは，C18 *trans* Cin と C18 *cis* Cin の光定常状態での E 体/Z 体比率はそれぞれ 70/30 と 10/90 であった。一方，加熱処理をしたキャストフィルムでは，C18 *trans* Cin と C18 *cis* Cin の光定常状態での E 体/Z 体比率はほぼ一定（15/85）であり，対照的な結果となった。

3.2 X 線回折

この熱処理により光反応性の違いを明確にするために，80℃で熱処理有無での C18 *trans* Cin の X 線回折を測定した（図 6）。熱処理の有無に拘らず，c 軸方向のラメラ構造の繰り返しを示す，鋭い（001）の回折ピークが確認された。熱処理なし（図 6（a））の C18 *trans* Cin の回折パターンから，面間隔が 3.6 nm の高く配向したラメラ構造であることが判明した。さらに，そのピークは 8 次の高次回折ピークまで確認された。一方で，80℃で熱処理した C18 *trans* Cin の面

革新機能材料の開発と応用展開

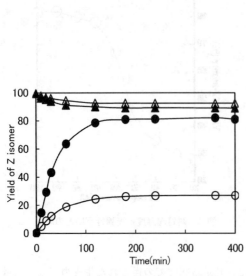
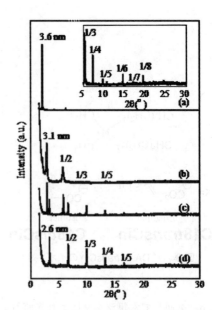

図5　C18*trans*Cin と C18*cis*Cin の光異性化反応

図6　C18*trans*Cin の X 線回折パターン (a) 熱処理なし；(b) 熱処理後 (80℃)；(c) (b) のフィルムに光照射後；(d) 熱処理後の C18*cis*Cin

間隔は3.09であり，熱処理なしと比較して減少した（図6 (b)）。

この熱処理 C18*trans*Cin フィルムに光照射後に X 線回折測定を行うと，光照射前のピークを維持したまま，高回折角側に新たなピークが確認された（図6 (c)）。この新たなピークのX線回折パターンは C18*cis*Cin のそれと一致した（図6 (d)）。つまり，桂分子の光異性化反応により，ラメラ構造が崩れないことが確認された。

3.3　電子密度分布

この構造をさらに明確にするために，電子密度分布を検討した[14]。熱処理前の C18*trans*Cin フィルム（図7 (a)）では，中央付近に電子密度が低い状態であり，この電子密度分布から，DODAB が二分子膜構造を形成していると考えられる。一方，熱処理後の C18*trans*Cin と C18*cis* フィルムでは，中央付近は電子状態がフラットであり（図7 (b) と (c)），この電子密度分布から判断すると，DODAB が入れ子構造を形成すると考えられた。

3.4　光反応性と分子集合構造との関係

さらに熱処理有無での C18*trans*Cin フィルムを偏向 UV と IR 測定により，桂皮酸部位と DODAB 部位のアルキル鎖のガラス基板に対する傾きを求めた[15〜17]。それぞれの分子の傾斜角と上記の電子密度分布とを合わせて考えると，図8に示すような分子集合構造を得ることができ

第 18 章　自己組織化膜中の有機化合物とその分子集合体構造変化

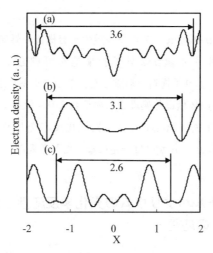

図 7　電子密度分布；(a) C18*trans*Cin（熱処理なし），(b) C18*trans*Cin（熱処理あり），(c) C18*cis*Cin（熱処理あり）

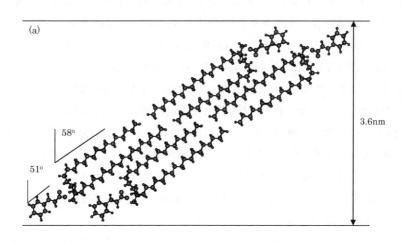

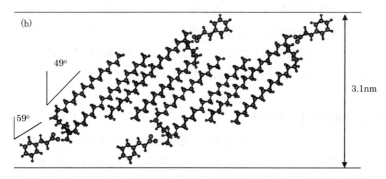

図 8　C18*trans*Cin の熱処理なし (a) と熱処理なし (b) の分子集合構造

る.

　熱処理の有無に関係なく trans Cin がアルキル鎖の集合構造の外側に位置していた.熱処理ありでは C18 trans Cin のアルキル鎖が2分子膜構造を形成した.一方,熱処理なしでは C18 trans Cin のアルキル鎖が入れ子構造を形成した.このアルキル鎖の集合構造の違いにより,熱処理ありの trans Cin の自由体積は熱処理なしのそれよりも大きいことがわかる.この自由体積の違いにより,熱処理ありの trans Cin は光異性化反応をしやすくなり,C18 trans Cin と C18 cis Cin の光定常状態での E/Z 比がほぼ一定になったと考えられる.

4　長鎖アルキルスチルバゾリウムの光化学反応性と自己組織化膜構造との関係—光学部材への応用—

　アゾベンゼンと同様にスチルバゾリウムなどの芳香族セグメントをアルキル鎖内に導入した一本鎖型両親媒性化合物は二分子膜構造を基本とする安定な会合体を形成することが知られている[18]。これは芳香族部位に働く π-π 相互作用によって分子間相互作用が大きくなり,分子組織化能が向上すると考えられる.我々は,長鎖アルキルスチルバゾリウム N-methyl-4-octadecyloxystilbazolium (C18OStz$^+$X$^-$)と各種カウンターイオン(図9)との光化学反応と,さらにそのキャストフィルム内での分子集合構造と光化学反応との関係について検討した.

　C18OStz$^+$X$^-$キャストフィルムに光照射($\lambda > 350$ nm)をし,その光反応性を UV-vis スペクトルにより明らかにした.光照射の経過時間とともに,350〜400 nm 付近のピークが減少し,230 nm 付近のピークの増加が確認された.これはスチルバゾリウム部位の光化学変化が示唆された.この現象をさらに明らかにするために,NMR 測定を行った.表1にカウンターイオンとスチルバゾリウムの光化学反応との関係を示した.

　ミセル,膜,結晶中などで[2+2]光二量化反応は励起一重項の二量体を通して立体選択的に反応が進む.今回の C18OStz$^+$X$^-$ でも,蛍光スペクトルで強いエキシマーが見られたカウンターイオンが benzoate と 2-, 3-hydroxybenzoates の時には,光二量化反応が確認された.一方,カウンターイオンが Perchlorate, 1-hydroxy-2naphthoate と 4-hydroxybenzoate ではエキシマーが見られず,光二量体が確認されなかった.光二量子反応が確認された benzoate などの1価のカウンターイオンでは,antHH の二量体のみ確認された.これはイオン的な相互作用により図10のようなパッキング構造を形成したためと考えられる.興味深いことに2価のイオン(X = benzenedecarboxylate)では,anti-HH,synH-H がともに確認された.

4.1　光化学反応と構造変化との関係

　光照射によるキャストフィルム内の構造変化と光反応を明確にするために,カウンターイオンに Perchlorate と 1,3-Benzenedicarboxylate を有する C18stz$^+$X$^-$ を用いて検討をした.表1に示すように,Perchlorate は1時間の光照射により Cis 体のみを生成し,1,3-Benzenedicarboxylate で

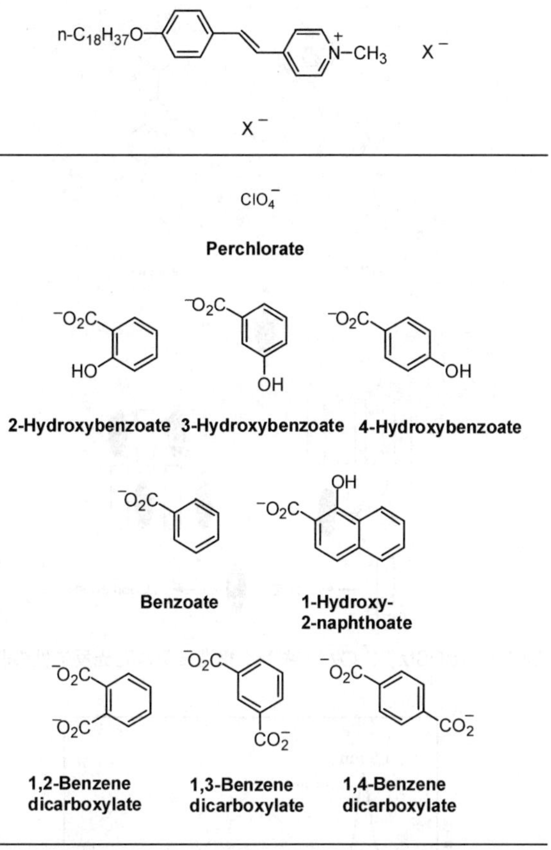

第18章　自己組織化膜中の有機化合物とその分子集合体構造変化

図9　長鎖アルキルスチルバゾリウムと各種イオン

表1　カウンターイオンとC18OStz$^+$X$^-$の光反応性との関係

X$^-$	irr. time/h	selection/mol%			
		trans	cis	synHH	antiHH
Perchlorate	10	81	19	0	0
2-Hydroxybenzoate	2	53	32	0	15
3-Hydroxybenzoate	6	69	19	0	12
4-Hydroxybenzoate	15	63	37	0	0
Benzoate	2	73	13	0	14
1-Hydroxy-2-naphthoate	2	71	29	0	0
1,2-Benzenedicarboxylate	1	53	21	13	13
1,3-Benzenedicarboxylate	1	40	32	13	15
1,4-Benzenedicarboxylate	1	62	21	8	9

は，Cis 体と anti-HH 二量体を生成した．

　カウンターイオンに Perchlorate をもつ C18stzX の光照射前後の X 線回折ピークでは，trans 体から Cis 対に光反応が進むにつれて，X 線回折のピーク強度が減少した．しかし，X 線回折の

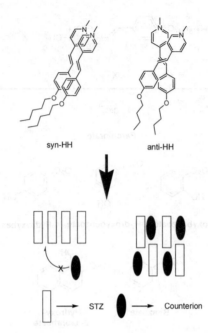

図10　18OStz$^+$X$^-$のパッキング構造モデルと光反応性の関係

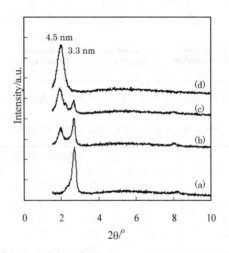

図11　カウンターイオンが1,3-BenzenedicarboxylateのときのX線回折の光照射時間（λ＞350nm）依存性
(a) 0 min, (b) 15 min, (c) 30 min, (d) 1 hr

ピークの位置は変化しなかった。

一方，カウンターイオンに1,3-BenzenedicarboxylateをもつC18stzXフィルムでは光照射により，構造変化は，Perchlorateのときとは大きく異なった（図11）。光二量化反応により，光照射前の(001)回折ピークが減少し，$2\theta=2°$付近に新たなピークが確認された。

さらに偏光IRとUV測定により，アルキル鎖とスチルバゾリウム部位の基板に対する傾き角

第18章　自己組織化膜中の有機化合物とその分子集合体構造変化

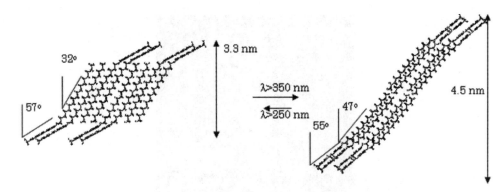

図12　C18OStz⁺X⁻（X＝1,3-Benzenedicarboxylate）の光照射による自己組織膜の構造変化

を求めると，図12のような集合構造を形成することがわかった。光照射前は，アルキル鎖が入れ子構造である単分子膜構造を形成した。一方，光照射後（λ＞350nm）の分子集合構造は，アルキル鎖が平行に並んだ二分子膜構造へ変化した。つまり光二量化反応のみが，動的に分子集合構造を変化させる鍵になると考えられる。

4.2　光可逆環化反応

スチルバゾリウム二量体は光化学的可逆環化反応特性を有している。光照射（λ＞350nm）をしたフィルムに対して，シクロ環由来の吸収である250nm付近の光照射を行うと，*trans*体に由来する380nm付近のピークの増加が確認された。さらに*trans*体の増加とともに，X線回折から元の3.3nmのピークの増加が確認された。光可逆環化反応とともに，分子集合構造も可逆的な変化を示すことが明確になった。

4.3　SEM観察

光照射による分子集合構造のマイクロオーダーの構造変化を明らかにするために，カウンターイオンに1,3-BenzenedicarboxylateをもつC18Stzの表面をSEM観察した。光照射による影響を明確にするために，フォトマスクを通してλ＞350nmのUV光を薄膜へ照射した。光照射有無で明瞭な違いが見られ，光照射された部分にクラックが確認された（図13）。しかし，*Cis*体のみ生成するPerchlorateでは，光照射後ではクラックに由来するパターンが確認されなかった。従って，クラックの発生については，単分子膜構造から二分子膜構造へのラメラ構造変化が影響していると考えている。

4.4　蛍光顕微鏡

スチルバゾリウムは蛍光特性を有しており，図14（a）に示すようにC18*stz*X（X＝1,3-Benzenedicarboxylate）も蛍光特性を有していた。さらに光照射（λ＞350nm）を行うと，

図13　C18OStz$^+$X$^-$（X=1,3-Benzenedicarboxylate）のSEM像

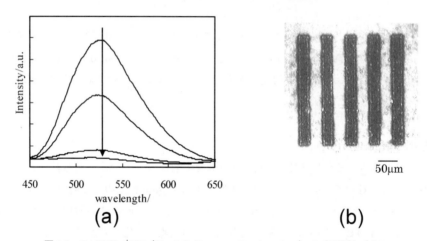

図14　C18OStz$^+$X$^-$（X=1,3-Benzenedicarboxylate）の光照射（$\lambda >$ 350nm）による蛍光スペクトルの変化（a）と蛍光顕微鏡写真（b）

非蛍光である光二量体の生成により蛍光が減少した。

　光照射による影響を明確にするために，フォトマスクを通して $\lambda>350$ nm の UV 光を薄膜へ照射し，蛍光発光特性をマイクロオーダーで確認した（図14（b））。画像での白色と黒色の部分がある。明るい部分が強い蛍光を発しており，光照射をされていない部分である。一方，暗い部分は蛍光を発しておらず，光照射された部分である。これは光照射により C18Stz の光二量化反応が進み，図14（a）に示すように蛍光が低下したためである。このような蛍光のパターン技術は新たな書き換え可能な光記憶材料の可能性を秘めている。

5　おわりに

　以上，自己組織化膜中での光化学反応による構造変化と機能材料化について述べてきた。しかし，合成化学的に設計された自己組織化膜とその機能に関しては光化学以外にも導電性，超伝導，

第18章 自己組織化膜中の有機化合物とその分子集合体構造変化

光学分割など非常にたくさんの報告があり，ここで紹介できなかった研究については総説[19〜21]などを参考にされたい。

文　献

1) Chemical Society of Japan, Molecular Assembly, *Kagaku-Dojin*, pp.122-148 (1983)
2) O. A. Aktsipetrov, N. N. Akhmediev, E. D. Mishine, V. R. Novak, *JETP Lett.*, **37**, 207 (1983)
3) Y. R. Shen, *Nature*, **337**, 519 (1989)
4) K. Kajiwara, H. Takezoe, A. Fukuda, *Jpn., J. Appl. Phys.*, **30**, 1525 (1991)
5) D. G. Whitten, *J, Am. Chem. Soc.*, **96**, 594 (1974)
6) T. Furuno, K. Takimoto, T. Kouyama, A. Ikegami, H. Sasebe, *Thin Solid Films*, **160**, 145 (1988)
7) K. Ogawa, S. Kinoshita, H. Nakahara, K, Fukuda, *Chem. Lett.*, **1990**, 2025 (1990)
8) S. Kadota *et al.*, *J. Am. Chem. Soc.* **127**, 8266 (2005)
9) M. Suda, Y. Einaga, *Angew. Chem., Int. Ed.* **48**, 1754 (2009)
10) H. Rau, H. Durr and H. Bouas-Laurent (eds.), "*Photochromisim*", Elsevier, Amsterdam, pp.165 (1990)
11) F. Quina, D. G. Whitten, *J. Am. Chem. Soc.*, **97**, 1602 (1975)
12) K. Ichimura, "*Photofunctional Chemistry*", Sangyou Book, Tokyo, pp.131-133 (1993)
13) T. Kunitake and Y. Okahata, *J. Am. Chem. Soc.*, **99**, 3890 (1974)
14) T. Adachi, H. Takahashi, K. Ohki, and I. Hatta, *Biophysical Journal*, **68**, 1850 (1995)
15) J. Michl, E. W. Thulstrup, *Spectroscopy with Polarized Light*, VHC, New York (1986)
16) J. Uemura, T. Kamata, T, Kwai, T. Takenaka, *J. Phy. Chem.*, **94**, 62 (1990)
17) K. Sonobe, K. Kikuta, K. Takagi, *Chem. Mater.*, **11**, 4 (1999)
18) M. Shimomura, R. Ando and T. Kunitake, *Ber. Bunseges, Phys. Chem.*, **87**, 1134 (1983)
19) T. Kunitake, *Ange. Chem. Int. Ed. Engl.*, **31**, 709 (1992)
20) K. Ichimura, "*Photofunctional Chemistry*", Sangyou Book, Tokyo, pp.131-133 (1993)
21) K. Ariga, J. P Hill, M. V Lee, A. Vinu, Richard Charvet and Somobrata Acharya, *Sci. Technol. Adv. Mater.* **9**, 96 (2008)

第19章　化学的手法による量子ドットの組織化とその積層構造に依存する光機能

亀山達矢[*1]，鳥本　司[*2]

1　はじめに

ある物質を数ナノメートルのサイズにまで小さくすると，バルクで見られていた物理化学特性が大きく変化する。半導体においては，そのサイズがおよそ励起子ボーア半径の2倍よりも小さくなると，粒子サイズの減少とともにエネルギーギャップが増大し，光の吸収波長や発光波長が短波長側にシフトする（図1）[1,2]。構成元素や組成ではなく，サイズに依存して電子物性が変化するという，このユニークな特性は，数ナノメートルの微小空間に電子が閉じ込められる，量子閉じ込め効果によって引き起こされる。そのため，このような半導体微粒子は"量子ドット"とも呼ばれる。最近では様々な分野で，この量子ドットを利用した機能材料の開発が行われている。例えば，CdSe，CdTeなど強くバンド端発光を示す量子ドットは，有機色素などの蛍光材料と比較して耐光性が優れること，さらにサイズによる吸収・発光波長の自在な制御が可能なことを利用して，生体マーカーに利用されている[3~5]。表面を生体活性な分子で修飾することも容易なため，その用途はとても広く，ライフサイエンスの分野において，今後ますます重要な材料になると期待されている。

さらに近年では，高効率な太陽電池開発のひとつとして，量子ドット太陽電池など，半導体微粒子を光吸収層に用いる新規太陽電池の作製が活発に研究されている[6~10]。これは，量子ドットのサイズに依存して変化する，光吸収特性や電子準位に加えて，エネルギーギャップの2倍以上

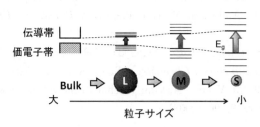

図1　量子ドットのサイズに依存した電子エネルギー構造の模式図

---

*1　Tatsuya Kameyama　名古屋大学　大学院工学研究科　結晶材料工学専攻；日本学術振興会　特別研究員

*2　Tsukasa Torimoto　名古屋大学　大学院工学研究科　結晶材料工学専攻　教授

第19章　化学的手法による量子ドットの組織化とその積層構造に依存する光機能

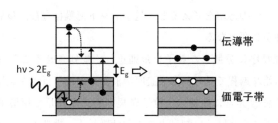

図2　マルチエキシトン生成メカニズムの模式図

の高いエネルギー（短い波長）をもつ光子の吸収によって，粒子中に複数の励起子が生成する"マルチエキシトン生成"（図2）が高効率で起こると期待されているためである。これらの特性を上手く使うと，通常の太陽電池では光吸収後に熱として放出していた光エネルギーを，無駄なく励起子生成に利用でき，量子ドット太陽電池における太陽エネルギーの理論変換効率が，従来の単接合太陽電池の効率を大きく超えて，約60％にまで達するとされている[11]。

このように，近年大きな注目を集める量子ドットは，構成元素を含む前駆体が，均一に溶解した溶液から，化合物半導体を析出し，その結晶成長を安定化剤により抑制することにより作製される。特に，1993年 Bawendi らによって，粒子表面への配位性を持った高温有機溶媒中での化学反応による，コロイド合成法[12]が開発されて以来，化学の分野における量子ドットの研究が注目を浴びるようになった。現在では，その合成法に留まらずサイズや形状，さらにその発光波長なども精密に制御できるようになり，粒子合成技術はかなり高いレベルにまで到達したと言える。必然として，次のステージではこの優れた特性をもつ"物質"をいかに高機能性"材料"として利用するかという点に主眼が置かれており，活発な研究がなされている。

コロイド法により作製されるナノ粒子は液相中に均一に分散しているため，固体デバイスなどに応用するためには何らかの基板上に配列・固定化する必要がある。ナノ粒子に特徴的なサイズ効果を維持しつつ（すなわち，凝集・融合させることなく），ナノ粒子の配列や積層構造を制御することで，粒子どうしの集団的な相互作用を発現させれば，分散系にはない新たな機能やナノ粒子の特性を見いだすことができると期待される。そこで，本稿では最近の半導体ナノ粒子の組織化技術と，コロイド法により作製される新規低毒性半導体ナノ粒子について紹介する。

2　量子ドットの集積化

液相化学合成法により作製した量子ドットは溶液中に分散しており，これを固体デバイスへ応用するには基板への固定化が必要となる。最も簡単な方法はスピンコート法やスプレードライ，もしくはペイントなどによる薄膜化がある[13]。これらのプロセスは操作が簡便で，コストも抑えられるというメリットがある一方で，得られる薄膜の構造は不均一なものであり，さらに製膜条件に非常に敏感なため，精密な膜厚の制御が難しいことが問題となる。光学素子など緻密な制

御を必要とするデバイスへの応用を考えると，量子ドット薄膜は今後，単層もしくは数層での精密な構造や配列の制御が必要となる。

しかし，溶液中に無秩序に分散した粒子を規則正しく配列させることは容易ではない。例えば，ナノ粒子分散液の乾燥過程で見られる，濃厚溶液からの粒子析出を利用する自己集積化法が挙げられる[14]。この手法は非常に簡便に，粒子が規則的に配列した超格子構造が形成できるものの，得られる超格子構造を意図的に制御することは難しく，構造の多くは偶然に作られる。この手法による2次元的な粒子配列に関しては経験と技術の蓄積により，かなりの精度で制御が可能となってきたものの，広い範囲での3次元の集積化（ナノ粒子の結晶化）は依然として困難である。

そこで用いられるのが，2次元的な超薄膜を積層することによる3次元構造制御法である。量子ドット間，もしくは量子ドット／バインダー間の相互作用を利用して，基板上に積み上げる構造制御法としては，Langmuir-Blodgett 法[15, 16]，2官能基をもつ分子によるナノ粒子間の架橋[17]，静電的相互作用を利用する交互吸着法[18]などの集積化法が報告されている。高い表面エネルギーをもつ量子ドットは，凝集・融合を防ぐために，チオールなどの表面配位子により保護されることが多い。この保護剤間の相互作用を，上手く利用することによって，量子ドットを凝集させることなく積層・組織化することができる。例えば，Langmuir-Blodgett 法を用いた量子ドット積層膜は，次のような方法により作製される。2-aminoethanethiol で化学修飾した CdS 量子ドット（平均粒径 2.7 nm）を含む DMSO-ベンゼン混合分散液を，架橋剤としてグルタルアルデヒドを含む水溶液表面（0℃）に展開し，バリアにより展開面積を規制する（図3）[16]。水溶液を25℃にすることで，表面保護基のアミノ基が架橋剤と結合し，量子ドットどうしが架橋され，堅牢な単粒子膜ができる。このように気-液界面上で2次元的に架橋された膜に対して，垂直に基板を降下-上昇させることにより，基板上へ移しとることができ，さらに基板の降下-上昇サイクルを繰り返すことによってCdSナノ粒子単粒子膜の基板上への積層が可能となる。

Langmuir-Blodgett 法などはナノ粒子積層薄膜を大面積で作製できるが，膜の作製に特殊な装置を必要とする，適用可能な物質の制限が大きいなどの短所がある。一方で静電的な相互作用を利用した交互吸着法では，反対電荷をもつ物質の分散した溶液に基板を交互に浸漬させるのみで，ナノメートルスケールで膜厚の制御が可能である（図4）。また，用いることのできる物質も多電荷を有するものであればよく，ポリマーをはじめ，有機色素，タンパク質や半導体ナノ粒子など多岐にわたる[18]。この方法を用いて，筆者らはAuナノ粒子をシランカップリング剤で固定化した石英基板上に，CdTe 量子ドットを積層した[19]。Au-CdTe 間に，ポリマーの交互積層膜からなるスペーサー層を挟むと，その積層数を変えるだけで，スペーサー層の膜厚を数ナノメートルのオーダーで制御することができる。Auナノ粒子のプラズモン励起により生じる，光電場増強場は量子ドットの発光を増強することが知られているが，スペーサーの膜厚を変化させることにより，この増強場が有効に作用する距離を，ナノメートルレベルで精密に求めることに成

第19章　化学的手法による量子ドットの組織化とその積層構造に依存する光機能

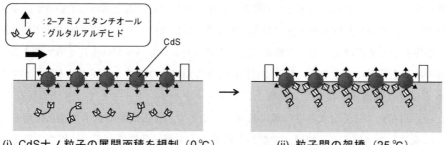

(i) CdSナノ粒子の展開面積を規制（0℃）　　(ii) 粒子間の架橋（25℃）

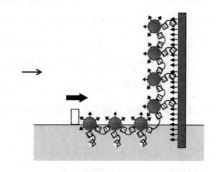

(iii) ナノ粒子単粒子膜の積層

図3　Langmuir-Blodgett法による量子ドット（CdS）の積層手順

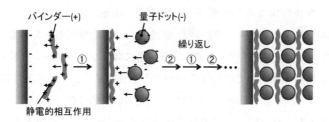

図4　交互吸着法の原理

功した。このように，交互吸着法はこれまでのナノ粒子薄膜作製法と比較しても，簡便な操作で多様な物質と一緒に，緻密に構造制御した膜を得られるため，大変に優れた手法といえる。

3　積層された量子ドット間の相互作用

　粒径の異なる量子ドットは，その大きさに依存してエネルギーギャップが変化するため，これを適切に配列させるとエネルギーギャップの勾配が形成され，より大きな相互作用を引き起こすことができると期待されている。例えば，粒径の異なる量子ドットの配列構造の形成については，スピンコート法などの手法を用いた報告がある[20,21]。これらは，エネルギーギャップの勾

配を利用することで,励起エネルギーの移動や,電子移動が起こると報告しているが,量子ドット薄膜が厚く,その相互作用を十分に引き出すに至っていない。一方,交互吸着法では浸漬する溶液の順序を変えるだけで,望みの積層構造をナノメートルレベルで精度良く構築できるため,複数種の物質を積層化(組織化)し,物質間の相互作用により機能を発現させることができる。Franzlらは交互吸着法を用いて,基板上にポリマーをバインダーとして,粒径の異なる1.7～3.5 nmのCdTeナノ粒子を大きさの順に積層することで,粒子間での大きな相互作用を誘起することに成功した(図5)[22]。粒径,すなわち電子エネルギー構造のわずかに異なる粒子を順序よく積層すると,積層方向にそって漏斗型のエネルギーギャップ勾配が膜内部に形成される。ここに紫外光を照射すると,光励起されたCdTeナノ粒子は非常に薄いポリマーを挟んで配置された粒子との間でエネルギー移動を生じ,よりエネルギーギャップの小さい粒子へとエネルギーが効果的に集まる。その結果として,最も粒径の大きな(エネルギーギャップの小さい)CdTeナノ粒子(3.5 nm)を発光中心として励起子の放射再結合が起こり,膜は強く発光する。この膜の発光強度は,サイズが3.5 nmのCdTe粒子のみを積層した場合と比較して,一層当たり28倍に増強された。エネルギー移動により光エネルギーを捕集・集約する機構は,光合成とよく類似している。このように,交互吸着法により量子ドットの積層構造を精密に制御することで,膜内部のエネルギーギャップ勾配を自在に変化させることができる。

筆者らは無機層状物質であるLayered Double Hydroxide (LDH)を剥離して作製したLDHナノシート[23]と,CdSナノ粒子を交互吸着法によりF-doped SnO$_2$ (FTO)電極上に積層した[24]。このとき,粒径の異なるCdS粒子(CdS (L):5.0 nmとCdS (S):2.1 nm)の積層順序を変え,異なるエネルギーギャップ勾配を持つ膜を得た。正孔捕捉剤を含む電解質溶液中にこの積層膜を浸漬して,可視光を照射すると膜の積層構造に関係なくアノード光電流を生じた。このことは積層膜がn型半導体類似の光特性を持つことを意味する。光電流値は積層構造に大きく依存し,電極近傍に大きい粒子を積層した膜では,逆の積層構造を有する膜に比べて,その値は約2倍大きなものとなった(図6)。これは,ナノ粒子中に光生成した励起電子・正孔の移動方向が膜の中に形成されたエネルギーギャップの勾配により決まるためであり,電極に向かってエネルギーギャップが小さくなるように粒子を積層することにより,光電荷分離が向上することが

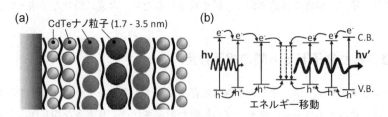

図5 交互吸着法を用いて,漏斗型エネルギー構造をもつように積層したCdTeナノ粒子薄膜(a)と,膜内でのエネルギー移動による発光増強(b)の模式図

第19章　化学的手法による量子ドットの組織化とその積層構造に依存する光機能

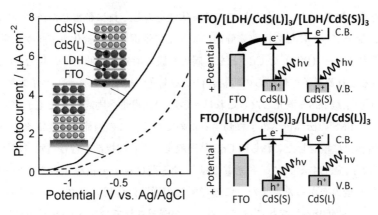

図6　交互吸着法を用いて作製したエネルギーギャップ勾配を利用する光電流生成の高効率化

わかる。このように，粒径の異なる半導体ナノ粒子を配列させることで，粒子積層膜のエネルギー構造を変調させ，効率的な光電変換を達成できるシステムとすることができる。

4　バインダーの機能化

　静電的な相互作用を利用する交互吸着法を用いて量子ドット薄膜を積み上げるときに，無視できないのが粒子層どうしを繋ぐバインダーの存在である。バインダーとしては主に，高分子や無機ナノシートなど，多数の電荷を有し溶媒中に均一に分散する物質が利用されている。これは，多数の吸着点を有するバインダーを用いることにより，量子ドットを吸着している結合の一部が切れても，粒子自体は外れることなく基板上に積層できる"マジックテープ効果"を期待してのことである。最も良く使われるバインダー高分子として，カチオン性の poly (diallyldimethylammonium) chloride，polyethylenimine や，アニオン性の poly (sodium 4-styrenesulfonate)（PSS）が挙げられる。しかし，これらは絶縁性のポリマーであり，太陽電池など，粒子間での電子移動を伴うようなデバイスを構築するときには，抵抗成分になるという問題がある。

　これを解決するため，Wang らは水溶性の導電性のポリチオフェン誘導体（P_3TOPA）をバインダーに，CdSe 量子ドットを ITO 電極上に積層することで，CdSe に由来する光電流を効率的に取り出すことに成功した[25]。白色光下での光電流は P_3TOPA もしくは CdSe のみを積層した場合，それぞれ $0.027\,\mu\mathrm{Am}^{-2}$，$0.014\,\mu\mathrm{Am}^{-2}$ であったのに対して，P_3TOPA/CdSe 複合膜を用いることで $0.136\,\mu\mathrm{Am}^{-2}$ となった。それぞれ単独の和よりも，複合化したものでは光電流が大幅に増大することから，CdSe とポリマーとの界面において効果的な電荷分離が起きていることがわかる。

　バインダーとして無機ナノシートを用いる場合も，同様の問題がある。筆者らは半導体性無機ナノシートと量子ドットとを交互積層することで，量子ドット／バインダー間での電子移動の効

率化を試みた[26]。無機ナノシートとして，半導体性を有し，負に帯電したチタニアナノシート(TNS)[27]を，量子ドットには表面を修飾剤により正に帯電させた硫化カドミウムを用いて積層した。絶縁性ポリマー（PSS）とCdSとを積層した膜に紫外光を照射した場合，CdSの表面欠陥に由来するとされる電子準位からの再結合による発光が観察されるが，バインダーをTNSにすると，この発光は約98％消光した。これは，CdSの伝導帯へ励起された電子が，それよりも正電位側にあるTNSの伝導帯へ電子移動するためである。この機能は，光電流の増大も引き起こす。FTO電極上に積層したこれらのCdS積層膜を，正孔捕捉剤を含む電解質溶液に浸し可視光を照射すると，発生するアノード光電流は，TNS間に粒子を積層したものの方が，0 V vs. Ag/AgClで約4倍大きかった。また，この光電流の増強は作用スペクトル（図7）から，CdSの光吸収領域（$\lambda < 450$ nm）で起こっていることが確認されており，TNS層がCdS内に光生成した励起電子のアクセプターとして効果的に働き，電荷分離を促進していることがわかる。このように，バインダーに電子受容機能を付与することにより，交互積層膜のエネルギー構造を光誘起電子移動に有利なものへと変調することができる。

　従来型の複合材料は，複数の物質を単に混ぜることで機能を補うという設計指針により開発されてきた。しかし，ここに示した例のように複数の物質をうまく配列させ，それらの電子的・エネルギー的な相互作用を最大限に引き出すことができれば，これまでにはない新しい機能が発現する。

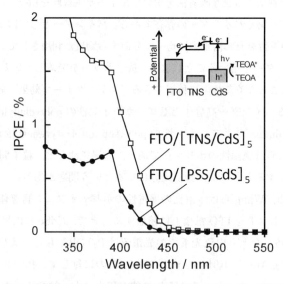

図7　半導体バインダー（TNS）を用いることによって増強されるCdS量子ドット交互吸着膜の光電流の作用スペクトル
挿入図は電子移動メカニズムを表している。

第19章 化学的手法による量子ドットの組織化とその積層構造に依存する光機能

5 量子ドットの今後の課題

現在，最も活発に研究されている代表的な量子ドットは，II-VI族半導体であり，しばしばCd, Se, Teなどの有毒な金属元素を含んでいる。このような環境および生体負荷の大きな化合物の規制は強まる傾向にあり，より広範囲な応用のためには規制対象元素を含まない量子ドットの開発が必要となる。こうした観点からSiなどのIV族，InPなどのIII-V族半導体は有力な代替材料となり得るが，現在のところ，これらの半導体粒子の化学合成には高度な技術を要する。そこで注目されているのがI-III-VI$_2$族（カルコパイライト型）半導体である。薄膜太陽電池の有力材料であるCuInSe$_2$などに代表されるこれらの半導体は，CdSeなどと同様の方法により粒子を合成でき，すでに量子ドット太陽電池などへの応用が検討されている[28]。また発光材料としても，CuInS$_2$ナノ粒子にZnSのシェルを形成させることで，約60％と高い発光量子収率を得ることがすでに報告されている[29]。さらに，これらカルコパイライト型半導体はII-VI半導体と固溶体を形成することで，エネルギーギャップを変調することができる。筆者らは平均粒径4-5nmのAgInS$_2$とZnSとの固溶体（ZAIS）ナノ粒子を作製し，粒子の化学組成を制御することで，その発光ピーク波長を540nmから720nmまで連続的に変化させることに成功している（図8）[30]。このZAIS粒子は，合成条件の最適化とZnSによる表面被覆処理によって，従来のCdSe/ZnSに匹敵する発光量子収率（約80％）を示すこともわかった[31]。ただし，II-VI族半導体と比較して，カルコパイライト型半導体の発光スペクトルは総じてブロードである。これは，構成元素が増えることで結晶中に欠陥が生じやすくなり，これにより形成される様々な電子準位が発光中心となるためと考えられる。ナノ粒子合成法の進展により，今後こうした課題も克服さ

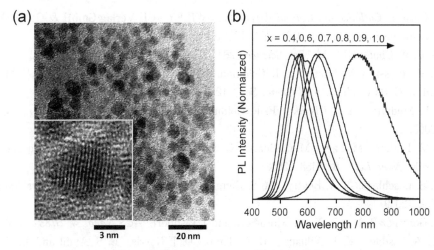

図8 ZnS-AgInS$_2$固溶体ナノ粒子のTEM像（a）と発光スペクトル（b）
図中Xは前駆体として用いる(AgIn)$_x$Zn$_{2(1-x)}$(S$_2$CN(C$_2$H$_5$)$_2$)$_4$の化学組成を表す。Xが大きくなると得られるZAIS粒子中のAg$^+$とIn^{3+}の含有割合が増大する。

れると期待される。さらに，カルコパイライト型半導体中の In 等の希少元素を安価な元素で代替した，スタンナイト型半導体（Cu_2ZnSnS_4）量子ドットの開発も始まっており[32,33]，新規な量子ドットの開発は今後も勢力的に行われていくであろう。

6 おわりに

21 世紀を生きる私たちにとって，継続的に社会を発展させていくためには，地球環境の保全と資源の枯渇への対応が最大の課題となっており，化石燃料に代わるエネルギー源の探索が急務である。中でも，太陽光エネルギーを利用した発電は，二酸化炭素排出量の削減にも貢献するため，大いに期待されている。しかし，これを普及させるには発電コスト（セルの価格）を下げ，かつ Si 系太陽電池を超える高効率なエネルギー変換の達成が求められている。このような背景から，第三世代太陽電池として大きな注目を集めている量子ドット太陽電池であるが，この微小空間に生成した励起子を，如何に電荷分離し，回路へ取り出すかという点でまだ大きな課題を残している。この問題を解決するためには，安全（低毒性）かつ高品質な量子ドットを，どの様な形態でどこに何と共に配置するか，すなわちナノメートルスケールでの組織化を行う必要がある。今後，量子ドットのさらなる構造・配列制御技術の発展が期待される。

文　献

1) F. Garuso, *Colloids and Colloid Assemblies*, WILEY-VCH Verlag GmbH & Co (2004)
2) G. Schmid, *Nanoparticles*, WILEY-VCH Verlag GmbH & Co (2004)
3) W. C. W. Chan and S. M. Nie, *Science*, **281**, 2016 (1998)
4) H. Mattoussi, J. M. Mauro, E. R. Goldman, G. P. Anderson, V. C. Sundar, F. V. Mikulec and M. G. Bawendi, *J. Am. Chem. Soc.*, **122**, 12142 (2000)
5) I. L. Medintz, H. T. Uyeda, E. R. Goldman and H. Mattoussi, *Nat. Mater.*, **4**, 435 (2005)
6) J. M. Luther, M. Law, M. C. Beard, Q. Song, M. O. Reese, R. J. Ellingson and A. J. Nozik, *Nano Lett.*, **8**, 3488 (2008)
7) K. S. Leschkies, T. J. Beatty, M. S. Kang, D. J. Norris and E. S. Aydil, *Acs Nano*, **3**, 3638 (2009)
8) V. Gonzalez-Pedro, X. Xu, I. Mora-Sero and J. Bisquert, *ACS Nano*, **4**, 5783 (2010)
9) W. A. Tisdale, K. J. Williams, B. A. Timp, D. J. Norris, E. S. Aydil and X. Y. Zhu, *Science*, **328**, 1543 (2010)
10) P. V. Kamat, K. Tvrdy, D. R. Baker and J. G. Radich, *Chem. Rev.*, **110**, 6664 (2010)
11) R. D. Schaller, V. I. Klimov, *Phys. Rev. Lett.*, **92**, 186601 (2004)

第 19 章 化学的手法による量子ドットの組織化とその積層構造に依存する光機能

12) C. B. Murray, D. J. Norris, M. G. Bawendi, *J. Am. Chem. Soc.*, **115**, 8706 (1993)
13) F. Garuso, *Colloids and Colloid Assemblies*, WILEY-VCH Verlag GmbH & Co., Weinheim (2004)
14) C. B. Murray, C. R. Kagan, M. G. Bawendi, *Science*, **270**, 1335 (1995)
15) M. C. Daniel and D. Astruc, *Chem. Rev.*, **104**, 293 (2004)
16) T. Torimoto, N. Tsumura, M. Miyake, M. Nishizawa, T. Sakata, H. Mori, H. Yoneyama, *Langmuir*, **15**, 1853 (1999)
17) T. Nakanishi, B. Ohtani and K. Uosaki, *J. Phys. Chem. B*, **102**, 1571 (1998)
18) G. Decher and J. B. Schlenoff, *Multilayer Thin Films*, WILEY-VCH Verlag GmbH & Co., Weinheim (2003)
19) T. Kameyama, Y. Ohno, T. Kurimoto, K. Okazaki, T. Uematsu, S. Kuwabata, T. Torimoto, *Phys. Chem. Chem. Phys.*, **12**, 1804 (2010)
20) E. A. Weiss, R. C. Chiechi, S. M. Geyer, V. J. Porter, D. C. Bell, M. G. Bawendi, G. M. Whitesides, *J. Am. Chem. Soc.*, **130**, 74 (2008)
21) E. A. Weiss, V. J. Porter, R. C. Chiechi, S. M. Geyer, D. C. Bell, M. G. Bawendi, M. Whitesides, *J. Am. Chem. Soc.*, **130**, 83 (2008)
22) T. Franzl, T. A. Klar, S. Schietinger, A. L. Rogach, J. Feldmann, *Nano Lett.*, **4**, 1599 (2004)
23) L. Li, R. Z. Ma, Y. Ebina, N. Iyi and T. Sasaki, *Chem. Mater.*, **17**, 4386 (2005)
24) T. Kameyama, K. Okazaki, K. Takagi, T. Torimoto, *Phys. Chem. Chem. Phys.*, **11**, 5369 (2009)
25) S. Wang, C. Li, G. Shi, *Sol. Energy Mater. Sol. Cells*, **92**, 543 (2008)
26) T. Kameyama, K. Okazaki, K. Takagi, T. Torimoto, *Electrochemistry*, **79**, 776 (2011)
27) T. Sasaki and M. Watanabe, *J. Am. Chem. Soc.*, **120**, 4682 (1998)
28) M. G. Panthani, V. Akhavan, B. Goodfellow, J. P. Schmidtke, L. Dunn, A. Dodabalapur, P. F. Barbara, B. A. Korgel, *J. Am. Chem. Soc.*, **130**, 16770 (2008)
29) L. Li, T. J. Daou, I. Texier, T. T. K. Chi, N. Q. Liem, P. Reiss, *Chem. Matter.*, **11**, 2422 (2009)
30) T. Torimoto, T. Adachi, K. Okazaki, M. Sakuraoka, T. Shibayama, B. Ohtani, A. Kudo, S. Kuwabata, *J. Am. Chem. Soc.*, **129**, 12388 (2007)
31) T. Torimoto, S. Ogawa, T. Adachi, T. Kameyama, K. I. Okazaki, T. Shibayama, A. Kudo and S. Kuwabata, *Chem. Commun.*, **46**, 2082 (2010)
32) C. Steinhagen, M. G. Panthani, V. Akhavan, B. Goodfellow, B. Koo and B. A. Korgel, *J. Am. Chem. Soc.*, **131**, 12554 (2009)
33) T. Kameyama, T. Osaki, K. Okazaki, T. Shibayama, A. Kudo, S. Kuwabata, T. Torimoto, *J. Mater. Chem.*, **20**, 5319 (2010)

第20章 ミクロ導光路を備えた水質浄化システムの開発

宇佐美久尚*

1 光化学反応に適した新規反応装置の開発

　本章ではナノ構造とマクロ構造を繋ぐ階層構造を有する光化学反応器を紹介する。化学反応を促進するためには，反応点の活性を高める検討に加えて，原料と生成物の物質移動を考慮する必要がある。このため，微細構造を形成して活性サイトの数を増やし，十分に撹拌して物質移動を促進する試みが進められているが，微細空隙での拡散速度が遅いため，活性サイト数と物質移動速度を共に高めることは難しい。そこで，微細な活性サイトとバルク溶液との物質移動を考慮してマイクロメートルスケールの構造を導入し，ナノ−マイクロ−ミリメートルスケールの階層構造を組み込んだ光化学反応系が検討されている。

　従来の光化学反応は，図1aのようにガラス容器に溶液を満たして光を照射していたが，濃厚溶液の場合には容器壁の近傍で吸収され，容器の中心まで光が届かないことがある。このため，光化学反応は希薄条件で行われるが，二分子反応の効率を高めたり，コストと環境負荷の観点か

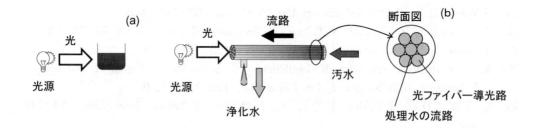

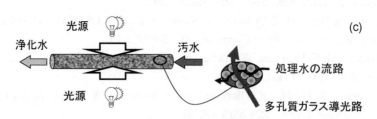

図1　光化学反応器の模式図
(a) バッチ式ガラス反応器，(b) 流通式反応器（光ファイバー型），
(c) 流通式反応器（多孔質ガラス型）

＊　Hisanao Usami　信州大学　繊維学部　化学・材料系　材料化学工学課程　准教授

第20章 ミクロ導光路を備えた水質浄化システムの開発

ら濃厚溶液で反応させる必要性も高まっている。また，排水を希釈して河川へ流すのではなく濃厚溶液のまま浄化できれば，水資源の使用量と処理コストの低減につながる。しかし，濃厚溶液では入射光の大半が入射窓近傍で吸収されるので，入射光を反応器の中心まで届ける仕組みが必要である。また，生成物がさらに光反応する場合には選択性が低下するため，必要な光化学反応が終了したら，反応生成物を早く反応器から取り出すべきである。そこで，近年，微細な流路を持つマイクロチャネル光化学反応器で流通型の光反応が検討されてきている。この反応器は，微細流路中を流通させながら光化学反応をさせ，一定時間照射後に反応器から排出されるので一般に副反応が起こり難い。本章では，マイクロチャネル光反応器の構造とそのマイクロ構造を生かした反応例を紹介し，さらにマイクロチャネルリアクターの長所を生かしながら，簡単にスケールアップして水質浄化装置にも適用できる光反応器として，流路と導光路を細分化して微細領域に入射光を分配できる光ファイバー型（図1b）と多孔質ガラス型（図1c）光化学反応器を紹介する。

2 光化学反応の特徴と光化学反応器の要件

光化学反応は，物質が光を吸収して励起状態となることにより，化学結合の生成や開裂を起こす。複数の化合物を含む混合物であっても，光を吸収しない分子は活性化されることはない[1,2]。このため，系内の分子の吸収波長を考慮して励起光の波長を選択すれば，注目する種類の分子のみに光エネルギーを与えることが可能となり（図2a），高効率・高選択的な反応を設計することもできる。これは，光化学反応の特筆すべき利点である。一方，熱反応では，熱エネルギーが反応容器中の分子に分配されるので（図2b），反応の選択性と効率は，基質分子や触媒など，系内の物質の分子構造と化学反応性によって制御される。

光化学反応は物質が光を吸収して開始されるため，吸収する光子数が多いほど励起状態にある分子数は増えるはずである。光の吸収と放出の過程は図3のように三つの経路がある。一般に，

図2 光反応と熱反応におけるエネルギーの分配状態の模式図
a) 光反応では光吸収する分子のみに光エネルギーを与える，b) 熱反応では反応系全体に熱エネルギーが遍く分配される。

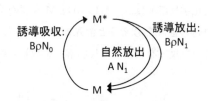

図3 光吸収過程と失活過程[1]
M：基底状態の分子，M^*：光励起状態の分子，N_0：基底状態の分子数，N_1：励起状態の分子数，ρ：光のエネルギー密度，A：自然放出のアインシュタイン係数，B：誘導吸収および誘導放出のアインシュタイン係数（A，Bはそれぞれ自然輻射と誘導輻射の起こりやすさの指標を表す）。

光のエネルギー密度 ρ が高く基底状態の分子数が多い時には光励起する分子数は増加するが，励起状態の分子数 N_1 が増加すると誘導放出過程も起こり易くなる。光化学反応は励起状態から開始されるので，励起状態の分子数 N_1 が減少すれば光化学反応は起こり難くなる。このため，光化学反応の収量を共に高めるためには，強い光源を用いても反応器全体に入射光を分散し，励起状態の局所濃度を抑制しながらも系全体では多くの励起分子を生み出すことが好ましい。ところが，従来の光化学反応器でランプの強度を高めても，入射窓近傍の励起分子濃度が高まるので失活も起こりやすく，理想的な光照射条件を実現できない。

3　光化学反応器の種類と入射光の浸透距離

光化学反応器は，反応器とランプの相対位置に基づいて，内部照射型と外部照射型に大別される（図4）。内部照射型は反応器の内部にランプを設置するため，ランプから放射されるすべての光を反応器に導入できるので光利用効率が高い。一方，外部照射型は光を透過する窓または壁を持つ反応容器に，外部からランプの光を照射する。ランプの量や種類，強度を加減しやすく，反応器の交換も容易なため，実験室レベルでは多用される。しかし，これらの反応器では微弱光を多くの分子に均質に照射する理想的な光照射条件を満たすことは難しい。この理由は下記のように吸光度の定義式を見直すと理解できる。

吸光度は Lambert-Beer 式（式1）で定義される。この式によれば，反応容器に入射した光は，侵入距離に対して指数関数的に減衰する。

$$Abs = \varepsilon l C = -\log(I/I_0) \qquad (1)$$

ここで，Abs は吸光度，l は溶液を透過する光路長（単位；[cm]），ε はモル吸光係数（単位；[M^{-1}cm^{-1}]），C は光吸収する分子のモル濃度（単位；[M] = [mol L^{-1}]），I_0 は溶液に入射する光強度，I は溶液を透過した光強度である。典型的な ε の値として 10^4 M^{-1}cm^{-1} と仮定すると，10 mM の溶液では光の入射窓の 200 μm の近傍に存在する分子しか光励起されない。このため光化学反応では，一般に 100 μM 程度の希薄溶液で撹拌しながら実験する。しかしコストと環境負荷の低減を考えると溶媒の量を減らして少量の濃厚溶液として反応させることが好ましい。均一な反応を目指して反応溶液を激しく撹拌しても，光吸収とそれに続く光化学反応の初期

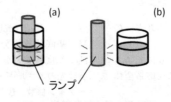

図4　光化学反応器の模式図
(a) 内部照射型，(b) 外部照射型

第20章 ミクロ導光路を備えた水質浄化システムの開発

過程は，概ね10^{-12}秒〜10^{-6}秒で進行するため，濃厚溶液では反応容器に含まれる分子全体を同時に励起することはできない。また，撹拌下で長時間照射すれば，原料と同様に反応生成物にも光照射されるため，後続反応が起こる場合には選択性は著しく低下する。以上のことから，高濃度溶液の光化学反応を効率よく行うためには，数十〜数百 μm オーダーの厚さの流通型反応器が必要となる。

4 マイクロチャネル光反応器

マイクロチャネル光反応器は，図5のようなスライドガラス状の基板に深さと幅のサイズが数百マイクロメートルの細溝（チャネル）を作製し，光透過性の窓材で封止して流路とする。ここに反応溶液を流しながら反応器の正面から光照射することにより，反応溶液全体にわたり均一に光を照射することが可能となる。標準的な反応器では，流路の厚さ（光路長）は20〜500 μm，幅は100〜500 μm であるため，数十 mmol L^{-1} の溶液であっても溶液全体に光照射が可能である[3]。さらに，流路の厚さを20 μm まで薄くすると微弱な光を反応溶液全体に照射できるため，量子効率（反応した分子数／入射した光子数の比）を向上させることができる。反応器中の滞留時間は流速で制御できるが，さらに反応器を直列に連結すればトータルの滞留時間を長くすることができる。光量律速の場合にはランプ強度を高めてもよいが，光触媒反応のように，光活性化された表面を増やしたい場合には，反応器を連結して反応器サイズを拡張する方が効果的である[4]。異なる反応条件を設定したマイクロチャネル反応器を連結し，連続的な後処理や逐次的な化学合成にも対応できる装置は，光反応に限らず，既に精密有機合成用反応器として定着しつつある[5]。

マイクロチャネル反応器は，流速と反応器の長さで反応時間を制御できるため，光反応性を持った生成物や不安定中間体を適切なタイミングで反応系から取り出して選択性を高めることができる。また，光化学反応が起こる部位の体積が小さいので，バッチ式反応器と比較して温度調節がしやすく，光源サイズが小さいのでコストを圧縮できる。ただし，光触媒を用いる場合には，溶液中の基質に直接光を照射する反応と比較して，系が複雑になるため，光触媒の活性化と反応

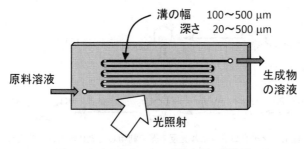

図5　マイクロチャネル光反応器の構造例

基質と接する内部表面積の工夫が必要となる[6~8]。

5 マイクロチャネル反応器を利用した光化学反応例

マイクロチャネル反応器は熱反応で進む有機合成化学での利用が先行したが，2000年代半ばから光化学反応の例も報告されている。例えば，L-リシンは，末端アミノ基を失ってL-ピペコリン酸に収率14%で環化される（図6a）[9]。反応器はチャネル幅770μm，深さ3.5μmの流路が樹枝状に分岐して16本の並列流路を形成し，出口で逆樹枝状に統合されて1本の流路として排出される。この流路内に厚さ300nmの酸化チタン層を形成した。L-ピペコリン酸の転化率が86%に達する時間は，バルク反応器では60分かかっていたものがマイクロリアクターでは1分以下に短縮された。

ローズベンガルを三重項増感剤として一重項酸素を発生させ，共役ジエンと反応させると，[4+2]シクロ環化によって過酸化物中間体を生成し，還元的に開裂させるとシスジオールが得られる（図6b）[10]。この反応器では幅600μm，深さ300μm，長さ66mmの32本のチャネルを並列に溶液が流れるが，流下膜式反応器とすることにより，酸素ガスを向流として効果的に溶液と接触させることが可能となる。又，ジエンとしてシクロペンタジエンを用いるとシクロペンテンジオールを20%の収率で生成する。

医薬品中間体の合成例として，幅1mm，深さ107μm，長さ2.2mの単流路型反応器に15Wブラックランプを照射し，流速1mL h^{-1}で反応させると，図7aのコレステロールのBarton反応が収率71%で進行する[11]。

アルコールを用いたベンジルアミンの光N-アルキル化のために，幅500μm，深さ500μm，長さ40mmのチャネルに酸化チタンを製膜し，石英窓を接着した反応器が作製された（図7b）[12]。この反応器に紫外線LED（365nm，1.4mW）を照射して滞留時間90秒の条件でエタノールと反応させると収率43%でN-エチル化が進行する。

無水マレイン酸（MA）の光[2+2]環化付加は，生成物（CBTA）が沈殿してマイクロチャネルを閉塞することが問題であった。しかし，フッ素化エチレンプロピレンチューブ（内径1.2mm，長さ11.2m）を400W高圧水銀灯の周囲に巻きつけた反応器中，窒素バブルを規則的に

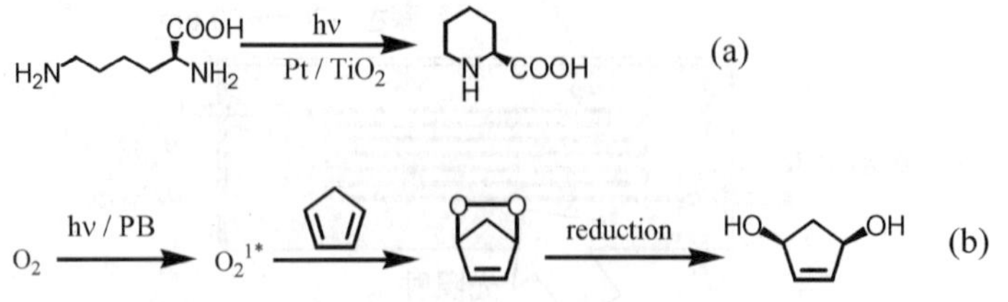

図6 マイクロチャネル光反応器を利用した光化学合成反応の例
(a) L-リシンの光環化，(b) シクロペンテンの一重項酸素による[4+2]光増感酸素化

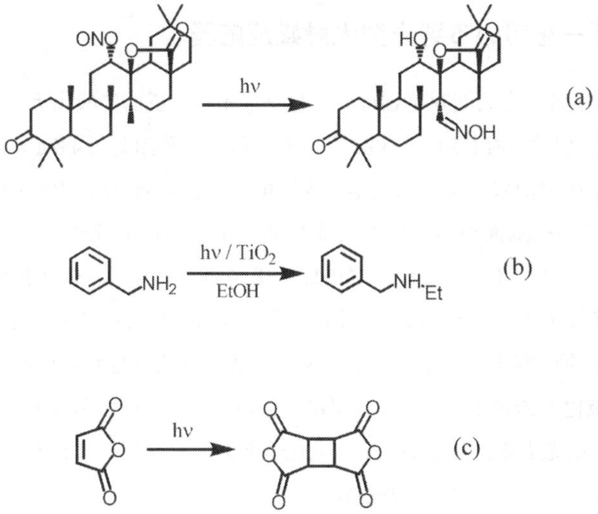

図7 マイクロチャネル光反応器を利用した光化学合成反応の例
(a) コレステロール類のバートン反応，(b) ベンジルアミンの光N-アルキル化，(c) 無水マレイン酸の光 [2+2] 環化

流路に流し込むことにより，超音波バスで微細化しながら気液界面の表面張力を利用して沈殿を搬送させ，濃度5%の溶液を滞留時間が約22分となる流量で反応させるとCBTAが収率70%で得られる（図7c）[13]。

6 マイクロチャネル反応器のスケールアップ戦略─マイクロ導光路の導入

現状のマイクロチャネル光反応器は，上記のように数十～数百マイクロメートルの流路を備えており，流量は数十 μLmin^{-1}である。定常光光源の例として，20Wのブラックランプ（中心波長365nm，効率約15%）をランプ表面から10cm離して照射した場合の光量を365nmの波長の光子に換算すると，約3.2×10^{-9}E s^{-1}cm^{-2}となり，1辺10cmの受光部を持つ反応器の入射光量は3.2×10^{-7}E s^{-1}となる。反応溶液の濃度を10mmol L^{-1}とすると，量子収率100%を仮定しても流速32μL s^{-1}（＝1.9mL min^{-1}）の流量で光量律速となる。研究室での合成や医薬品原料などの少量スケールの合成反応では，現状のマイクロリアクターをそのまま利用することが可能であろう。しかし，水質浄化用途では格段に高い処理速度を求められる。また，ランニングコストを考慮して量子収率と反応スケールを共に高めるためには，抜本的な反応器の改良が必要である。現実的な解決策の一つとして，反応流路とともに導光路も細分化し，受光窓から入射した光を反応器の隅々まで均質に導光するマイクロ導光路を備えた反応器が提案されている。ここでは，当研究室で取り組んでいる反応器を含めて，光ファイバーと多孔質ガラスを導光路として用いた光反応器について紹介する。

7 光ファイバーを用いる導光型光触媒反応器

光ファイバーを導光路とした光反応器は,主にファイバー表面に酸化チタンなどの光触媒を担持した光触媒反応器として検討されてきた[14]。ファイバー構造は,図8aに示すように,石英ガラス細線($n_2 \approx 1.4$)の表面に,より屈折率が高い酸化チタン層($n_1 \approx 2.2 \sim 2.4$)をコーティングしたもので,ファイバー端面から入射した光は屈折率が高い酸化チタン側に少しずつ漏光する[15]。一方,通信用光ファイバーではコアの屈折率が高くクラッドの屈折率が低い(図8b)。端面から入射した光はクラッドとの境界で全反射して反対側の端面まで導光される。通常の酸化チタンは主に紫外線を吸収するので,コアの材質は紫外線透過性が高い石英としている。しかし,クラッド層の酸化チタンとの屈折率の差が大きいため,端面から入射した光の大半は25cm程度でクラッド側に漏光する。したがって,酸化チタンコートしたファイバー型の光触媒反応器のファイバー長は20~30cmとすることが好ましい[14, 16, 17]。

光触媒反応は光で活性化された光触媒の表面が基質と直接接触する必要がある。流路が太い場合には光触媒を担持した壁面に接触することなく通過しやすいので,光触媒ファイバーを密にバンドルし,その狭い間隙に処理溶液を流通させながら反応させる。間隙(チャネル)のサイズは概ねファイバー径の1/10となり,外径125μmの石英ファイバーを束ねた時のチャネル径は約12μmである。このチャネル径は,板状基板のマイクロチャネル反応器のチャネルサイズよりも細い。仮に,直径125μmのファイバーを1000本束ねるとチャネルの数は900本以上となるが,バンドルの直径は高々5mmにすぎない。したがって,非常にコンパクトながら桁違いにスケールアップしたマイクロチャネル反応器と考えられる。さらに,光ファイバー端面で受光した励起光をファイバーに沿って導光し,側面の酸化チタン層に微弱光を隈なく分配するため,より理想的な光照射条件に近い。また,ファイバー端面からの入射効率を高めるためカップリングレンズの導入[18],さらに反応活性を高めるためにオゾン処理を併用して活性を高めることもできる[19]。

排水浄化用途では雑菌や粉じんなどが存在するため,直径12μm程度の細孔では流路が閉塞しかねない。細菌がコロニーを形成することも考慮すると,廃水処理用途では100μm程度の細孔径が必要と考えられ,直径1mmのファイバーをバンドルした反応器が検討された[20]。このファイバーでは先述の直径125μmのファイバーと比較して直径が8倍となるため,端面入射光の

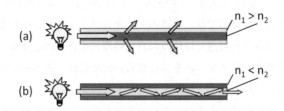

図8 漏光型光ファイバーによる導光の模式図
(a) 漏光型光ファイバー,クラッドの屈折率の方が高い,
(b) 通信用光ファイバー,コアの屈折率の方が高い

第20章　ミクロ導光路を備えた水質浄化システムの開発

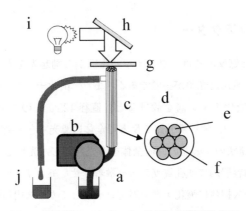

図9　光触媒ファイバーバンドル反応器の模式図
a) 汚水，b) ポンプ，c) 反応器，d) 反応器断面図，e) 石英ファイバー，f) 溶液流路，
g) 光学フィルター（波長＞300nm），h) ミラー，i) 光源（500W Hg灯），j) 浄化水

導光長が長くなり，30cmのファイバーでも末端まで導光される。そこで酸化チタンコートファイバーの長さを25cmとし，これを70本束ねた反応器を試作し，4-クロロフェノール（4CP）の光分解反応をモデルとして光触媒活性を評価した。なお，装置全体の構成は，図9に示すように，反応器の端面から波長300nm以上の紫外線を入射し，対向する端面から汚水を流して向流式反応器とし，流路中の空気を順次除去するため反応器を垂直に配置した。この反応器の体積は5.3mLであり，流速1.6mL min^{-1}の場合の反応器内滞留時間，すなわち各分子への光照射時間は3.3minとなる。反応器を通過させる回数に比例して4CPの転化率は増加した。基質濃度が高くなると，当然ながら光量が不足するので見かけの転化率は低下する。しかし，今回の測定範囲では，量子効率は濃度が高いほど向上したので，希薄溶液では反応器に単位時間当たりに注入される分子数が減り，酸化チタンが光励起して生じたホール－電子対を十分に利用できず，再結合が起こると考えられる。次に流量の効果を測定した。比較的ゆっくりとした1.6mL min^{-1}，8.1mL min^{-1}，15mL min^{-1}の流量条件で50μmol L^{-1}の4CP水溶液を流した。反応器の通過回数に応じて転化率が増加したが，約10パス後には飽和する傾向が見られた。溶液をすべて入れ替えると，1パス目の反応性を再現するため，酸化チタンは劣化していないことが確認された。第1回目のパスで酸素の濃度は25%減少することから，転化率低下の原因は溶液中の溶存酸素不足と考えられる。一般に，光触媒反応において半導体を直接励起して生じたホールと電子は，それぞれ酸化と還元に関与するが，いずれかの反応が滞ると活性は低下する。溶存酸素は伝導帯に励起された電子の補足剤として有用であり，実用上は流路に酸素バブリングすることにより活性を安定に維持できると考えられる。

　温泉やプールの水浄化など汚染物質の濃度が希薄な溶液の場合には，ファイバー表面から照射する反応器も利用できる。例えば，液体の流れを考慮して光触媒繊維をコーン型に成型した反応器がある[21]。

8 ビーズ導光型リアクター

ファイバー導光型光触媒反応器は，ファイバー端面から励起光を入射するため（図1b），端面のサイズに光束を絞り込んだ光源が必要である。また，酸化チタンの屈折率が高いため，石英ファイバー表面に直接酸化チタン層を設けると，直径$125\mu m$のファイバーでは導光長は約30cmに制限される。そこで，短い導光路で反応器全体に導光できる新しい光化学反応器として図10bに示すような円筒状の反応器の側面全体を導光窓とした光反応器を設計した[28]。この反応器は，ガラス製の円筒容器内に多孔質ガラスを融着させたモノリス構造を持つ。一見，図10aに示すようなガラスビーズ担体に酸化チタン層をコートしてガラス円筒に充填した反応器と類似しているが，導光された光の経路は全く異なる。

ビーズ担体の表面に酸化チタンコーティングをしたものは，移動床型反応器として広く検討されてきた[23~26]。しかし，透明容器の壁面から照射する場合，最表面のビーズは光励起されるが，第二層以下に位置するビーズにはほとんど光照射されない（図10a）。光反応の初期過程の速度は概ね10^{-9}秒以下の高速で起こるため，液体の流れやバッチ式反応器に見られる機械的な撹拌で反応器全体の光触媒層を光励起することは困難である。各時刻において表面層のビーズが入れ替わりながら光励起されるため，光触媒の担持表面積を増やした効果は十分には生かされない。そこで，噴流を形成してビーズを噴き上げることにより光照射効果を高める工夫がされており，希薄な色素溶液中（コンゴーレッド，$10mg/L$）の光触媒分解に対して分解効果が見られた[27]。しかし，濃厚または懸濁した色素溶液では入射光は溶液で吸収または散乱され，最表面のビーズでさえ十分に光励起することは困難となる。また，ビーズ表面に酸化チタンをコーティングした場合，噴流中でビーズが激しくぶつかり合うことで酸化チタンコーティング層がひび割れたりはがれたりする可能性があり，担持触媒としての安定性が十分とはいえない。また，ビー

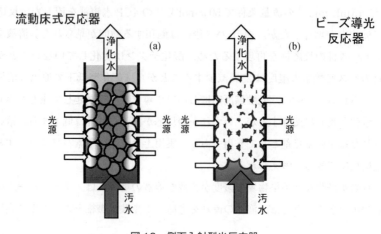

図10 側面入射型光反応器
（a）ビーズ担体型，（b）多孔質ガラス導光型

第20章 ミクロ導光路を備えた水質浄化システムの開発

ズに光ファイバーで導光した反応器や[29],紫外線ランプの周囲にビーズを充填した反応器[30]でも,光触媒層はビーズの外部から溶液の層を介して照射されるので,濃厚・懸濁液では光励起が難しく,活性も低下すると考えられる。

そこで,図10bのようなガラスビーズをガラス管に充填し,全体として融着した多孔質ガラスモノリス型反応器を設計した[30]。この反応器は,ガラス壁面にビーズが融着して一体化しているので,ガラス管の側面から入射した光は融着部を経由して多孔質ガラス内部に導光され,多孔質ガラス全体に導光できる。導光効率を見積もるため,直径5mmのビーズ5個を直線状に連結した場合,表面に酸化チタンをコーティングして漏光させても,透過率は20%であった。したがって,半径25mmの円筒型反応器であれば,図11のように側壁から入射した光は反応器の中心まで十分に到達し,ガラスビーズの内側から酸化チタン層を励起できる。一方,直径5mmのビーズを最密充填で融着させた場合の空隙は300〜500μmとなり,通常のマイクロリアクターと比較しうるサイズとなった。処理する溶液または気体は,不規則な細孔内を曲折しながら進むため,光励起された光触媒層と接触しやすく,反応物の供給と分解生成物の除去の両面から好ましい反応器となる。

典型的な反応装置の例を以下に示す[31]。直径3cm,長さ40cmのガラス管に直径約5mmのガラスビーズを充填して融着した反応器では,水溶液を流速250mL min^{-1}まで流すことが可能である。この反応器内部の体積は約80mLであり,周囲に20Wのブラックランプ(極大波長365nm)を6本平行に配置した。この条件で反応器全体の受光量を化学光量計で測定すると約560μE min^{-1}であり,流速100mL min^{-1}で濃度5.6mmol L^{-1}の溶液を流した場合に100%の量子効率を仮定しても光量律速となる。

この反応器の活性を評価するため,典型例として4-クロロフェノール(4CP)の光分解活性を測定した。流速45mL min^{-1}の条件で500μmol L^{-1}の4CP溶液に光照射すると,光分解速度は18μmol min^{-1}となり,受光面積と形状が等しくビーズを含まない外径3cmのガラス円筒

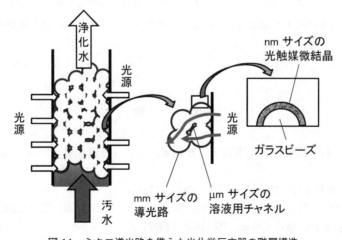

図11 ミクロ導光路を備えた光化学反応器の階層構造

反応器と比較して分解効率が 300 倍に向上した[31]。

光源のサイズや形状,出力は必要に応じて自由に選択できる。反応器の直径を考慮するとランプ本数は制限されるが,反応器を直列に連結すれば活性を高めることができる。また,並列に連結すれば容易にスケールアップが可能である。この場合,ランプと反応器を交互に配置すると,ランプ光の利用効率を高めることができる。

光触媒をコーティングしていない多孔質モノリス反応器の場合には,反応溶液の吸光度が高くても流路の中心まで光が届くので,マイクロチャネル反応器のように濃厚溶液全体を直接照射することができる。さらに流路の数が多く内部表面積が大きいので,強度の高いランプを用いて入射光量を十分に増やすことにより,スケールアップすることも可能である。

最後に,多孔質ガラスのミクロ導光路を備えた光化学反応器の可能性を議論したい。図11に示すように,多孔質ガラス導光路は,濃厚・懸濁溶液を微細なミクロ流路に分配し,各分子に微弱な励起光をミクロ導光路を介して配分することができる。その結果,局所的な励起状態の濃度は低く,反応器全体の励起状態分子の数は十分に増やすことができるコンパクトな反応器となる。さらに,光触媒の結晶子サイズをナノメートルスケールに微細化し,反応サイトとなる活性な表面を増やすことも可能である。ナノ粒子が作るナノ多孔質構造の中では拡散速度が極めて遅いため,反応速度を高めるためには相応の膜厚が好ましい。以上のように,図11に示した多孔質ガラス光化学反応器は,高い反応活性を持つナノ半導体層を導入しながら,原料供給と生成物を回収するための物質移動経路を確保するために,ナノスケールからミリスケールまでの階層構造を兼備した新しい反応器モデルである。

今後,本章で紹介した多孔質ガラスの導光路を備えた反応器は,本書で紹介されたナノスケールの反応場を利用した光化学反応に加えて,不斉中心を一気に導入できる光[2+2]や光[4+4]付加反応,光転移反応,光異性化反応等,医農薬や香料の中間体合成や,飲料水の殺菌,廃水の中間処理,そして太陽エネルギー−化学エネルギー転換のための光化学反応器等への応用展開が期待される。さらに,ナノ光デバイスへの光信号の送受信,高密度に配置したセンサへのターゲット分子の供給と排出にも利用すれば,既往の平板型デバイスよりも高感度化が可能であろう。

文　献

1) 井上晴夫,高木克彦,佐々木政子,朴鐘震　共著,基礎化学コース　光化学 I,丸善 (1999)
2) 徳丸克己,有機光化学反応論,東京化学同人 (1973)
3) Y. Matsushita, T. Ichimura, N. Ohba, S. Kumada, K. Sakeda, T. Suzuki, H. Tanibata, T. Murata, *Pure Appl. Chem.*, **79**, 1959 (2007)
4) T. Horie, M. Sumino, T. Tanaka, Y. Matsushita, T. Ichimura, J. Yoshida, *Org. Proc.*

第20章　ミクロ導光路を備えた水質浄化システムの開発

Res. Develop., **14**, 405 (2010)
5) J. Wegner, S. Ceylan, A. Kirschning, *Chem Commun* (*Camb*), **47**, 4583 (2011)
6) 松下慶寿, 光化学, **39**, 93 (2008)
7) 松下慶寿, 電気化学および工業物理化学, **75**, 66 (2007)
8) 竹井豪, 北森武彦, 金幸夫, 化学と工業, **58**, 147 (2005)
9) G. Takei, T. Kitamori, H. B. Kim, *Cat. Commun.*, **6**, 357 (2005)
10) K. Jähnisch, U. Dingerdissen, *Chem. Eng. Technol.*, **28**, 426 (2005)
11) A. Sugimoto, Y. Sumino, M. Takagi, T. Fukuyama, I. Ryu, *Tetrahedron Lett.*, **47**, 6197 (2006)
12) Y. Matsushita, N. Ohba, S. Kumada, T. Suzuki, T. Ichimura, *Cat. Commun.*, **8**, 2194 (2007)
13) T. Horie, M. Sumino, T. Tanaka, Y. Matsushita, T. Ichimura, J. Yoshida, *Org. Proc. Res. Develop.*, **14**, 405 (2010)
14) (a) N. J. Peill, M. R. Hoffmann, *Environ. Sci. Techn.*, **30**, 2806 (1996); (b) N. J. Peill, L. Bourne, M. R. Hoffmann, *J. Photochem. Photobiol. A*, **108**, 221 (1997)
15) (a) 西井由和, 東田将之, 特開平 9-225262 (1997); (b) 吉田幸生, 特開平 10-71322 (1998)
16) 未発表写真。関連論文として, H. Usami, Y. Enami, A. Nakasa, E. Suzuki, Y. Murakami, *J. Chem. Eng. Jpn.*, **38**, 737 (2005)
17) R. -D. Sun, A. Nakajima, I. Watanabe, T. Watanabe, K. Hashimoto, *J. Photochem. Photobiol. A*, **136**, 111 (2000)
18) 造田弘司, 新井潤一郎, 重森和久, 特開平 9-299937 (1997)
19) 藤嶋昭, 橋本和仁, 渡部俊也, 田川良彦, 特開 2000-5747 (2000)
20) 宇佐美久尚, 久保直幸, 宮内海南斗, 触媒, **53**, 138 (2011)
21) (a) 山岡裕幸, 原田義勝, 藤井輝昭, 末益猛, 特開 2003-175333 (2003); (b) 山岡浩幸, 藤井輝昭, 植木明, 山本新一, 特開 2005-177713 (2005)
22) R. Franke, C. Franke, *Chemosphere*, **39**, 2651 (1999)
23) S. Dong, D. Zhou, X. T. Bi, *Ind. Eng. Chem. Res.*, **6**, A100 (2008)
24) M. F. Kabir, F. Haque, E. Vaisman, C. H. Langford, A. Kantzas, *International J. Chem. Reactor Eng.*, **1**, A39 1 (2003)
25) S. Tieng, A. Kanaev, K. Chhor, *Appl. Cat. A*, **399**, 191 (2011)
26) 白石文秀, 特開平 10-15393 (1998)
27) W. Qiu, Y. Zheng, *Appl. Cat. B*, **71**, 151 (2007)
28) 宇佐美久尚, *PCT*/WO2012/017637
29) F. Denny, J. Scott, V. Pareek, P. G. Ding, R. Amal, *Chem. Eng. Sci.*, **64**, 1695 (2009)
30) 古賀正太郎, 特開 2002-166176 (2002)
31) 宇佐美久尚, 稲川紫生, 2011年光化学討論会, 3P112, 講演要旨集, p126 (2011)

革新機能材料の開発と応用展開
―粘土鉱物，ナノシート，メソ孔シリカと有機系層状材料を利用して―《普及版》(B1267)

2012年 5月 1日 初 版 第1刷発行
2019年 1月16日 普及版 第1刷発行

監　修	笹井　亮，高木克彦	Printed in Japan
発行者	辻　賢司	
発行所	株式会社シーエムシー出版	
	東京都千代田区神田錦町 1-17-1	
	電話 03(3293)7066	
	大阪市中央区内平野町 1-3-12	
	電話 06(4794)8234	
	http://www.cmcbooks.co.jp/	

〔印刷　あさひ高速印刷株式会社〕　　　　© R. Sasai, K. Takagi, 2019

落丁・乱丁本はお取替えいたします。

本書の内容の一部あるいは全部を無断で複写（コピー）することは，法律で認められた場合を除き，著作権および出版社の権利の侵害になります。

ISBN 978-4-7813-1304-7　C3043　¥5600E